事件流实战

[美] 亚历山大·德安(Alexander Dean)
　　　瓦伦丁·克雷塔(Valentin Crettaz)　著

金中浩　译

U0378539

清华大学出版社

北京

北京市版权局著作权合同登记号　图字：01-2019-3435

Alexander Dean，Valentin Crettaz
Event Streams in Action
EISBN: 978-1-61729-234-7
Original English language edition published by Manning Publications, USA © 2019 by Manning Publications. Simplified Chinese-language edition copyright © 2019 by Tsinghua University Press Limited. All rights reserved.

图书在版编目(CIP)数据

事件流实战 / (美)亚历山大·德安(Alexander Dean)，(美)瓦伦丁·克雷塔(Valentin Crettaz) 著；金中浩 译. —北京：清华大学出版社，2020.7
书名原文：Event Streams in Action
ISBN 978-7-302-55941-2

Ⅰ. ①事… Ⅱ. ①亚… ②瓦… ③金… Ⅲ. ①分布式处理系统—应用—互联网络—网络服务器 Ⅳ. ①TP338②TP368.5

中国版本图书馆 CIP 数据核字(2020)第 124653 号

责任编辑：王　军
封面设计：孔祥峰
版式设计：思创景点
责任校对：成凤进
责任印制：沈　露

出版发行：清华大学出版社
　　　　网　　　址：http://www.tup.com.cn，http://www.wqbook.com
　　　　地　　　址：北京清华大学学研大厦 A 座　　　邮　　编：100084
　　　　社 总 机：010-62770175　　　　　　　　　邮　　购：010-62786544
　　　　投稿与读者服务：010-62776969，c-service@tup.tsinghua.edu.cn
　　　　质 量 反 馈：010-62772015，zhiliang@tup.tsinghua.edu.cn
印 装 者：三河市吉祥印务有限公司
经　　销：全国新华书店
开　　本：170mm×240mm　　　　印　　张：19　　　　字　　数：372 千字
版　　次：2020 年 8 月第 1 版　　　印　　次：2020 年 8 月第 1 次印刷
定　　价：98.00 元

产品编号：084814-01

译者序

　　大数据与 AI 时代不仅给人们带来了生活上的便利，也给软件工程师、系统架构师、数据分析师带来了技术上的挑战。那么，如何在面临海量数据的情况下构建一个健壮、可扩展、响应迅速的数据类应用，并且兼顾系统模型的灵活性？如果你也是一名被这些问题困扰的开发者，我想本书会给你一些启示。

　　"事件"对于开发者而言是个熟悉的词，各种开发框架、编程语言中都或多或少有"事件"的概念，但很少有书籍谈及如何运用事件对系统建模。"流"的概念亦是如此，计算机世界中充斥着各种流：输入输出流、网络流，还有最近几年出现的流计算。而本书把事件与流的概念结合在一起，展示了一种崭新的架构；通过流这种数据架构在系统之间传递事件，不仅解除了系统间的耦合，也为系统带来了更好的扩展性，同时数据分析师可以自由地开展各种分析。

　　系统架构上不存在银弹，但基于事件流的架构设计让我们多了一种选择，它带来的特性与优势是之前传统架构所没有的。而使用事件流实现 Event Sourcing 这样的模式就非常简单且自然，能解决以往架构方案很难处理的问题。本书延续了"实战"系列书籍的一贯风格，强调实战性，大部分示例来源于我们日常开发中耳熟能详的场景。无论你是一位经验丰富的架构师，还是一个初出茅庐的开发者，一定能从书中获得自己想要的答案。

　　整个翻译过程中，我要感谢清华大学出版社的编辑，他们的悉心指导与包容让我能顺利完成本书的翻译。还要感谢热心校对本书并提出修改意见的陈娅楠，你的鼓励与支持始终是我前进的动力。最后要感谢我的家人，感谢你们承担了原本属于我的家务，让我可以全身心地投入到工作中。金元亨，爸爸一定会多陪陪你，教你编程。感谢我身边所有的朋友，没有你们就不可能有今天的我。

译 者 简 介

　　金中浩，曾在花旗银行、中国平安、360 金融担任软件工程师与系统架构师，现为 ThoughtWorks 高级咨询顾问。在 15 年的职业生涯中一直从事金融行业的软件开发与系统架构工作，擅长函数式编程与数据分析，坚信技术能让生活变得更美好。

致　谢

首先，我要感谢我的妻子 Charis，感谢她在我撰写本书的漫长过程中给予的支持。也要感谢我的父母，感谢他们对我的鼓励。还非常感谢 Snowplow Analytics 的共同创始人 Yali Sassoon，即使我们的技术公司正处于初创时期，他仍然给予我充分的自由来撰写本书。

Manning 出版社也给予我巨大帮助，十分感谢责任编辑 Frank Pohlmann，是他一直相信我能完成本书。同样感谢 Cynthia Kane、Jennifer Stout 和 Rebecca Rinehart 在本书漫长而充满困难的写作过程中给予我的耐心与支持。还要感谢本书的合著者 Valentin Crettaz，正是由于她的贡献与专注本书才得以完成。此外，我还要感谢审稿人的辛勤付出，正是他们的反馈和眼光使本书质量得到巨大提升，这些审稿人是 Alex Nelson、Alexander Myltsev、Azatar Solowiej、Bachir Chihani、Charles Chan、Chris Snow、Cosimo Attanasi、Earl Bingham、Ernesto Garcia、Gerd Klevesaat、Jeff Lim、Jerry Tan、Lourens Steyn、Miguel Eduardo Gil Biraud、Nat Luengnaruemitchai、Odysseas Pentakalos、Rodrigo Abreu、Roger Meli、Sanket Naik、Shobha Iyer、Sumit Pal、Thomas Lockney、Thorsten Weber、Tischliar Ronald、Tomasz Borek 和 Vitaly Bragilevsky。

最后我要感谢 Confluent 的 CEO Jay Kreps，他是 Apache Kafka 的创建者。他的著作 *The Log* 开启了我撰写本书的历程，也让我在 Snowplow Analytics 的工作中受益匪浅。

——Alexander Dean

首先我要感谢我的父亲与丈夫。为了我，他们时不时离开他们心爱的键盘与鼠标。如果没有这种无条件的支持与理解，我必定无法实现我的梦想。

之前我与 Manning 出版社已在许多不同的图书项目上有过合作。但是这次尤其特殊——不仅是一次精彩的技术之旅，也是一次人文旅行。人永远是写作过程中最重要的部分，写作并不仅是关于内容、语法、拼写以及段落，更多的是人与人之间的协作与情感交流，理解他们的处境、感受并与他们分享自己生命中的某个篇章。正是由于这些，我需要感谢 Michael Stephens、Jennifer Stout 与 Rebecca Rinehart，他们花费了大量的精力与时间说服我参与这个项目。这并不是一项轻松的工作，但它为我带来了趣味与巨大的启迪。

最后我要感谢 Alexander，他是一位如此优秀的作者，总在尝试使用充满趣味的写作方式和具有说明性的示例让复杂的主题与概念变得更易于为读者所接受。

——Valentin Crettaz

序　言

　　一条由现实世界或数字事件所组成的、不间断的流，正在不经意间影响着公司的运营。你可能认为你每天的工作无非是与各种人与事打交道，或者是使用各种不同的软、硬件完成各项事务。

　　然而计算机却无法如此思考问题。计算机将公司看成一条持续的流，会不停地产生或响应各种事件。我们相信用这种持续事件流的方式重塑你的业务会带来巨大收益。这是一个年轻但至关重要的领域，却鲜有人讨论。

　　本书是一本全程关注事件的书籍，主要讨论如何定义事件，如何向 Apache Kafka、Amazon Kinesis 这类统一日志系统发送事件，以及如何编写一个处理流数据的应用程序。本书涵盖了以下技术的基础知识：Kafka、Kinesis、Samza 和 Spark Streaming 等流式处理框架，以及与事件处理契合的数据库(如 Redshift)。

　　本书会给你充分的信心，无论在何处发现事件流，你都能识别出模型并处理它们。当你阅读完本书后，一定会发现身边到处都是事件流！更重要的是，希望本书能像一块跳板，让作为软件工程师的我们，就如何处理事件展开更广泛的讨论。

前　言

在充斥着数据的环境中编写一个真实可用的应用程序犹如在火焰中参加彩蛋射击游戏。每一步都需要你组合事件流、批量归档，用户与系统都需要实时地响应。统一日志处理是一种用来应对批量与准实时流数据处理、事件日志与聚合、统一事件流数据处理的综合架构。通过从多个数据源高效地创建一个单独的统一事件日志，统一日志处理能让大规模的数据驱动应用变得更易于设计、部署与维护。

本书读者对象

本书适合有 Java 使用经验的程序员。Scala 与 Python 的使用经验可以帮助你更好地理解书中的一些概念，但并不是必需的。

本书路线图

本书分为三个部分，还包含一个附录。

第 I 部分定义了什么是事件流与统一日志，提供了一个宽泛的视角。

- 第 1 章通过展现事件、持续事件流的定义与配套示例，为后续内容提供了坚实基础。简单介绍了如何使用统一日志实现统一事件流。

- 第 2 章深入探讨统一日志的各个关键属性，并引导你配置 Kafka，使用 Kafka 发送、读取事件。

- 第 3 章介绍事件流处理，以及如何编写处理单个事件的程序，对事件进行校验与扩展。

- 第 4 章聚焦在如何使用 Amazon Kinesis，一款完全托管的统一日志服务，用来处理事件流。

- 第 5 章关注有状态的流式处理。使用流行的流式处理框架在有状态的流中处理多个事件。

第 II 部分深入研究被发送到统一日志的事件的特质。

- 第 6 章介绍事件模式与相关的模式技术，关注如何使用 Apache Avro 实现自描述事件。
- 第 7 章涵盖事件归档的各个方面，深入阐述事件归档的重要性以及归档过程中的最佳实践。
- 第 8 章介绍 UNIX 的程序异常、Java 异常与异常日志是如何处理的，以及如何设计单个流处理程序与跨越多个流处理程序的异常处理机制。
- 第 9 章介绍命令在统一日志中扮演的角色，以及如何使用 Apache Avro 定义模式与处理命令。

第 III 部分首先介绍如何使用统一日志进行分析，接着引入两种主要的基于统一日志的分析方法，之后使用不同的数据库与流处理技术对事件流展开分析。

- 第 10 章介绍如何使用 Amazon Redshift 实现读取时分析与写入时分析，以及存储、扩展事件的相关技术。Amazon Redshift 是一个支持水平扩展、面向列存储的数据库。
- 第 11 章提供一个对事件流进行写入时分析的简单算法，你可以使用 AWS Lambda 函数对其进行部署与测试。

本书代码

本书包含大量示例代码，有些是以代码清单的形式展现，而有些是普通文本的形式。代码清单以等宽字体显示，能很容易地与正文区分开。有时代码中有些部分会用粗体标出，意味着这部分代码之前曾出现过，但发生了一些变化，例如在已有的代码中增添了新特性。

大部分情况下，已经对原始代码进行了格式化；我们增加了换行符与缩进符，最大限度地利用书页的空间。很罕见的情况下，空间不足，无法显示一行完整的代码，我们会使用连行符连接两行代码。此外如果代码清单中的注释已经在正文中有相关描述，则会从代码中移除。代码注释往往伴随着需要深入讨论的重要概念。

可扫描封底二维码下载源代码。

作者简介

Alexander Dean 作为共同创始人与技术负责人研发了 Snowplow Analytics，这

是一款开源的事件处理与分析平台。

Valentin Crettaz 作为一名独立 IT 咨询顾问在过去 25 年中参与过许多富有挑战性的全球项目。她的专业能力涵盖了从软件工程与架构到数据科学与商业智能。她的日常工作是在 IT 解决方案中使用当前最先进的 Web、数据以及流技术，促使 IT 与业务部门的合作更融洽。

关于封面插画

本书封面上的图片描述的是 1667 年一名鞑靼女士的着装习俗。这幅插画来自 1757—1772 年在伦敦出版，由 Thomas Jefferys 编绘的 *A Collection of the Dresses of Different Nations, Ancient and Modern*(共 4 卷)。这些插画都是手工着色的铜版雕刻品，用阿拉伯胶加深了颜色。

Thomas Jefferys(1719—1771)被称为"乔治三世的御用地理学家"。他是一名来自英格兰的地图绘制师，是当时顶尖的地图供应商。他为当时的政府以及其他官方机构雕刻和印刷地图，制作了大量跨度广泛的商业地图和地图册，尤其是北美地区的。作为一名地图制作者，他激起了人们对各地服饰与习俗的兴趣，这些信息在系列插画中得到了出色的展示。在 18 世纪末期，对于远方的向往与休闲旅行仍然是新兴事物，这类向旅行者介绍异国他乡风俗服饰的画册就变得非常受欢迎。

Jefferys 画册中各式各样的插画为我们生动展示了 200 年前各个国家的独特之处与鲜明个性。着装风格在不断变化，来自不同区域与国家的多样化风格已经逐渐消失。现在仅依靠衣着已经很难将来自不同大陆的居民区分开来。如果乐观地看待这件事，或许我们已经用文化与视觉上的多样性换取了个人生活的多样性——当然是更为丰富和有趣的文化和艺术生活。

在一个很难将计算机书籍区分开的时代，Manning 以两个世纪以前丰富多样的地区生活为基础，通过以 Jefferys 的图片作为书籍封面，来彰显计算机行业的首创精神。

目　　录

第 I 部分　事件流与统一日志

第 1 章　事件流 ················ 3
1.1　术语定义 ················ 4
  1.1.1　事件 ················ 4
  1.1.2　持续事件流 ············ 5
1.2　探寻我们熟悉的事件流 ····· 6
  1.2.1　应用级日志 ············ 6
  1.2.2　站点分析 ············· 8
  1.2.3　发布/订阅消息 ·········· 9
1.3　统一持续事件流 ·········· 11
  1.3.1　古典时代 ············· 12
  1.3.2　混合时代 ············· 14
  1.3.3　统一时代 ············· 15
1.4　统一日志的应用场景 ······ 17
  1.4.1　用户反馈环路 ········· 17
  1.4.2　整体系统监控 ········· 18
  1.4.3　应用系统版本在线
      升级 ················ 19
1.5　本章小结 ··············· 20

第 2 章　统一日志 ············· 21
2.1　深入统一日志 ············ 22
  2.1.1　统一 ················ 22
  2.1.2　只可追加 ············· 23
  2.1.3　分布式 ··············· 23
  2.1.4　有序性 ··············· 24

2.2　引入我们的应用 ·········· 25
  2.2.1　识别关键事件 ········· 26
  2.2.2　电子商务中的统一
      日志 ················ 27
  2.2.3　首个事件建模 ········· 28
2.3　配置统一日志 ············ 30
  2.3.1　下载并安装 Apache
      Kafka ··············· 30
  2.3.2　创建流 ··············· 31
  2.3.3　发送和接收事件 ······· 31
2.4　本章小结 ··············· 33

第 3 章　使用 Apache Kafka 进行
事件流处理 ············· 35
3.1　事件流处理入门 ·········· 36
  3.1.1　为什么要处理
      事件流？ ············· 36
  3.1.2　单事件处理 ··········· 38
  3.1.3　多事件处理 ··········· 38
3.2　设计第一个流处理
程序 ·················· 39
  3.2.1　将 Kafka 作为
      黏合剂 ··············· 39
  3.2.2　明确需求 ············· 40
3.3　编写一个简单的 Kafka
worker ················ 42
  3.3.1　配置开发环境 ········· 42

3.3.2　应用配置 ················ 43

3.3.3　从 Kafka 读取事件 ········ 45

3.3.4　向 Kafka 写入事件 ········ 46

3.3.5　整合读取与写入 ·········· 47

3.3.6　测试 ···················· 48

3.4　编写单事件处理器 ·········· 49

3.4.1　编写事件处理器 ·········· 50

3.4.2　更新 main 方法 ··········· 52

3.4.3　再次测试 ················ 53

3.5　本章小结 ···················· 54

第 4 章　使用 Amazon Kinesis
　　　　处理流事件 ·············· 55

4.1　向 Kinesis 写入事件 ········· 56

4.1.1　系统监控与统一
　　　　日志 ·················· 56

4.1.2　与 Kafka 的术语
　　　　差异 ·················· 58

4.1.3　配置事件流 ·············· 58

4.1.4　事件建模 ················ 60

4.1.5　编写代理程序 ············ 60

4.2　从 Kinesis 读取事件 ········· 65

4.2.1　Kinesis 的框架与
　　　　SDK ·················· 66

4.2.2　使用 AWS CLI 读取
　　　　事件 ·················· 67

4.2.3　使用 boto 监控 Kinesis
　　　　stream ················ 72

4.3　本章小结 ···················· 79

第 5 章　有状态的流式处理 ·········· 81

5.1　侦测"购物者弃置购物车"
　　　事件 ······················ 82

5.1.1　管理者的需求 ············ 82

5.1.2　算法定义 ················ 82

5.1.3　派生事件流 ·············· 83

5.2　新事件的模型 ················ 84

5.2.1　购物者将商品放入
　　　　购物车 ················ 84

5.2.2　购物者支付订单 ·········· 85

5.2.3　购物者弃置购物车 ········ 85

5.3　有状态的流式处理 ·········· 86

5.3.1　状态管理 ················ 86

5.3.2　流窗口 ·················· 88

5.3.3　流式处理框架的
　　　　功能 ·················· 88

5.3.4　流式处理框架 ············ 89

5.3.5　为尼罗选择一个流式
　　　　处理框架 ·············· 92

5.4　侦测被弃置的购物车 ········ 92

5.4.1　设计 Samza job ··········· 92

5.4.2　项目准备 ················ 94

5.4.3　配置 Samza job ··········· 94

5.4.4　使用 Java 开发 job
　　　　task ·················· 96

5.5　运行 Samza job ·············· 101

5.5.1　YARN ··················· 101

5.5.2　提交 job ················· 102

5.5.3　测试 job ················· 102

5.5.4　改进 job ················· 104

5.6　本章小结 ···················· 104

第 II 部分　针对流的数据工程

第 6 章　模式 ······················ 107

6.1　模式介绍 ···················· 108

6.1.1　Plum 公司 ··············· 108

6.1.2　将事件模式作为
　　　　契约 ·················· 109

6.1.3　模式技术的功能 ……… 111

6.1.4　不同的模式技术 ……… 112

6.1.5　为 Plum 公司选择一种

模式技术 ……………… 114

6.2　Avro 中的事件模型 ……… 114

6.2.1　准备开发环境 ……… 115

6.2.2　编写质检事件的

模式 ………………… 116

6.2.3　Avro 与 Java 的互相

转换 ………………… 117

6.2.4　测试 ……………… 120

6.3　事件与模式的关联 ……… 121

6.3.1　初步的探索 ……… 121

6.3.2　Plum 公司的自描述

事件 ………………… 124

6.3.3　Plum 公司的模式

注册 ………………… 125

6.4　本章小结 ……………… 127

第 7 章　事件归档 ……………… 129

7.1　归档者宣言 …………… 130

7.1.1　弹性 ……………… 131

7.1.2　重复处理 ………… 132

7.1.3　精准 ……………… 133

7.2　归档的设计 …………… 135

7.2.1　什么应被归档 …… 135

7.2.2　何处进行归档 …… 136

7.2.3　如何进行归档 …… 136

7.3　使用 Secor 归档 Kafka 的

事件 ……………………… 137

7.3.1　配置 Kafka ……… 138

7.3.2　创建事件归档 …… 140

7.3.3　配置 Secor ……… 141

7.4　批处理事件 …………… 143

7.4.1　批处理入门 ……… 143

7.4.2　设计批处理任务 …… 145

7.4.3　使用 Apache Spark 编写

任务 ………………… 146

7.4.4　使用 Elastic MapReduce

运行任务 …………… 151

7.5　本章小结 ……………… 156

第 8 章　轨道式流处理 ………… 157

8.1　异常流程 ……………… 158

8.1.1　UNIX 编程中的异常

处理 ………………… 158

8.1.2　Java 中的异常处理 …… 160

8.1.3　异常与日志 ……… 163

8.2　异常与统一日志 ……… 164

8.2.1　针对异常的设计 …… 164

8.2.2　建立异常事件模型 ……166

8.2.3　组合多个正常处理

流程 ………………… 168

8.3　使用 Scalaz 组合异常 …… 168

8.3.1　异常的处理计划 …… 169

8.3.2　配置 Scala 项目 …… 170

8.3.3　从 Java 到 Scala ……… 171

8.3.4　使用 Scalaz 更好地处理

异常 ………………… 174

8.3.5　组合异常 ………… 175

8.4　实现轨道式编程 ……… 179

8.4.1　轨道式处理 ……… 180

8.4.2　构建轨道 ………… 182

8.5　本章小结 ……………… 189

第 9 章　命令 …………………… 191

9.1　命令与统一日志 ……… 192

9.1.1　事件与命令 ……… 192

9.1.2　隐式命令与显式

命令 ………………… 193

9.1.3 在统一日志中使用
命令 ·············· 194
9.2 决策 ····················· 195
9.2.1 Plum 公司中的
命令 ·············· 195
9.2.2 对命令进行建模 ····· 197
9.2.3 编写警报的模式 ····· 198
9.2.4 定义警报的模式 ······ 200
9.3 消费命令 ················· 201
9.3.1 合适的工具 ············· 201
9.3.2 读取命令 ·············· 202
9.3.3 转换命令 ·············· 203
9.3.4 连接各个程序 ········· 205
9.3.5 测试 ···················· 206
9.4 执行命令 ················· 207
9.4.1 使用 MailGun ········· 207
9.4.2 完成 executor ········· 208
9.4.3 最后的测试 ············· 211
9.5 扩展命令 ················· 212
9.5.1 单条流还是多条? ······ 212
9.5.2 处理命令执行的
异常 ·············· 213
9.5.3 命令层级 ·············· 214
9.6 本章小结 ················· 215

第 III 部分 事件分析

第 10 章 读取时分析 ············· 219
10.1 读取时分析与写入时
分析 ·············· 220
10.1.1 读取时分析 ············· 220
10.1.2 写入时分析 ··········· 221
10.1.3 选择一种解决
方案 ·············· 222

10.2 OOPS 的事件流 ·········· 223
10.2.1 货车事件与实体 ····· 223
10.2.2 货车司机事件与
实体 ·············· 224
10.2.3 OOPS 的事件
模型 ·············· 224
10.2.4 OOPS 的事件
归档 ·············· 226
10.3 使用 Amazon Redshift ····· 227
10.3.1 Redshift 介绍 ········· 227
10.3.2 配置 Redshift ········· 229
10.3.3 设计事件数据
仓库 ·············· 232
10.3.4 创建事件宽表 ········· 235
10.4 ETL 和 ELT ············· 237
10.4.1 加载事件 ·············· 237
10.4.2 维度扩展 ·············· 240
10.4.3 数据易变性 ··········· 244
10.5 分析 ···················· 244
10.5.1 分析 1:谁更换机油的
次数最多? ··········· 245
10.5.2 分析 2:谁是最
不可靠的客户? ····· 245
10.6 本章小结 ················· 247

第 11 章 写入时分析 ············· 249
11.1 回到 OOPS ··············· 250
11.1.1 配置 Kinesis ········· 250
11.1.2 需求收集 ·············· 251
11.1.3 写入时分析算法 ····· 252
11.2 构建 Lambda 函数 ········ 256
11.2.1 配置 DynamoDB ···· 256
11.2.2 AWS Lambda ········· 257
11.2.3 配置 Lambda 与事件
建模 ·············· 258

11.2.4 重温写入时分析

算法 ························· 261

11.2.5 条件写入

DynamoDB ············· 265

11.2.6 最后的 Lambda

代码 ····················· 268

11.3 运行 Lambda 函数 ········ 269

11.3.1 部署 Lambda

函数 ····················· 270

11.3.2 测试 Lambda

函数 ····················· 272

11.4 本章小结 ····················· 274

附录 AWS 入门 ················· 277

A.1 设置 AWS 账户 ········· 277

A.2 创建用户 ····················· 278

A.3 设置 AWS CLI ············· 283

第 I 部分

事件流与统一日志

在第 I 部分中，将介绍事件流的基础知识以及什么是统一日志，还将演示如何使用 Apache Kafka、Amazon Kinesis、Apache Samza 处理事件流。

第 *1* 章

事 件 流

本章导读:

- 事件和持续事件流的定义
- 探索身边的事件流
- 使用统一日志对事件流统一处理
- 统一日志的应用场景

无论你相信与否，真实世界中不间断的"流"与数字化事件已经对你所在的公司产生了深远影响，只不过并不是像你同事设想的那样。相反，他们觉得自己的工作是按照以下方式进行的:

- 每天和他人或其他事物(例如客户、市场团队)进行互动，提交代码或发布一款新产品。
- 使用软件与硬件完成日常工作。
- 完成工作列表中的待办任务。

人类会按照上面的方式思考与工作，这与计算机是不同的。因为要在午餐时间向老板提交报告，所以 QA 部门的 Sue 需要早起并工作。如果换一种思考方式，假定我们的工作方式变为创建和响应一系列持续的、由事件组成的"流"，这对于我们来说或许难以接受，因为很可能你会在休假期间被叫回办公室。

计算机对此却不会有任何问题，它们对以下业务定义会非常满意:

公司是一个能够产生和响应持续事件流的组织。

这样的定义并不是想从经济学家那里"要掌声"，但是作为本书的作者，我们相信从持续事件流的角度来重塑你的业务模型会带来巨大收益。事件流会带来以下这些特别的好处。

- **更加及时的洞察力**——持续事件流犹如公司业务的"脉搏",相比而言,基于传统批处理的数据仓库就显得有些延滞。
- **观察事实的单一视角**——对于你和你的同事们,相同的问题可能会具有不同的答案。因为他们工作在数据的不同"点"上。一个建模良好的持续事件流对于事实将提供单一视角,以此来消除歧义。
- **更快的反应**——自动化、近实时的持续事件流处理流程使业务能在几分钟(甚至几秒钟)内对事件作出响应。
- **更简洁的架构**——大部分业务都建立在由杂乱的点对点连接的事务性系统之上。而事件流可以帮助我们解开这些系统之间杂乱的耦合关系。

本章将首先探讨"究竟什么是事件",将介绍一些事件的简单例子,也将解释什么是持续事件流。这对于你来说是个很好的机会去发现这样一个事实:事件流已经是你工作的一部分——只不过不是以你预想的那种方式存在。

在展示了一些耳熟能详的事件流后,将重点介绍在过去 20 年中企业是如何处理事件的。你将看到,持续的技术演进是如何将一件简单的事情变得过于复杂,而一种被称为统一日志的新架构模式,又是如何把事情化繁为简的。

新技术必须能解决那些棘手的用户问题,才能被主流所接受。因此我们将通过各种行业的实际示例,让持续事件流和统一日志的优势显得更为真实。

1.1 术语定义

如果你在一个现代化的企业工作,那么很可能已经和各种形式的事件流打过交道,只是从未意识到而已。接下来将展示事件的定义,以及事件是如何组成一个持续事件流的。

1.1.1 事件

在我们定义什么是持续事件流之前,先明确单一事件的定义。幸运的是,这个定义非常简单:事件是在某个具体时间观察到的发生的任何事物。如图 1.1 所示,我们举了 4 个不同行业的"事件"示例。

由于事件的定义如此简单,很多时候可能会引起歧义。因此在进一步讨论之前,我们先明确什么不是事件。下面并不是一份详尽的列表,但列出了应当避免的最常见错误,一个事件绝不是以下列出的任何一项:

- **对某样东西持续状态的描述。**如天气很温暖、这辆车是黑色的、客户端API 崩溃了。但"客户端 API 在周二下午崩溃了"是一个事件。
- **经常发生的事。**如纳斯达克(NASDAQ)每天上午 9:30 开盘。但是"2018年某一天的纳斯达克开盘"是一个事件。
- **一系列单独事件的集合。**如普法战争由施皮谢亨战役、麦茨攻城战以及色当战役组成。但是"法国与普鲁士于 1870 年 7 月 19 日爆发战争"是一个事件。

- 一个具体时间范围内发生的事情。如 2018 年的黑色星期五促销开始于 0 点，结束于晚上 11 点 59 分 59 秒。但是一个营销活动的开始是一个事件，营销活动的结束同样是一个事件。

制造业

27-G 型机械的钻头于 2018 年 7 月 11 日 12 点 3 分 48 秒断裂

休闲娱乐行业

川口先生在公元 718 年 12 月 14 日 20 点 5 分入住 Hoshi Ryokan 旅馆

零售行业

匿名用户 123 在 2019 年 2 月 28 日 16 点 4 分 16.675 秒时，将一件蓝色 T 恤衫放入购物篮

金融行业

Facebook 股票交易开始于 2018 年 5 月 18 日 11 点 30 分

图 1.1   虽然在时间精度上并不完全相同，但可看到四个事件都是具体、可记录的，发生于现实世界与数字世界(或两者兼而有之)

这里有个经验性的判断法则：如果在描述某样事物时，可将它和一个具体时间点联系起来，就可以尝试用事件的形式描述它。有时可能需要组织一下语言，让描述更通顺。

1.1.2 持续事件流

我们已经明确了事件的定义，那究竟什么才是持续事件流呢？简而言之，一个持续事件流就是一连串不会终止、连续的单独事件，它们按照发生的时间先后排序。图 1.2 从抽象的角度描绘了一个持续事件流的样子：可以看到一连串的单独事件按时间顺序依次排列。

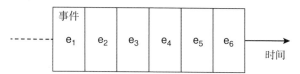

图 1.2 持续事件流的详细结构：时间与事件都是按自左向右的方向递进。事件流是没有终止的，它的起始方向和终止方向都可能超出我们能够处理的范围

基于以下原因，我们称这一系列事件是不会终止的：

- 流开始的时间可能早于我们开始观察的时间。
- 流可能在未来某个不确定的时间终止。

为说明这一点，我们以客人入住日本 Hoshi Ryokan 旅馆的场景为列。Hoshi Ryokan 旅馆创建于公元 718 年，被认为是世界上最古老的旅馆之一。当在分析客人入住的事件流时，你会发现最早的那些客人入住事件已经随着时间的流逝，不得而知。未来客人入住的事件会一直持续发生，直到我们退休都不会终结。

1.2 探寻我们熟悉的事件流

如果阅读了上一节，你觉得事件和持续事件流的概念似曾相识，那你很有可能已经使用了事件流的相关技术，只是未将它们辨识出来。大量的软件系统受到持续事件流的影响，包括：

- **交易系统**——大部分这类系统需要响应外部事件，例如客户下单或供应商交付货品。
- **数据仓库**——从其他系统中收集事件的历史信息，并稍后在因子表中对它们进行分析和排序。
- **系统监控**——从软件或硬件设备持续地检查系统级别和应用级别的事件，以此监测异常。
- **站点分析**——通过分析网站访问者的行为事件流，分析师可形成相关的观点。

本节将介绍三个最常见且最接近事件流概念的编程领域。希望这能让你更多地从事件的角度来思考现有的编程工具。但如果这些例子对你而言有些陌生，也不必担心，之后你将有大量机会从无到有地掌握事件流。

1.2.1 应用级日志

让我们首先讨论大部分后端开发者和前端开发者都熟悉的"应用级日志"。如果你曾用过 Java，那么很可能也用过 Apache Log4j；如果没有，也不必担心，它与其他日志工具非常类似。假设 Log4j.properties 文件配置完成，而一个静态的日志记录器也已被成功初始化，那么使用 Log4j 相当容易。代码清单 1.1 展示了一个 Java 开发者如何使用它在应用中记录日志。

代码清单 1.1　使用了 Log4j 的应用日志

```
doSomethingInteresting();
log.info("Did something interesting");
doSomethingLessInteresting();
log.debug("Did something less interesting");

// Log output:
// INFO 2018-10-15 10:50:14,125 [Log4jExample_main]
   "org.alexanderdean.Log4jExample": Did something interesting
// INFO 2018-10-15 10:55:34,345 [Log4jExample_main]
   "org.alexanderdean.Log4jExample": Did something less interesting
```

假定在 Log4j.properties 文件中对输出格式做了如下配置：
log4j.appender.stdout.layout.ConversionPattern=%-5p %d [%t] %c: %m%n

可以看到应用级日志常用来在某个时间点记录特定事件。记录日志事件的代码非常基础，仅记录了事件的重要等级，以及用来描述事件的消息字符串。但是 Log4j 也额外添加了一些元数据，包括事件发生的时间、记录该事件的线程以及对应的 Java 类。

当你的应用产生日志事件后，应该做什么呢？最佳实践告诉我们，应该将日志事件写入磁盘上的一个日志文件。然后使用日志收集技术(如 Flume、Flunted、Logstash 或 Filebeat)将这些日志文件从不同服务器上收集过来，并进行汇总，用于后续的系统监控和日志分析。图 1.3 说明了这种类型的事件流。

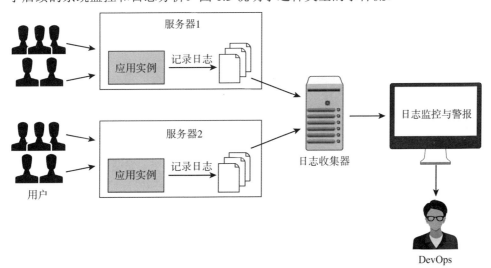

图 1.3　一个运行在两台服务器上的应用，每个应用实例都会生成日志信息。日志信息在被循环写入本地磁盘后，由日志收集器转发给系统监控或日志分析工具

很明显,应用级别的日志是一个持续事件流,只是它很大程度上依赖于无模式的消息结构(而这种通常是人类可阅读的)。就像 Log4j 示例中所展示的,应用级日志是高度可配置的,并没有跨语言和框架的标准配置。在一个多编程语言的项目中,通用日志的标准化是一项令人痛苦的工作。

1.2.2　站点分析

让我们来看下一个例子。如果你是一个前端 Web 开发者,那么在网站或网站应用中嵌入 JavaScript 来进行一些 Web 或事件分析是自然而然的事。在这类软件中,最受欢迎的是一款由 Google 提供的"软件即服务"(SaaS,Software-as-a-Service)软件,Google Analytics。2012 年,Google 发布了新一代的分析软件,即 Universal Analytics。

代码清单 1.2 展示了通过 JavaScript 调用 Universal Analytics 的示例。这部分代码可以直接嵌入站点的源码中,或通过一个 JavaScript 标签管理器来调用。无论哪种方式,当任何一个网站访问者访问站点时,这段代码都会被执行,用来产生一个持续的事件流,代表访问者与站点的交互行为。这些事件最终会流向 Google,然后被存储、处理并展示在不同的报表上。图 1.4 展示了整个事件流程。

代码清单 1.2　通过 Universal Analytics 服务进行网站追踪

```
<script>
(function(i,s,o,g,r,a,m){i['GoogleAnalyticsObject']=r;i[r]=i[r]||function(){
 (i[r].q=i[r].q||[]).push(arguments)},i[r].l=1*new
    Date();a=s.createElement(o),
  m=s.getElementsByTagName(o)[0];a.async=1;a.src=g;m.parentNode
    .insertBefore(a,m)
 })(window,document,'script','//www.google-analytics.com/analytics.js','ga');

  ga('create', 'UA-34290195-2', 'test.com');
  ga('send', 'pageview');
  ga('send', 'event', 'video', 'play', 'doge-video-01');

</script>
```

记录浏览该视频的访问者

记录访问该网页的访问者

创建一个用于 test.com 网站的事件追踪器

Universal Analytics 追踪标签的初始化代码

通过这样部署 Google Analytics,业务分析师可以登录到 Google Analytics,通过站点提供的界面入口,了解所有网站访问者的事件流。图 1.5 是 Universal Analytics 实时数据仪表盘的截图,它展示了过去 30 分钟 Snowplow Analytics 网站所发生的事件。

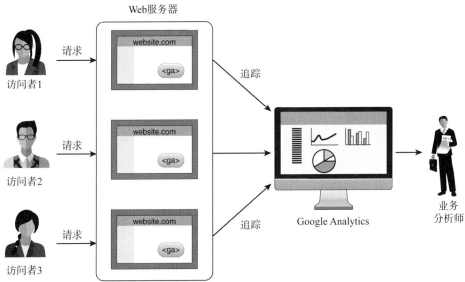

图 1.4　使用 JavaScript 的追踪标签将网站访问者的交互信息发送给 Universal Analytics。
此事件流可在 Google Analytics 的用户界面中进行分析

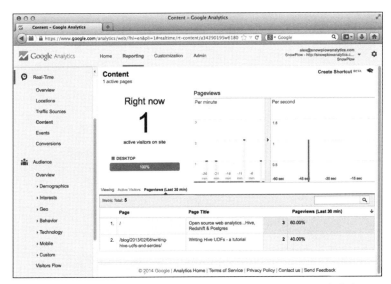

图 1.5　Google Analytics 正在记录由网站访问者产生的实时事件流。
在底部的右方，可看到最近 30 分钟的单个网页浏览数

1.2.3　发布/订阅消息

让我们看一个更底层的例子，也许仍是很多读者所熟悉的内容：应用程序消息，特别是发布/订阅模式的消息。发布/订阅有时简称为 pub/sub，是一种简单的消息通信方式。

- 消息的发送者(sender)可以发布(publish)消息，消息可能属于一个或多个主题(topic)。
- 消息的接收者(receiver)可以订阅(subscribe)特定的主题(topic)，之后便可收到所有订阅主题的消息。

如果曾经使用过 pub/sub 发送消息，那很有可能发送的就是某种形式的事件。

让我们动手尝试一下 NSQ。NSQ 是一个颇受欢迎的分布式 pub/sub 消息中间件，最初由 Bitly 创建。如图 1.6 所示，NSQ 在一个消息发布应用和两个消息订阅应用之间进行事件代理。

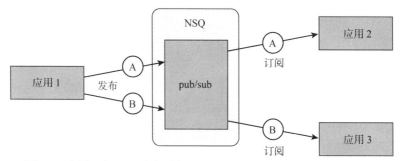

图 1.6　应用 1 向 NSQ 发布消息，应用 2 和应用 3 则从 NSQ 订阅消息

使用 NSQ 进行演示的优点在于，它易于安装和使用。在 macOS 中，我们只需要打开一个终端窗口，使用 Homebrew 进行安装，然后启动 nsqlookupd 守护进程即可：

```
$ brew install nsq
...
$ nsqlookupd
...
```

然后在另一个终端窗口中，我们启动 NSQ 的主进程 nsqd：

```
$ nsqd --lookupd-tcp-address=127.0.0.1:4160
...
```

我们让之前的两个守护进程保持运行，并打开第三个终端窗口。我们使用 nsqd 提供的 HTTP API 创建一个新的主题：

```
$ curl -X POST http://127.0.0.1:4151/topic/create\?topic\=Topic1
```

接着开始创建两个新的订阅者，应用 2 和应用 3。再打开两个新的终端窗口，运行 nswq_tail 来模拟应用 2 和应用 3 订阅 Topic1：

```
$ nsq_tail --lookupd-http-address=127.0.0.1:4161 \
  --topic=Topic1 --channel=App2
2018/10/15 20:53:10 INF    1 [Topic1/App2]
 querying nsqlookupd http://127.0.0.1:4161/lookup?topic=Topic1
2018/10/15 20:53:10 INF    1 [Topic1/App2]
 (Alexanders-MacBook-Pro.local:4150) connecting to nsqd
```

然后打开第五个，也是最后一个终端窗口：

```
$ nsq_tail --lookupd-http-address=127.0.0.1:4161 \
  --topic=Topic1 --channel=App3
2018/10/15 20:57:55 INF   1 [Topic1/App3]
 querying nsqlookupd http://127.0.0.1:4161/lookup?topic=Topic1
2018/10/15 20:57:55 INF   1 [Topic1/App3]
 (Alexanders-MacBook-Pro.local:4150) connecting to nsqd
```

回到第三个终端窗口(唯一没有运行守护进程的窗口)，我们通过 HTTP API 发送一些事件：

```
$ curl -d 'checkout' 'http://127.0.0.1:4151/pub?topic=Topic1'
OK%
$ curl -d 'ad_click' 'http://127.0.0.1:4151/pub?topic=Topic1'
OK%
$ curl -d 'save_game' 'http://127.0.0.1:4151/pub?topic=Topic1'
OK%
```

在运行应用 2 的窗口中可以看到事件到达的信息：

```
2018/10/15 20:59:06 INF   1 [Topic1/App2] querying nsqlookupd
http://127.0.0.1:4161/lookup?topic=Topic1
checkout
ad_click
save_game
```

在应用 3 的窗口中，也会看到相同的信息：

```
2018/10/15 20:59:08 INF   1 [Topic1/App3] querying nsqlookupd
http://127.0.0.1:4161/lookup?topic=Topic1
checkout
ad_click
save_game
```

在 pub/sub 架构中，我们的事件由一个应用发布，并被其他两个应用所订阅。只要添加更多事件，就会获得一个被不断处理的持续事件流。

希望本节的例子可以让你意识到事件流是一个熟悉的概念，支持不同的系统和解决方案，包括应用级日志、站点分析和发布/订阅消息。所采用的技术也许不同，但从上述三例中可以看到相同的部分：事件的模式或结构(即使很少)、事件的生成方式、事件的收集以及后续处理。

1.3 统一持续事件流

到目前为止，本章介绍了事件流的概念，定义了所使用的术语，并突出了我们所熟悉的某种技术中是如何使用事件流的。这是一个良好开端，但你也应该看到，这些技术的应用是碎片化的：它们的事件特性并不容易理解，它们的事件模式并不是标准化的，而且它们的应用场景散落在各处。本节将介绍在业务中使用持续事件流的更为先进和强大的方式。

简而言之，本书的观点是任何数字化业务都应该按照以下流程重新组织。

- 从各个不同的源系统收集各种事件。
- 将事件存储在一个统一日志中。
- 让数据处理应用可以在这些事件流上运行。

这是个大胆的主意，而且听起来有一大堆工作要做。那有什么证据表明这是一个对企业实用而有效的解决方案？

本节描述了业务数据处理的历史和发展历程，并把话题扩展到事件流和统一日志。我们将演变过程分为两个截然不同的时代，我们有第一手的经验，同时也将迎来第三个崭新的时代。

- **古典时代**——"大数据、SaaS 时代"之前的业务系统和基于批处理作业的数据仓库。
- **混合时代**——现如今的由不同系统和不同解决方案组成的"大杂烩"。
- **统一时代**——新兴的架构，通过在统一日志中处理持续事件流。

1.3.1　古典时代

在古典时代，企业需要运维一整套本地部署的不同交易系统，并将数据灌入数据仓库。图 1.7 展示了这种架构。每个交易系统都具有如下特点：

- 一个用来执行准实时数据处理的内部回路。
- 具有自己的数据筒仓。
- 在需要时，和对等系统进行点对点连接(通过 API 或 Feed 导入/导出)。

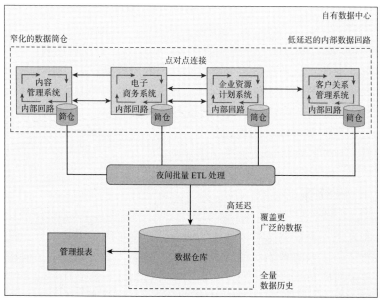

图 1.7　图中的零售商有 4 个交易系统，每个系统都有自己的数据筒仓。这些系统间按需进行点对点连接。夜间的 ETL 批处理会把数据从各个数据筒仓中抽取出来，并做各种格式的转换，供报表使用，最终加载到数据仓库中。管理报表的数据则来源于数据仓库

数据仓库通常在夜间通过一系列的抽取、转换和加载(ETL),从各个交易系统获取数据。因此数据仓库为企业提供了对于真实状况的单一视角,不仅具有完整的数据历史,还具有广泛的覆盖范围。在内部,数据仓库通常采用由 Ralph Kimball 推广的、基于因子表和维度表的星型模型。

虽然我们称之为古典时代,而且有越来越多的 SaaS 被引入,但实际上现今仍有大量企业采用这种架构或由其衍生的架构。这是一个久经考验的架构,但它仍具有以下缺陷:

- **滞后的报表**——事件发生到出现在报表中的事件跨度以小时计(甚至以天计),而不是以秒计。
- **点对点的"意大利面条"结构**——新增的交易系统会带来更多点对点连接,如图 1.8 所示,这种点对点的"意大利面条"结构带来了昂贵的构建和维护成本,同时增加了系统整体的脆弱性。

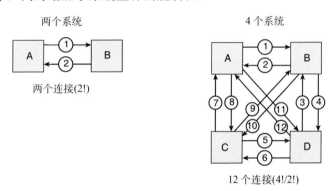

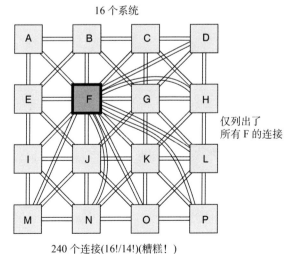

图 1.8 当系统数量为 2、4、16 时,系统间最大连接数则为 2、12、240。
当系统数量增加时,系统间点对点连接的数量则呈平方级增长

- **模型困境**——传统的数据仓库假设每个企业都可从业务系统中挖掘出一个稳定的数据模型，但正如我们将在第 5 章中所看到的，这是一个有缺陷的假设。

在面对这些问题时，有些企业完成了到新模式的飞跃，特别是零售、技术和媒体这些飞速发展领域的企业。我们把这个新模式称为混合时代。

1.3.2　混合时代

混合时代的一大特点是企业维护着一堆由交易系统和分析系统组成的大杂烩。它们有的来自私有部署的商业软件，有的来自某个 SaaS 供应商，而有的是自己研发的软件系统。图 1.9 展示了一个混合时代架构的示例。

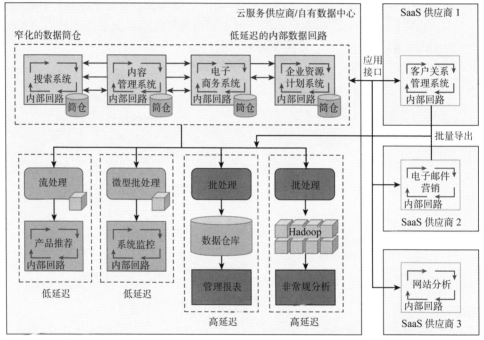

图 1.9　与古典时代相比，新增了对于外部 SaaS 供应商的依赖；Hadoop 则成为一个高延迟、负责记录所有数据的平台；而低延迟的数据管道负责系统监控和产品推荐的场景

很难用寥寥数语概括混合时代的架构。同样，混合时代的架构存在很严重的"本地循环"和"数据孤岛"的问题，但仍有一些试图使用 Hadoop 或系统监控技术"记录所有事情"的尝试。对于狭义的分析场景，例如产品推荐，往往倾向于混合使用准实时处理技术，此外将数据批处理的工作从数据仓库剥离，转而由Hadoop 处理。混合架构还会从 SaaS 系统中批量导出数据并放入数据仓库，同时通过这些 SaaS 系统自有的 API，提供它们所需的专有数据。

尽管这种混合的解决方案弥补了经典解决方案中的一些不足，但也带来了自己特有的问题。

- **缺乏对真实状况的单一视角**——基于数据量的大小和分析时效性的要求，数据被仓储在多个不同的系统。因此没有哪个系统的数据是 100%完整可见的。
- **决策变得支离破碎**——系统本地处理与数据孤岛的数量较古典时代有增无减。这让基于数据的准实时决策变得脆弱。
- **点对点交互数量激增**——随着系统数量的增加，系统间点对点交互的数量呈爆炸性增长。其中的许多交互是脆弱或不完整的，从外部的 SaaS 系统中获取精确及时的数据变得极具挑战。
- **分析的实时性与数据覆盖性不能兼得**——当以低延迟执行流处理时，实际上就变为一个本地处理程序。数据仓库的目的在于更广泛的数据覆盖范围，但带来的代价就是数据的冗余和高延迟。

1.3.3 统一时代

这两个时代把我们带到了今时今日，也带来了新兴的数据处理的统一时代。关键的创新就是将统一日志作为我们所有数据收集与处理的核心。统一日志 (unified log)是一个只可追加的日志，系统中产生的所有事件都会写入其中。此外，统一日志还具有如下特性：

- 支持各种低延迟的读取要求。
- 支持多个不同系统同时读取，不同的系统可以按照自己的速率读取日志。
- 仅保留一个"时间窗口"内的事件——可以是一周也可以是一个月。但可以将历史数据归档在 Hadoop 分布式文件系统(Hadoop Distributed File System，HDFS)或 Amazon S3(Simple Storage Service，简单存储服务)中。

现在，先不要担心统一日志的实现机制，第 2 章会深入介绍这方面的细节。目前，最重要的是要理解统一日志在企业中是如何重塑数据处理流程的。图 1.10 将零售商的系统架构更新至统一时代，新架构遵循以下两个简单规则：

- 所有软件系统都可以且应该将它们各自的持续事件流写入统一日志。即使是第三方的 SaaS 供应商也可通过 webhook 和流 API 发布事件。
- 除非有低延迟或事务保证的要求，否则各个系统只能通过统一日志以松耦合的方式进行交互，绝不能通过点对点的方式。

与之前的两种架构相比，统一日志具有如下优势：

- **对真实状况的单一视角。**统一日志加上 Hadoop 的归档数据代表了对于真实状况的单一视角。它们包含了相同的数据(事件流)，但处于不同的"时间窗口"中。
- **对真实状况的单一视角处于数据仓库的上游。**在古典时代，数据仓库提供了对真实状况的单一视角，使得基于它产生的所有报表均保持一致。在统一时代，统一日志提供了类似的单一视角。因此，业务系统(例如推荐系统、广告目标定位系统)和分析师制作管理报表都是基于相同的数据。

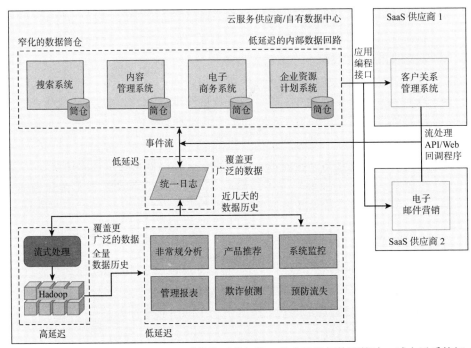

图 1.10　基于统一日志和 Hadoop 重构的系统架构。整个数据架构更简洁，减少了系统间
　　　　　点对点的连接，所有的分析和决策支持系统都基于数据的单一视角

● **点对点的交互数量大大减少**。取而代之的是系统可对统一日志进行追加操
作，而其他系统则可读取追加的日志数据，如图 1.11 所示。

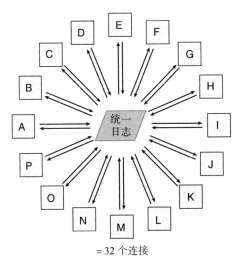

= 32 个连接

图 1.11　统一日志在各系统间扮演了黏合剂的角色。作为之前系统间点对点连接的替代方
　　　　　案，现在所有系统都只向统一日志读取和写入数据。连接数量也从 240 个点对点
　　　　　的双向连接减少为 32 个单向连接

● 本地循环可以打破"数据孤岛"的限制。系统可以通过统一日志进行准实时的协作，并做出决策。

1.4 统一日志的应用场景

阅读前几节后，你可能会认为"持续事件流与统一日志看上去的确很不错，但它似乎是一种架构上的优化，而非用于实现一个全新系统"。事实上，它不仅是针对之前解决方案在架构上的巨大进步，还推动了全新应用场景的出现。本节将展示三个能引起你兴趣的应用场景。

1.4.1 用户反馈环路

持续数据处理最令人激动的应用场景之一就是当每个不同的客户在使用服务时，能对他们的行为做出不同响应。针对你所从事的不同行业，这种实时反馈回路的表现可能有所不同。下面是一些具体例子：

● **零售业**——无论何时，当消费者准备弃置购物车时，浏览器会弹出带有优惠券信息的窗口，以吸引他们付款。图 1.12 展示了这样一个例子。

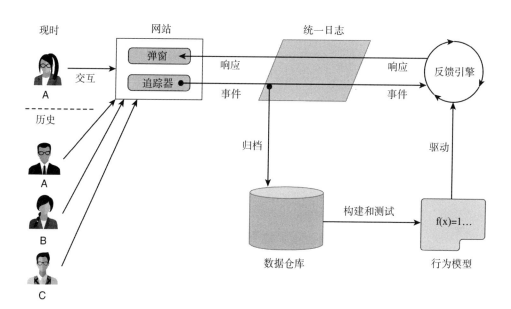

图 1.12 在电子商务的场景下，统一日志能帮助我们及时响应客户。由客户行为组成的事件流被写入统一日志中，然后进入数据仓库，供分析使用。历史数据构成了客户行为模型，从而驱动反馈引擎。反馈引擎通过统一日志再次与站点进行通信

- **电视业**——基于用户当前的行为和历史观看记录，实时调整在线节目的收视指南，以使客户的观看时间最大化。
- **汽车业**——检测到异于平时的驾驶行为时，通知车主汽车是否被盗。
- **游戏业**——如果玩家发现四人合作游戏太具挑战性，调整难度级别以防止他们退出从而破坏其他玩家的游戏体验。

用户反馈回路并不是新鲜事物。即使是在古典时代，你同样可以通过获取用户的行为数据来发送线下邮件或电子邮件进行市场营销。时至今日，一些创业公司会在你浏览的网站上放置 JavaScript 代码，实时跟踪用户的行为，并通过页面横幅、Flash 消息和弹出窗口来影响用户的行为。但是统一日志的使用让反馈回路的功能更为强大：

- 它们完全处于服务供应商(而非第三方供应商，例如一个基于 SaaS 分析的供应商)的控制之下，这意味着可以尝试各种能提升业务的算法。
- 驱动反馈的模型是基于完全相同的事件流完整归档数据测试的。
- 用户对于反馈回路的反应同样可以被添加到事件流中，以便后续能够进行机器学习。

1.4.2　整体系统监控

对软件和服务的可用性监控是一项棘手的工作，因为用于检测和预防的指标分散在各处：

- 系统的监控数据会放入第三方服务，或企业自己部署的时间序列数据库中。出于网络传输与存储的考量，需要在存储前对数据预先进行聚合和采样。
- 应用日志消息在服务器关闭或宕机之前,应同日志文件一样被写入应用服务器并完成收集。
- 客户事件被发送至第三方服务,因此无法对这部分客户数据进行细粒度和实例级的分析。

有了统一日志后，所有系统问题都可以通过检查存放在统一日志中的事件流数据来解决。并不需要专门为了系统监控将所有数据存放在统一日志中。系统管理员可浏览任何数据，从而识别问题之间的相关性，并以此查找问题的根本原因。图 1.13 展示了一个移动应用的整体监控示例。

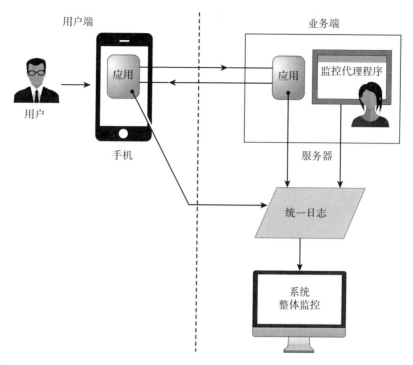

图 1.13　统一日志可为基于客户端-服务器架构的移动应用提供全面的系统监控。
移动客户端将事件发送给统一日志、后端应用和服务器监控程序；当发
生问题时，系统管理员和开发人员可通过查看整个事件流来定位问题

1.4.3　应用系统版本在线升级

我们之前曾提及，统一日志可同时被多个不同的应用系统读取，而且不同的
应用系统可按自己的速率读取统一日志。每个使用统一日志的应用系统可以独立
地跟踪已经处理了哪些事件，并决定之后处理的事件。

假定我们有多个相同的应用系统从统一日志读取事件，那么紧接着的问题是
也会有同一应用的不同版本从统一日志处理事件。这非常有用，因为它允许我们
对数据处理系统进行热替换(hot swap)——在线升级应用系统而不需要脱机。在当
前版本的应用系统仍在运行时，可执行以下步骤：

- 启动新版本的应用系统，从头开始处理统一日志。
- 让新版本的应用系统跟踪旧版本系统处理日志的位置。
- 将用户接入新版本的应用系统。
- 关闭旧版本应用系统。

图 1.14 展示了如何将旧版本的应用系统在线升级为新版本。

每个应用系统(或不同版本的应用系统)可维护各自游标位置，这种能力非常有

用。除了可在不停机的状态下对应用系统升级之外，还能利用这种能力做如下事情：

- 在实时事件流上测试应用系统的新版本。
- 将不同算法的结果在同一事件流上相互比较。
- 让不同用户使用不同版本的应用。

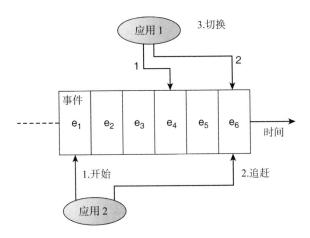

图 1.14　统一日志可让我们对应用版本进行热替换。首先启动新版本的应用，从起始处处理
统一日志，等待新版本的应用赶上旧版本的处理进度，最后关闭旧版本的应用

1.5　本章小结

- 事件是可以在特定时间点观察到的任何事物。
- 连续事件流是一系列不会终止的个体事件，这些事件按照发生时间进行排序。
- 事件流的概念对大量软件系统产生了深远影响，包括应用级日志、站点分析和发布/订阅消息。
- 古典时代的数据处理方案中，业务操作散布在各个私有部署的系统中，并将数据写入数据仓库中。这些系统存在的问题是：高数据延迟，严重的数据孤岛，大量的系统间点对点交互。
- 在混合时代的数据处理解决方案中，业务操作发生在一个混合了交易与分析系统的大杂烩架构中。虽然仍存在数据孤岛的问题，但尝试通过 Hadoop 和系统监控的方式来"记录所有日志"。
- 在统一日志时代，建议企业围绕一个只可追加的日志重新构建应用，而这些应用负责向日志写入产生的事件。
- 统一日志架构的应用场景包括用户反馈回路、整体系统监控和应用系统版本热替换。

第2章

统 一 日 志

本章导读：
- 理解统一日志的关键特性
- 使用 JSON 对事件进行建模
- 部署 Apache Kafka
- 通过 Kafka 进行事件发送和读取

第 1 章介绍了事件和持续事件流的概念，也展示了在我们熟知的软件平台和工具中都具有"面向事件"这个基础概念。在回顾商业智能和数据分析的历史后，引入了以事件为中心的数据处理架构，而它正是建立在所谓的"统一日志"之上的。我们解释了在某些业务场景中为何需要统一日志，却没有解释什么是统一日志。

在本章，我们将会实践并运用统一日志技术。我们会通过一个简单的 Java 项目来展示如何向统一日志发送事件。首先介绍统一日志的核心特性，因为了解统一日志的理论和设计思想非常重要。

在众多统一日志的实现中，我们选择 Apache Kafka(一款开源、支持本机部署的统一日志实现)。在示例中，首先会编写一个简单的 Java 应用，然后部署配置 Kafka，最后编写代码将应用与 Kafka 集成。这个过程由以下几个步骤组成：

(1) 定义一个简单的事件格式
(2) 部署和配置统一日志
(3) 向统一日志写入事件
(4) 从统一日志读取事件

2.1　深入统一日志

我们一直在谈论统一日志,但究竟什么是统一日志呢?统一日志是一种只可追加、有序的分布式日志,它允许使用者对持续事件流进行集中化管理。这句话中出现了多个术语,会在接下来的内容中逐一详述。

2.1.1　统一

对于日志而言,统一意味着什么?它意味着在企业中(或者分支机构,或其他类似的组织中)只需要进行单一部署,就可支持其他多个不同应用向它发送或读取事件。Apache Kafka(Kafka 是一个统一日志系统)的官方网站是这样介绍的(https://kafka.apache.org):

Kafka 能以单个集群的形式为大型机构提供集中化的数据主干服务。

拥有单个统一日志并不意味着所有事件都必须被发送至同一个事件流中,恰恰相反,统一日志可包含各种不同的持续事件流。这完全取决于我们如何将业务处理与应用映射到统一日志的持续事件流中,关于这点,将在第 3 章深入探索。

假设某个大都市的出租车公司正全心全意地"拥抱"统一日志技术,数个有趣的"参与者"会牵涉出租车业务中:

- 客户预约出租车。
- 出租车会产生地理位置、速度和油耗数据。
- 派单引擎会将出租车分派给客户。

图 2.1 展示了出租车公司基于统一日志的一种可能的架构形式。这里有三条流共享了统一日志。应用(如派单引擎)可以从两个不同的流中读取事件,然后写入另一个流中。

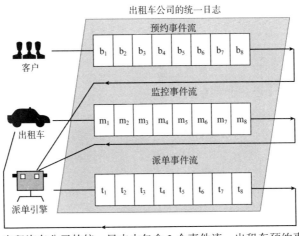

图 2.1　出租汽车公司的统一日志中包含 3 个事件流:出租车预约事件流、
出租车监控事件流和出租车派单事件流

2.1.2 只可追加

只可追加意味着新的事件都会被追加到统一日志的最前端，而已存在的事件在追加完成后，不允许在现有日志中的原有位置更新。那删除又如何处理呢？当事件的存在时长大于配置的时间窗口后，会自动从统一日志中删除。但是事件不能被随意删除，这些特性在图 2.2 中有详细说明。

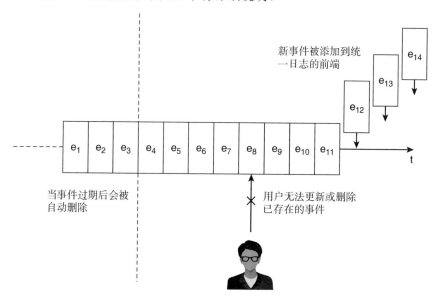

图 2.2 新事件会追加到日志的最前端，而老事件在超过时间窗口后会被统一日志所删除。统一日志中已存在的事件无法被用户手动更新或删除

"只可追加"让你的应用能很便利地与统一日志进行交互。假定应用读到一个序号为 10 的事件，这表示应用不会再读取到这个事件序号之前(即 1 到 10)的事件了。

当然，"只可追加"也为我们带来了挑战：假定产生了一个错误的事件，你就不能简单地在统一日志里找到那个事件并修改，就像你在关系型数据库或 NoSQL 数据库中所做的那样。但可通过对事件进行仔细建模来弥补这一限制，从第 1 章开始我们就在不断加深对事件的理解，第 5 章中将讨论更多细节。

2.1.3 分布式

分布式听起来有点令人迷惑：日志是统一的？还是分布式的？准确地说，这两种说法都正确！分布式和统一对应了日志的两个截然不同的特性。日志是统一的，是因为单一的统一日志实现是业务处理的核心，就如在 2.1.1 节中阐述的那样。统一日志的分布式特性在于它位于由多个不同服务器组成的集群上。

集群化软件要比单机部署软件更复杂，部署、运行更繁杂。那为什么需要将日志部署在集群上呢？主要原因有两个。

- **可扩展性**：将统一日志部署在跨越多个服务器的集群上，使可以处理的事件流规模大大超越单台服务器所能处理的规模。这点非常重要，因为任何一个事件流(例如上例中的出租车遥测数据)的规模可能非常庞大。而分布式统一日志也使得需要读取日志的应用可非常简单地集群化。
- **持久性**：一个统一日志会在集群内复制所有事件。没有这个特性，统一日志可能受困于数据丢失的问题。

统一日志倾向于将事件流中的事件分配到多个"切片(Shard)"或"分区(Partition)"，以便集群内的服务器进行处理。考虑到持久性的需求，每个切片会在多个服务器上存有副本，但只有一台服务器会被选为 leader(负责者)，来处理所有读取和写入操作。图 2.3 描绘了这个流程。

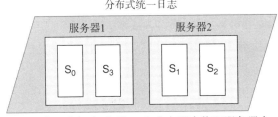

图 2.3　统一日志共包含 4 个切片(分区)，分布在两个物理服务器上。为简化问题，
　　　　每个分区只存在于 leader 服务器上。但在实践中，为了考虑容错处理，每个
　　　　分区会在多个服务器上存有副本

2.1.4　有序性

有序性就是在每个切片中，所有事件共享同一个数字序列 ID 或"偏移量(offset)"，使用这个序号可在切片内找到具体事件。在切片内保证有序性可以让事情得到简化——不需要在集群内维护一个全局共享的顺序信息。图 2.4 展示了由单个有序切片组成的流的例子。

有序性给予统一日志更强大的特性：不同应用程序可通过在每个切片内维护各自游标的位置，从而知悉哪些事件已被处理过，而接下来应处理哪个事件。

如果统一日志不能有序地保存事件，那么那些想消费事件的应用程序只能有以下两种选择：

- **维护一个事件清单**——保存一份记录已处理事件 ID 的列表，并共享给统一日志，从而知道接下来要获取哪个事件。这种解决方案与传统批处理作业中维护已处理文件列表的形式非常类似。
- **在日志中更新或者删除事件**——通过在事件上设置标记位来记录哪些事件被处理过，并决定需要处理的下一个事件。这种解决方案类似于从一个先入先出的队列中"弹出"一个消息。

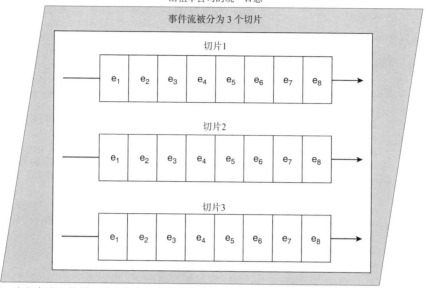

图 2.4　出租车公司的统一日志中有一条单独的事件流，包含了由客户、出租车以及派单引擎产生的各种事件。如图所示，这些事件被分为 3 个不同切片。每个切片各自维护 $e_1 \sim e_8$ 的事件顺序

这两种方案都不易使用。第一种方案中，需要记录的事件 ID 数量会变得极为庞大，这令人联想起博尔赫斯所写的一个小故事：

在那个帝国中，绘制地图的艺术是如此完美。一个省的地图就有一个城市那么大，而整个帝国的地图占据了一个省。

——Jorge Luis Borges, *Del Rigor en la Ciencia* (1946)

第二种可选方案也没有更多优势。统一日志将失去不变性，使不同的应用程序无法共享事件流，而且应用程序不能"重放"那些已经处理过的事件。在上述两个场景中，统一日志需要支持应用程序对单个事件的随机访问。由此可见，有序性对日志是多么重要。

现在你已经了解为什么统一日志是统一的，为什么它是只可追加的，为什么它是顺序的。以及为什么它是分布式的。希望这能清晰地展示统一日志的架构。接下来就让我们开始使用它吧。

2.2　引入我们的应用

在介绍了统一日志的基础理论之后，让我们把理论运用到实际工作中！在这本书中，我们将与一家想要在自己的业务中实施统一日志的虚构公司合作。为了让事情有趣些，每次都会选择一家不同行业的公司。让我们从几乎所有人都参与

过的行业开始：电子商务。

　　假设我们与一家综合性电子商务网站合作；我们称它为尼罗(Nile)。管理团队希望尼罗能够变得更具活力和响应力：尼罗的分析师能够获取实时的销售数据，而且尼罗的系统能实时响应客户行为。正如你在本章所看到的，可以通过实现统一日志来满足他们的需求。

2.2.1　识别关键事件

　　购物者会浏览尼罗的网站，把一些商品放入在线购物车中，最终通过在线支付购买这些商品。在线访客还能在网站上做其他事情，但是尼罗的管理层和分析师更在乎客户从浏览商品到付款购买的这个流程。图 2.5 展示了一个典型的购物者(尽管购物习惯有些独特)的购物流程。

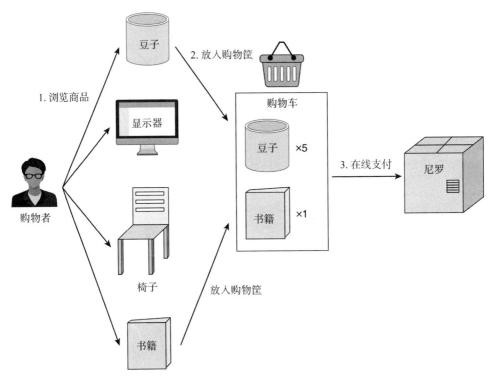

图 2.5　一位购物者在尼罗的网站上浏览了 4 种商品，并把其中的两种
商品放入了购物车，并最终结账，完成支付

　　我们会在 2.2.3 节中描述如何以"主语-谓语-宾语"的形式来定义事件，但此时在购物流程中已经可以识别出三个具体事件。

　　(1) 购物者浏览商品信息——每当购物者查看商品时发生，无论是在商品详情页面上，还是包含商品信息的分类页面上。

(2) 购物者将商品放入购物车——当购物者将商品放入购物车时发生。一个商品可以是一份，或是多份被放入购物车中。

(3) 购物者支付订单——当购物者为购物车中的商品付费，进行支付时发生。

为了不让问题过于复杂，书中这部分的流程尽量保持简单，不进行更复杂的交互，例如调整购物车中商品的数量，或是在支付时移除某件商品。但不必担心，这三个事件已经代表了在尼罗购物的最核心体验。

2.2.2 电子商务中的统一日志

尼罗想通过引入 Apache Kafka(https://kafka.apache.org)实现一个跨多种业务的统一日志。后续章节会介绍更多关于 Kafka 的细节。现在我们只需要了解 Kafka 是一个运行在 Java 虚拟机(Java Virtual Machine，JVM)上的开源统一日志技术就足够了。

我们先定义一个初始的事件流(Kafka 中称为"主题")来记录购物者所产生的事件。我们把这个流称为 raw-events。在图 2.6 中可以看到有三种事件被写入流中。

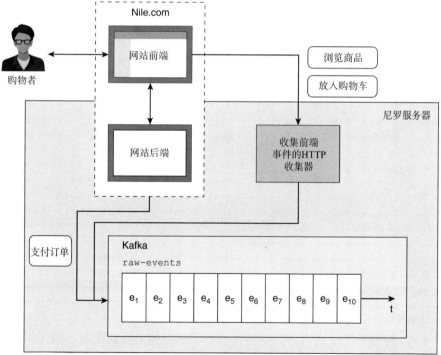

图 2.6 3 种类型的事件顺"流"而下，进入 Kafka 的 raw-events 主题。订单事件则由后端程序直接写入 Kafka；浏览器端发生的浏览商品事件和将商品放入购物车的事件则由 HTTP 服务器负责收集并写入 Kafka

为了让示例看上去更真实些，我们按照事件的获取方式加以分类：

- **浏览器端产生的事件**——购物者查看商品，将商品放入购物车的事件发生在用户的浏览器端。通常有些 JavaScript 代码会将这些事件发送给一个基于 Http 事件的收集器，而收集器会把事件写入统一日志中。[1]
- **服务器端事件**——一个有效的购物者付费事件只有在服务器端整个支付流程完成后才能被确认。因此由 Web 服务器负责将事件写入 Kafka。

三种不同类型的事件应该是怎样的？统一日志其实并不关心传递给它们的事件结构是怎样的。相反，它们把每个事件看成一个个"密封的信封"，只是一个被追加到日志的字节数组，而当其他应用程序需要时，再共享给对方。由我们自行定义事件的格式，这个过程被称为对事件的建模。

在本章的剩余部分我们仅关注一种类型的尼罗事件：购物者浏览商品信息。随后的两个章节我们再回来讨论尼罗的其他两种类型的事件。

2.2.3 首个事件建模

如何对购物者浏览商品信息的事件建模呢？诀窍在于意识到我们的事件是具有固定结构的：它遵循英语的语法规则。对于我们这些疏于语法的人而言，图 2.7 展示了将浏览商品事件用英语语句表达时用到的关键语法元素。

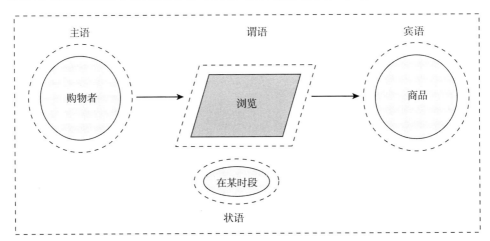

图 2.7 购物者(主语)在某时段(状语)浏览(谓语)了一个商品(宾语)

让我们依次浏览这些元素：

- "购物者"是这句话的主语。一个句子中的主语就是执行动作的实体：Jane(主语)在中午浏览了 iPad 的信息。
- "浏览"是句子中的动词。描述了主语所执行的动作。Jane 在中午浏览(谓

---

1. 有关 JavaScript 代码详见 https://github.com/snowplow/snowplow-javascript-tracker。

语)了 iPad 的信息。

- "商品"被视为句子的"直接宾语"或者可以被简单地称为"宾语"。这是被施加动作的实体：Jane 在中午浏览了 iPad 的信息(宾语)。
- 严格地说，事件发生的时间是"状语"。Jane 在中午(状语)浏览了 iPad 的信息。

现在我们有了将事件分为不同部分的方式，但到目前为止这种表示方法仅是对于人类可阅读的，计算机是无法轻易解析的。需要一种将这种结构进一步形式化的方法，最好是一种数据序列化的格式，这种格式人类可理解，也可被计算机解析。

我们有几种数据序列化的方式可供选择。在本章中我们选用 JSON(JavaScript Object Notation)。JSON 一个吸引人的特性就是编写简单，且易于被人类和计算机所理解与处理。大部分开发人员在着手为公司的持续事件流建模时都选择了 JSON。

代码清单 2.1 展示了使用 JSON 描述购物者浏览商品信息的事件。

代码清单 2.1　shopper_viewed_product.json

```json
{
  "event": "SHOPPER_VIEWED_PRODUCT",        ← 事件类型是一个包含动词
  "shopper": {                                  过去分词的字符串
    "id": "123",
    "name": "Jane",                           ← 主语代表了浏览商品的购
    "ipAddress": "70.46.123.145"                 物者
  },
  "product": {                               ← 宾语表示了被浏览的商品
    "sku": "aapl-001",
    "name": "iPad"
  },
  "timestamp": "2018-10-15T12:01:35Z"        ← 事件发生的时间是个兼容 ISO 8601
}                                                标准格式的时间戳
```

JSON 格式的事件中展示了如下 4 个属性。

- event：用来表示事件类型的字符串。
- shopper：用来表示浏览商品的顾客(上例中是一个名为 Jane 的女性)，拥有 id、name、ipAddress 属性。id 是用来代表顾客的唯一编号，name 是她的名字，而 ipAddress 则是顾客浏览网站时所用计算机的 IP 地址。
- product：由 sku(商品库存数量)和代表被浏览商品(iPad)名称的 name 这两个属性组成。
- timestamp：表示购物者浏览商品的具体时间。

从另一个角度来看事件，它由事件元数据(event、timestamp 属性)以及两个业务实体(shopper、product 属性)所组成。

现在你已经了解了 JSON 中事件的具体格式，那现在需要将事件发送到某个地方！

2.3　配置统一日志

现在可将尼罗产生的事件写入一个统一日志中,为此先要部署一个 Apache Kafka。后续章节将介绍关于 Kafka 的更多细节。现在我们只需要了解 Kafka 是一个运行在 Java 虚拟机(JVM)上的开源统一日志技术就足够了。

下一节开始需要运行很多软件,因此做好同时打开多个终端窗口的准备。

2.3.1　下载并安装 Apache Kafka

Kafka 集群是个功能强大的技术,而且它的单节点模式也非常易于部署,且不需要很多硬件资源。首先通过以下链接下载 Apache Kafka 2.0.0 版本:

```
http://archive.apache.org/dist/kafka/2.0.0/kafka_2.12-2.0.0.tgz
```

需要在浏览器中输入该 url 进行下载,而不能通过 wget 或 curl 直接下载。当下载完成后,可使用下面的命令打开归档。

```
$ tar -xzf kafka_2.12-2.0.0.tgz
$ cd kafka_2.12-2.0.0
```

Kafka 使用 Apache ZooKeeper(https://zookeeper.apache.org)进行集群协调管理和其他一些工作。部署一个生产可用的 ZooKeeper 集群需要耗费一定的精力,幸运的是 Kafka 提供了脚本,可以方便地部署一个单节点的 ZooKeeper。运行如下脚本:

```
$ bin/zookeeper-server-start.sh config/zookeeper.properties
[2018-10-15 23:49:05,185]
 INFO Reading configuration from: config/zookeeper.properties
 (org.apache.zookeeper.server.quorum.QuorumPeerConfig)
[2018-10-15 23:49:05,190] INFO
 autopurge.snapRetainCount set to 3
 (org.apache.zookeeper.server.DatadirCleanupManager)
[2018-10-15 23:49:05,191] INFO
 autopurge.purgeInterval set to 0
 (org.apache.zookeeper.server.DatadirCleanupManager)
...
[2018-10-15 23:49:05,269] INFO
 minSessionTimeout set to -1 (org.apache.zookeeper.server.ZooKeeperServer)
[2018-10-15 23:49:05,270] INFO
 maxSessionTimeout set to -1 (org.apache.zookeeper.server.ZooKeeperServer)
[2018-10-15 23:49:05,307] INFO
binding to port 0.0.0.0/0.0.0.0:2181
(org.apache.zookeeper.server.NIOServerCnxnFactory)
```

现在可在第二个终端窗口启动 Kafka:

```
$ bin/kafka-server-start.sh config/server.properties
[2018-10-15 23:52:05,332] INFO Registered
 kafka:type=kafka.Log4jController MBean
```

```
(kafka.utils.Log4jControllerRegistration$)
[2018-10-15 23:52:05,374] INFO starting (kafka.server.KafkaServer)
[2018-10-15 23:52:05,375] INFO
Connecting to zookeeper on localhost:2181 (kafka.server.KafkaServer)
...
[2018-10-15 23:52:06,293] INFO
Kafka version : 2.0.0 (org.apache.kafka.common.utils.AppInfoParser)
[2018-10-15 23:52:06,337] INFO
Kafka commitId : 3402a8361b734732
    (org.apache.kafka.common.utils.AppInfoParser)
[2018-10-15 23:52:06,411] INFO
[KafkaServer id=0] started (kafka.server.KafkaServer)
```

现在我们已经同时运行了 ZooKeeper 和 Kafka。尼罗的老板会为此而高兴。

2.3.2 创建流

Kafka 并不使用我们的语言描述持续事件流。Kafka 的 producer 和 consumer 通过 topic(主题)进行交互,你或许能记起第 1 章中关于 NSQ 发布/订阅模式和 topic 的讨论。

下面创建一个名为 raw-events 的新 topic：

```
$ bin/kafka-topics.sh --create --topic raw-events \
--zookeeper localhost:2181 --replication-factor 1 --partitions 1
Created topic "raw-events".
```

简要介绍一下第二行出现的参数：

- --zookeeper 参数告诉 Kafka 如何连接所需的 ZooKeeper 服务器。
- --replication-factor 为 1 表示 topic 中的事件不会被复制到其他服务器上。在实际生产环境中,需要将这个参数增大,确保当服务器宕机时依然能继续处理事件流。
- --partitions 参数决定在事件流中使用多少个切片,这里设置为 1 仅是为了测试。

可以通过 list 命令查看刚创建的 topic：

```
$ bin/kafka-topics.sh --list --zookeeper localhost:2181
raw-events
```

如果无法看到列出的 raw-events 或得到连接异常错误,可返回 2.3.1 节,按照顺序重新执行部署的每个步骤。

2.3.3 发送和接收事件

现在,我们准备向 Kafka 中的尼罗统一日志中的 raw-events topic 发送第一个事件了。

```
$ bin/kafka-console-producer.sh --topic raw-events \
  --broker-list localhost:9092
```

```
[2018-10-15 00:28:06,166] WARN Property topic is not valid
(kafka.utils.VerifiableProperties)
```

上面命令行的参数会被发送给运行在本地 9092 端口的 broker 上的 raw-events
topic。输入以下数据向 topic 发送事件，每个事件输入完毕后按 Enter 键：

```
{ "event": "SHOPPER_VIEWED_PRODUCT", "shopper": { "id": "123", "name":
"Jane", "ipAddress": "70.46.123.145" }, "product": { "sku": "aapl-001",
"name": "iPad" }, "timestamp": "2018-10-15T12:01:35Z" }
{ "event": "SHOPPER_VIEWED_PRODUCT", "shopper": { "id": "456", "name":
Mo", "ipAddress": "89.92.213.32" }, "product": { "sku": "sony-072", "name":
"Widescreen TV" }, "timestamp": "2018-10-15T12:03:45Z" }
{ "event": "SHOPPER_VIEWED_PRODUCT", "shopper": { "id": "789", "name":
"Justin", "ipAddress": "97.107.137.164" }, "product": { "sku": "ms-003",
"name": "XBox One" }, "timestamp": "2018-10-15T12:05:05Z" }
```

按下 Ctrl+D 快捷键退出输入。我们已经向 Kafka 上的 topic 发送了三个购物
者浏览商品的事件。现在，可以通过 Kafka 的 consumer 脚本将这些事件从统一日
志中读取出来：

```
$ bin/kafka-console-consumer.sh --topic raw-events --from-beginning \
  --bootstrap-server localhost:9092
{ "event": "SHOPPER_VIEWED_PRODUCT", "shopper": { "id": "123",
 "name": "Jane", "ipAddress": "70.46.123.145" }, "product": { "sku":
"aapl-001", "name": "iPad" }, "timestamp": "2018-10-15T12:01:35Z" }
{ "event": "SHOPPER_VIEWED_PRODUCT", "shopper": { "id": "456",
 "name": "Mo", "ipAddress": "89.92.213.32" }, "product": { "sku":
"sony-072", "name": "Widescreen TV" }, "timestamp":
"2018-10-15T12:03:45Z" }
{ "event": "SHOPPER_VIEWED_PRODUCT", "shopper": { "id": "789",
 "name": "Justin", "ipAddress": "97.107.137.164" }, "product": {
"sku": "ms-003", "name": "XBox One" }, "timestamp":
"2018-10-15T12:05:05Z" }
```

成功了！我们再来简要回顾一下脚本中使用的参数：

- 我们定义了 raw-events 作为读取或消费事件的主题。
- --from-beginning 说明需要从流的起始处开始消费事件。
- --bootstrap-server 参数通知 Kafka，从何处寻找正在运行的 broker。

按下 Ctrl+C 快捷键可以退出 consumer。作为最终的测试，我们假设还有一个
应用系统也需要从 raw-events topic 中消费事件。对于 Kafka 这类统一日志技术而
言，能够支持不同应用系统以各自的速率读取事件是一项关键特性。下面通过运
行另一个 consumer 脚本来模拟这种场景：

```
$ bin/kafka-console-consumer.sh --topic raw-events --from-beginning \
  --bootstrap-server localhost:9092
{ "event": "SHOPPER_VIEWED_PRODUCT", "shopper": { "id": "123",
 "name": "Jane", "ipAddress": "70.46.123.145" }, "product": { "sku":
"aapl-001", "name": "iPad" }, "timestamp": "2018-10-15T12:01:35Z" }
{ "event": "SHOPPER_VIEWED_PRODUCT", "shopper": { "id": "456",
 "name": "Mo", "ipAddress": "89.92.213.32" }, "product": { "sku":
"sony-072", "name": "Widescreen TV" }, "timestamp":
```

```
"2018-10-15T12:03:45Z" }
{ "event": "SHOPPER_VIEWED_PRODUCT", "shopper": { "id": "789",
 "name": "Justin", "ipAddress": "97.107.137.164" }, "product": { "sku":
"ms-003", "name": "XBox One" }, "timestamp": "2018-10-15T12:05:05Z" }
^CConsumed 3 messages
```

完美！第二个请求从 raw-events 的起始处读取到了同样的三个事件。这说明
Kafka 是个类似事件流数据库的系统。与发布/订阅的消息队列比，一个订阅者从
队列中读取消息后，这个消息就从队列中被移除了。

我们现在可将一个结构良好的事件流发送至 Apache Kafka，这是尼罗公司的
数据工程师、分析师、科学家都可以使用的一个简单事件流。第 3 章中，将通
过 raw-events 流中的事件做简单转换，使其对尼罗的其他同事变得更有用。

2.4 本章小结

- 统一日志是一种只可追加、有序的分布式日志。允许企业集中管理持续事
  件流。
- 应用系统可生成持续的事件流，并将事件发送给 Apache Kafka 这样的开
  源统一日志系统。
- 可以使用基于英语语法的结构对事件进行建模，并用 JSON 这种被广泛使
  用的数据序列化格式来表示事件。
- 可通过在 Kafka 中创建一个主题(topic)来存放尼罗的事件，"主题"是 Kafka
  中用来表示某个特定事件流的术语。
- 通过 producer 脚本，可向 Kafka 主题写入或生成事件。
- 通过 consumer 脚本，可从 Kafka 主题读取或消费事件。
- 可有多个 consumer 从相同的 Kafka 主题以各自不同的速率读取事件，这
  一特性是基于统一日志架构的关键组成部分。

第 **3** 章

使用Apache Kafka进行事件
流处理

本章导读：
- 介绍事件流处理
- 编写用于处理单个事件的程序
- 校验和扩展事件
- 向输出流写入经过扩展的事件

之前的章节中，我们关注如何将来自虚构电子商务公司尼罗的结构化事件所组成的流放入统一日志 Apache Kafka。现在，我们有了一个存有持续事件流的统一日志，那接下来能对这些事件做些什么呢？可以对它们进行"处理"。

简而言之，事件处理就是从事件流中读取一个或多个事件，然后对这些事件执行一定的操作。处理操作可以是对流中的事件进行过滤，也可以是验证事件的格式，或者是对事件进行扩展，增加一些额外的信息。我们也可以在同一时间对多个事件进行加工，例如重新排列这些事件的顺序或对事件进行汇总或聚合。

在引入尼罗公司事件流处理的具体例子前，会先对事件流处理做个简短介绍。我们崭新的事件流处理程序会把尼罗公司的原始事件流作为它自己的输入流，基于这个输入流，会产生一个新的输出事件流。你将看到如何从 Kafka 的一个流中读取事件，然后写入 Kafka 的另一个流中。可将统一日志视为连接多个不同系统的"万能胶"。

为了保持事件流处理程序的简单，我们只关注对事件进行验证和扩展的功能。扩展的意思是对事件添加各种有用的额外信息。同样为了让本章中扩展事件的例子简单,我们对事件的扩展操作是指使用 MaxMind 地理数据库,在事件中加入购物者的地理位置信息。

让我们开始吧。

3.1　事件流处理入门

在第 2 章中,我们为尼罗公司定义了最初的事件类型,在本地搭建了 Apache Kafka,接着将事件发送至 Kafka。所有这些都是为了最终可对 Kafka 中的事件进行处理。但是事件流处理并不是一个广为人知的术语,所以先让我们简单了解一下,为什么需要处理事件,以及这么做的原因是什么。

3.1.1　为什么要处理事件流?

由于各种各样的商业原因,需要对事件流进行加工,例如:

● 通过某些长期存储机制(如 HDFS 或 Amazon S3)对事件进行备份。

● 对事件流进行监控,当检测到异常时发送警报。

● 把事件写入数据库,如 Amazon Redshift、Vertica、Elasticsearch 或 Apache Cassandra。

● 从原始的事件流中衍生新的事件流——例如对原始事件流进行过滤、聚合和扩展。

图 3.1 展示了以上这些具体的应用场景。

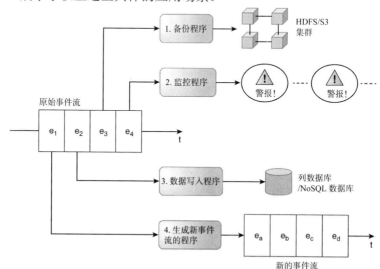

图 3.1　有 4 个应用程序会处理原始的事件流。其中一个会生成自己新的事件流。需要注意的是,这 4 个应用程序可以在原始事件流中具有各自不同的处理偏移量或游标位置,这是统一日志系统的特性之一

这些示例中应用系统所做的工作可以统称为"事件流处理"。可以说，任何程序或算法，只要能够识别时间顺序，能追加这些特性的持续事件流，并能对事件进行有意义的消费，那它就能处理这个流。

基本上，在一个连续的事件流上只能执行两种类型的处理：

- **单事件处理**——事件流中的单个事件会产生零个或多个输出数据或事件。
- **多事件处理**——事件流中的多个事件会共同生成零个或多个输出数据或事件。

复杂事件处理

你可能听到过一些人谈及复杂事件处理(Complex Event Process，CEP)，所以你想知道这和本章中讨论的事件流处理有什么关系。事实上 Manning 在 2011 年出版过一本由 Opher Etzion 和 Peter Niblett 撰写的有关 CEP 的书：*Event Processing in Action*。

就我所知，CEP 更关注从简单的输入事件衍生出"复杂事件"，尽管这在事件流处理应用中也同样重要。更重要的一点区别是 CEP 的思想早于 Apache Kafka 这类统一日志技术，因此它更多的是在一个较小规模(而且大部分场景下是无序的)的事件流上工作。

另一个不同之处是，在 CEP 的生态系统中占统治地位的是商业软件，它们提供了一整套所见即所得、支持拖曳操作的图形界面，还提供自定义的事件查询语言(Event Query Language)。与之相反，在事件流处理中，我们更关注于从开发者的角度解决问题，因此大部分算法都用 Java、Scala、Python 等手动编写。

在 *Event Processing in Action* 中介绍的几款 CEP 产品中，我唯一接触过的是 Esper(www.espertech.com/esper)，一款拥有自己的事件查询语言的开源 CEP 工具。

图 3.2 展示了这两种不同的事件处理类型。由于两者在复杂度上差异很大，因此需要分别讨论。

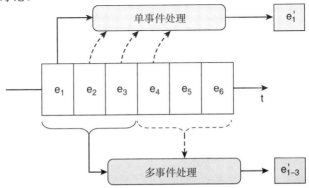

图 3.2　单事件处理程序每次从源事件流中只处理一个事件。相反，位于图中下部的程序每次从源事件流中读取 3 个事件，并生成一个单独的事件作为输出

3.1.2   单事件处理

单事件处理的实现非常直接：我们从持续事件流中依次读取每一个事件，并对每个事件施加某种形式的转换。转换操作有着不同的形式，比较常见的有以下几种：

- **"校验"事件**——检查，例如"事件是否包含了所有必填字段？"
- **"扩展"事件**——查找，例如"这个 IP 地址位于哪里？"
- **"过滤"事件**——询问，例如"这是否是个关键错误？"

也能对事件施加经过组合的转换。许多转换会产生零个或一个数据和事件，但也可以产生多个数据和事件。例如对一个流进行验证时，可同时生成一个包含验证警告信息的流、一个扩展的事件流并最终过滤事件。具体如图 3.3 所示。

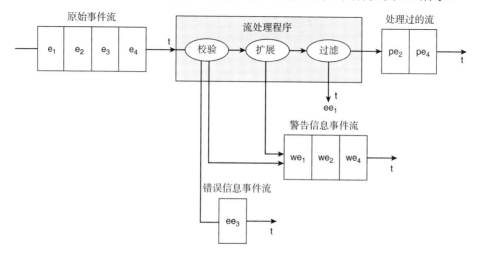

图 3.3   图中的流处理程序对输入的原始事件流进行了校验、扩展和过滤。经过完整处理的事件转换后进入新的事件流。校验失败的事件则进入错误信息事件流，转换过程中的警告信息会被加入警告信息事件流中

无论哪种转换，单事件情况涉及的流处理都相对简单，因为我们每次只针对单个事件。我们的流处理应用程序会像"金鱼"一样，只记住眼前的事件而不管其他。

3.1.3   多事件处理

在多事件处理中，为了生成某种输出，我们必须从事件流中读取多个事件。很多算法和查询都符合这种模式，包括：

- **聚合**——对多个事件应用各种聚合函数，例如最大值、最小值、求和、计数或平均值。
- **模式匹配**——对多个事件寻找匹配的模式，或者汇总序列、出现的次数和事件的频率。
- **排序**——对事件基于某个属性重新排序。

图 3.4 展示了三个流处理应用程序；每一个都对多个事件进行处理，并使用了多事件处理算法与查询。

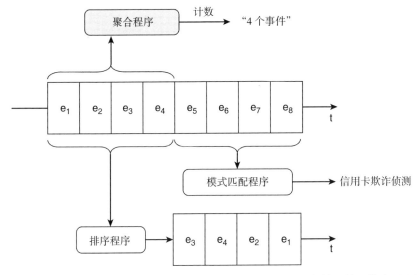

图 3.4 有 3 个应用程序会一次处理多个事件。聚合程序用来对事件计数；模式匹配程序
寻找符合信用卡欺诈的事件特征；排序程序按照事件的某个属性进行排序

一次处理多个事件在概念和技术上都比处理单个事件复杂得多。第 4 章将更详细地探讨一次处理多个事件的过程。

3.2 设计第一个流处理程序

让我们回到虚构的电子商务公司尼罗。在第 2 章中，我们介绍了尼罗公司的三种事件类型，并用 JSON 格式表示其中的"购物者浏览商品"事件。我们将这些 JSON 格式的事件写入名为 raw-events 的 Kafka topic，再从这个 topic 中读取出写入的事件。本章中会更进一步，对事件流进行一些单事件处理。让我们开始吧！

3.2.1 将 Kafka 作为黏合剂

尼罗的数据科学家们想研究三种事件类型中的"购物者浏览商品"事件。但这有个问题：尼罗的数据团队分布在世界各地，每个当地团队只想分析特定国家购物者的行为。

我们被要求开发一个具有如下功能的事件流处理程序：

(1) 从 Kafka 的 raw-events topic 中读取数据。

(2) 识别出每个购物者的地理位置。

(3) 将已关联国家和城市信息的事件写入另一个 Kafka topic 中。

图 3.5 展示了上述流程。

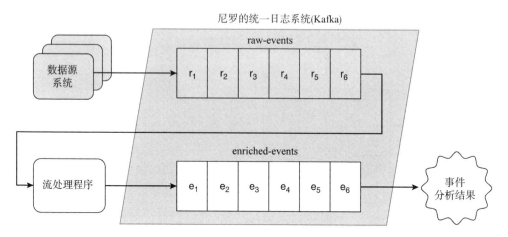

图 3.5　第一个流处理程序会从 Apache Kafka 的 raw-events topic 中读取事件，并将扩展后的
事件写入一个新的 Kafka topic 中。在这里 Kafka 成为多个应用系统之间的黏合剂

这个例子将展示如何将公司内部的统一日志系统 Apache Kafka，用作其他各个系统间的黏合剂。通过对输入事件进行简单处理，并将新的事件写入另一个 Kafka topic 中，我们不需要了解任一组数据科学家处理事件的具体内容。

当我们和数据科学家们就事件格式达成一致后，就能让数据科学家从新的事件流中读取事件，并自行处理。他们可以编写自己的流处理程序，或将这些事件存放在用于分析的数据库中，也可以在 Hadoop 中对事件归档，编写机器学习或图形算法进一步分析事件，但这些都不会对我们造成额外影响。可以说，统一日志就好比各个系统与用户交互时使用的"世界语"。

3.2.2　明确需求

在编写代码之前，我们首先需要明确流处理程序的需求。我们还记得，"购物者浏览商品"事件始于用户的 Web 浏览器，然后由一些基于 HTTP 的事件收集器收集后发送给 Kafka。这些事件的创建环境不在我们的控制之下，因此第一步应该对这些事件的结构进行校验，应符合 raw-events 所能接受的数据格式。我们应该确保尼罗的数据科学家不受那些有缺陷事件的影响；他们宝贵的时间不应该花费在清理错误数据上！

对事件完成校验之后，需要识别出每个事件发生时所处的地理位置。如何知道尼罗的每个顾客来自哪里？让我们先看一下事件的数据结构：

```
{"event": "SHOPPER_VIEWED_PRODUCT", "shopper": {"id": "123",
"name": "Jane", "ipAddress": "70.46.123.145"}, "product": {"sku":
"aapl-001", "name": "iPad"}, "timestamp": "2018-10-15T12:01:35Z" }
```

恰巧每个事件都包含了购物者所用计算机的 IP 地址。一个名为 MaxMind 的公司(www.maxmind.com)提供了将 IP 地址映射到地理位置的免费数据服务。因此可在 MaxMind 的 geo-IP 数据库中查找每个购物者的 IP 地址，从而确定他们的地理位置。当使用某些算法或外部数据向事件添加额外数据时，通常是指我们正在对事件进行扩展。

到目前为止，我们已经对输入事件做了校验和扩展，最后一步需要将这些经过校验和扩展的事件写入一个新的 Kafka topic，即 enriched-events。这样工作就完成了：尼罗的数据科学团队就能从这个新的 topic 中读取事件，并自由地做各种分析。

综上所述，需要开发一个流处理程序完成以下工作。

- 从 Kafka 的 raw-events 主题中读取单个事件。
- 对每个事件中的 IP 地址进行校验，把校验失败的事件发送给另一个专门的 topic：bad-events。
- 通过 MaxMind 的 geo-IP 数据库，将购物者的地理位置信息添加到经过验证的事件中。
- 将经过验证和扩展的事件写入名为 enriched-events 的 Kafka topic 中。

现在可用一个更详细的图来表示需要构建的程序，如图 3.6 所示。

现在让我们开始动手构建这个流处理程序吧！

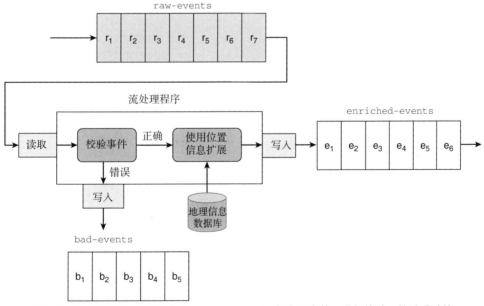

图 3.6　单个事件处理程序会从 raw-events topic 中读取事件，进行校验，并对通过校验的事件添加地理位置信息，最后将经过扩展的事件写入 enriched-events topic 中。期间发生任何异常的事件都被写入 bad-events topic

3.3　编写一个简单的 Kafka worker

为简单起见，流处理程序由两阶段的开发过程组成。

(1) 创建一个简单的 Kafka worker(工作者)，从 raw-events topic 中读取事件，并将所有事件写入一个新的 topic 中。

(2) 我们将把这个简单的 worker 演化为一个完整的单一事件处理器，它会按照需求对事件进行校验、扩展以及路由。

让我们先开始第一阶段程序的编写。

3.3.1　配置开发环境

流处理程序的第一部分可以让我们使用 Java 从 Kafka 的 topic 中方便地读写事件，而不必受尼罗繁杂业务逻辑的影响。我们选择 Java(JDK 8 的版本)是因为 Kafka 提供了对它的良好支持，同时也被大多数的读者所熟悉。你不需要成为 Java 专家就能理解我们的程序。我们使用 Gradle 作为程序的构建工具；Gradle 作为 Ant 和 Maven 的替代品，更为易用、简洁(但是功能同样强大)，也越来越普及。

让我们来配置开发环境。首先，从以下链接下载并安装最新的 Java SE8 JDK：

```
www.oracle.com/technetwork/java/javase/downloads/index.html
```

接着下载和安装 Gradle：

```
www.gradle.org/downloads
```

我们选择使用 Vagrant，它提供了一个易于配置、可重用、便于移植的开发环境，不要求我们手动安装书中示例代码所需的类库和框架。通过 Vagrant 可以快速地安装和管理运行示例代码所需的虚拟机。之所以选择 Vagrant 是因为它易于安装和使用。在生产环境，你可能选择另一个类似的工具，如 Docker。如果对 Vagrant 并不熟悉，可访问 www.vagrantup.com 了解一些基础知识。

Vagrant 用户

如果你已经是 Vagrant 用户，那么你很幸运，因为我们已为这本书创建了一个基于 Vagrant 的开发环境，使用 Ansible 可以在一个 64 位 Ubuntu 16.04.5 LTS (Xenial Xerus)上安装所有的依赖。

如果尚未安装 Vagrant(www.vagrantup.com)和 VirtualBox(www.virtualbox.org)，可使用 GitHub 下载整个环境：

```
$ git clone https://github.com/alexanderdean/Unified-Log-Processing.git
```

现在启动环境：

```
$ cd Unified-Log-Processing
```

```
$ vagrant up && vagrant ssh
```

就这么简单，你已经可以浏览各个章节的示例代码，并执行构建：

```
$ cd ch03/3.3
$ gradle jar
```

需要注意的是，vagrant up 命令在执行 Ansible 配置时，可能需要花费较长的时间。

最后，检查一下所需的软件是否已经安装完毕：

```
$ java -version
java version "1.8.0_181"
...
$ gradle -v
...
Gradle 4.10.2
...
```

如果检查完都没有问题，就开始创建应用吧。

3.3.2　应用配置

我们将使用 Gradle 创建一个名为 StreamApp 的项目。首先，创建一个名为 nile 的目录。进入该目录，并运行如下命令：

```
$ gradle init --type java-library
...
BUILD SUCCESSFUL
...
```

如图 3.7 所示，Gradle 会在目录中创建项目的框架，包括 Library.java 和 LibraryTest.java 源文件。可以直接删除它们，稍后会编写我们自己的代码。

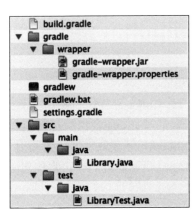

图 3.7　在生成的 Gradle 项目中删除 Library.java 与 LibraryTest.java 文件

下一步是编写 Gradle 的构建文件。编辑 build.gradle 文件，并用代码清单 3.1 中的内容替换原先的内容。

代码清单 3.1 build.gradle

```
plugins {
  // Apply the java-library plugin to add support for Java Library
  id 'java'
  id 'java-library'
  id 'application'                          兼容 Java 8 及以上版本
}
sourceCompatibility = '1.8'  ◄

mainClassName = 'nile.StreamApp'

version = '0.2.0'            所需依赖的第三方类库
dependencies {  ◄
  compile 'org.apache.kafka:kafka-clients:2.0.0'
  compile 'com.maxmind.geoip2:geoip2:2.12.0'
  compile 'com.fasterxml.jackson.core:jackson-databind:2.9.7'
  compile 'org.slf4j:slf4j-api:1.7.25'
}

repositories {
  jcenter()
}                  将 StreamApp 打包为 fat jar
jar {  ◄
  manifest {
    attributes 'Main-Class': mainClassName
  }

  from {
    configurations.compile.collect {
      it.isDirectory() ? it : zipTree(it)
    }
  } {
    exclude "META-INF/*.SF"
    exclude "META-INF/*.DSA"
    exclude "META-INF/*.RSA"
  }
}
```

应用中包含了下面这些依赖:

● kafka-clients,用于对 Kafka 进行读写操作。

● jackson-databind,一个对 JSON 数据执行转换与其他操作的库。

● geoip-api,用于从 MaxMind 获取地理位置与 IP 的数据。

现在检验一下 StreamApp 项目是否能够正常构建(第一次构建可能需要 2~3 分钟):

```
$ gradle compileJava
...
BUILD SUCCESSFUL
...
```

如果没有问题,就可以进入下一步,编写 Kafka 的事件消费者。

3.3.3 从 Kafka 读取事件

我们先要从 Kafka 的 raw-events topic 中依次读取事件。用 Kafka 的术语来说就是编写一个 consumer(消费者)。在之前的章节中,我们通过命令行工具向一个 topic 中写入事件,然后读取回来。而在本章中,我们会使用 Kafka 的 Java 客户端用 Java 语言编写 consumer。

编写一个简单的 Kafka consumer 非常容易,在 src/main/java/nile 目录下创建一个名为 Consumer.java 的文件,并将代码清单 3.2 中的内容复制到该文件中。

代码清单 3.2 Consumer.java

```java
package nile;

import java.util.*;

import org.apache.kafka.clients.consumer.*;

public class Consumer {

  private final KafkaConsumer<String, String> consumer;      // Kafka consumer 会从 Kafka 中读取记录,记录的 key 与 value 都为字符串
  private final String topic;

  public Consumer(String servers, String groupId, String topic) {
    this.consumer = new KafkaConsumer<String, String>(
      createConfig(servers, groupId));
    this.topic = topic;
  }

  public void run(IProducer producer) {
    this.consumer.subscribe(Arrays.asList(this.topic));      // 将 consumer 注册到指定的 Kafka topic
    while (true) {
      ConsumerRecords<String, String> records = consumer.poll(100);    // 通过无限循环从 Kafka topic 中获取记录
      for (ConsumerRecord<String, String> record : records) {
        producer.process(record.value());      // 将每条记录的 value 传递给 producer 的处理函数
      }
    }
  }

  private static Properties createConfig(String servers, String groupId) {
    Properties props = new Properties();
    props.put("bootstrap.servers", servers);
    props.put("group.id", groupId);      // 检查 consumer 是否属于特定的 consumer group
    props.put("enable.auto.commit", "true");
    props.put("auto.commit.interval.ms", "1000");
    props.put("auto.offset.reset", "earliest");
    props.put("session.timeout.ms", "30000");
    props.put("key.deserializer",
      "org.apache.kafka.common.serialization.StringDeserializer");
    props.put("value.deserializer",
      "org.apache.kafka.common.serialization.StringDeserializer");
    return props;
  }
}
```

上述代码定义了一个消费者，它会从给定的 Kafka topic 中读取所有事件，并将它们交给所提供的 producer 的 process 方法处理。除了 group.id 属性，大部分 consumer 配置属性都不需要特别关心。而 group.id 属性会把应用程序与特定的 Kafka consumer group 关联。当同一时间运行程序的多个实例时，如果它们的 group.id 相同，则会共享 topic 中的所有事件；然而，如果每个实例的 group.id 都不相同，则每个实例都会获得 raw-events 中的所有事件。

3.3.4　向 Kafka 写入事件

IProducer.process()方法如何对读取的事件进行处理？为了保持代码的灵活性，本章中编写的两个生产者均符合 IProducer 接口，以便能从一个切换到另一个。现在，我们创建另一个文件来定义该接口。在 src/main/java/nile/目录下创建 IProducer.java 文件，如代码清单 3.3 所示。

代码清单 3.3　IProducer.java

```java
package nile;

import java.util.Properties;

import org.apache.kafka.clients.producer.*;

public interface IProducer {

  public void process(String message);          // 抽象的处理方法，由 IProducer 的具体实现进行实例化

  public static void write(KafkaProducer<String, String> producer,
    String topic, String message) {             // 静态助手方法，向 Kafka topic 中写入记录
    ProducerRecord<String, String> pr = new ProducerRecord(
      topic, message);
    producer.send(pr);
  }

  public static Properties createConfig(String servers) {   // 静态助手方法，配置 Kafka producer
    Properties props = new Properties();
    props.put("bootstrap.servers", servers);
    props.put("acks", "all");
    props.put("retries", 0);
    props.put("batch.size", 1000);
    props.put("linger.ms", 1);
    props.put("key.serializer",
      "org.apache.kafka.common.serialization.StringSerializer");
    props.put("value.serializer",
      "org.apache.kafka.common.serialization.StringSerializer");
    return props;
  }
}
```

好的开始，但为了实用，我们需要添加一些 IProducer 的具体实现。记住，这部分只是一个"热身"，我们只想从 raw-events 中读取事件，然后原封不动地写入

另一个 topic。类似地，在 src/main/java/nile 目录中新增 PassthruProducer.java 文件，添加如代码清单 3.4 所示的代码，就实现了一个简单的、仅对事件进行传递(原封不动)的 producer。

代码清单 3.4　PassthruProducer.java

```
package nile;

import org.apache.kafka.clients.producer.*;

public class PassthruProducer implements IProducer {

  private final KafkaProducer<String, String> producer;
  private final String topic;

  public PassthruProducer(String servers, String topic) {
    this.producer = new KafkaProducer(
      IProducer.createConfig(servers));     使用 IProducer 接口的 createConfig
    this.topic = topic;                     函数配置 producer
  }

  public void process(String message) {
    IProducer.write(this.producer, this.topic, message);   将生成的记录写入
  }                                                        特定的 Kafka topic
}
```

PassthruProducer 的代码简单易懂，它只是简单地将读取到的事件写入另一个新的 Kafka topic。

3.3.5　整合读取与写入

最后只需要通过一个拥有 main 方法的 StreamApp 类，把读取和写入的功能整合在一起就行了。在 src/main/java/nile/ 目录下创建文件 StreamApp.java，添加如代码清单 3.5 所示的代码。

代码清单 3.5　StreamApp.java

```
package nile;

public class StreamApp {

  public static void main(String[] args){
    String servers = args[0];
    String groupId = args[1];
    String inTopic = args[2];
    String goodTopic = args[3];

    Consumer consumer = new Consumer(servers, groupId, inTopic);
    PassthruProducer producer = new PassthruProducer(
      servers, goodTopic);
    consumer.run(producer);
  }
}
```

下面，我们通过命令行来给 StreamApp 传递四个参数。

- servers：指定了应用需要连接的 Kafka 消费者组
- groupId：定义了应用所属的 Kafka Consumer Group
- inTopic：读取事件的 topic 名称
- goodTopic：写入事件的 topic 名称

下面，让我们来构建项目。将当前工作目录切换到项目的根目录，即 nile 文件夹，运行以下命令：

```
$ gradle jar
...
BUILD SUCCESSFUL

Total time: 25.532 secs
```

如果一切顺利，就可以准备测试我们的程序了。

3.3.6　测试

为了测试 StreamApp，需要打开五个终端窗口，图 3.8 展示了这些终端窗口的用途。

图 3.8　为了测试 Kafka worker，需要打开 5 个终端窗口，分别运行 ZooKeeper、
　　　　Kafka、topic producer、consumer 和流处理程序本身

第一至第四个终端窗口都需要先运行下面的命令，进入 Kafka 的安装目录：

```
$ cd ~/kafka_2.12-2.0.0
```

在第一个终端窗口需要启动 ZooKeeper：

```
$ bin/zookeeper-server-start.sh config/zookeeper.properties
```

第二个终端窗口中则需要启动 Kafka 服务器：

```
$ bin/kafka-server-start.sh config/server.properties
```

第三个终端窗口中需要执行脚本，向 raw-events topic 发送事件。为避免与第 2 章中已有的 raw-events topic 冲突，我们将新的 topic 命名为 raw-events-ch03：

```
$ bin/kafka-console-producer.sh --topic raw-events-ch03 \
  --broker-list localhost:9092
```

将下面发送事件的代码复制到第三个终端窗口：

```
{ "event": "SHOPPER_VIEWED_PRODUCT", "shopper": { "id": "123",
 "name": "Jane", "ipAddress": "70.46.123.145" }, "product": { "sku":
 "aapl-001", "name": "iPad" }, "timestamp": "2018-10-15T12:01:35Z" }
{ "event": "SHOPPER_VIEWED_PRODUCT", "shopper": { "id": "456",
 "name": "Mo", "ipAddress": "89.92.213.32" }, "product": { "sku":
 "sony-072", "name": "Widescreen TV" }, "timestamp":
 "2018-10-15T12:03:45Z" }
{ "event": "SHOPPER_VIEWED_PRODUCT", "shopper": { "id": "789",
 "name": "Justin", "ipAddress": "97.107.137.164" }, "product": {
 "sku": "ms-003", "name": "XBox One" }, "timestamp":
 "2018-10-15T12:05:05Z" }
```

其中要注意的是发送的多个事件之间需要用换行符分隔。第四个终端窗口中则会从 enriched-event topic 中持续地读取事件：

```
$ bin/kafka-console-consumer.sh --topic enriched-events --from-beginning \
  --bootstrap-server localhost:9092
```

最后一步是启动 StreamApp 应用。在第五个终端窗口中，将当前工作目录切换到 nile 项目的根目录，执行下面的命令：

```
$ cd ~/nile
$ java -jar ./build/libs/nile-0.1.0.jar localhost:9092 ulp-ch03-3.3 \
  raw-events-ch03 enriched-events
```

StreamApp 就此开始运行，从 raw-events-ch03 topic 中读取事件，然后不做修改，直接将事件写入 enriched-events topic 中。此时切换到第四个终端窗口，将会看到三个事件的信息出现在 enriched-events topic 中。

```
{ "event": "SHOPPER_VIEWED_PRODUCT", "shopper": { "id": "123",
 "name": "Jane", "ipAddress": "70.46.123.145" }, "product": { "sku":
 "aapl-001", "name": "iPad" }, "timestamp": "2018-10-15T12:01:35Z" }
{ "event": "SHOPPER_VIEWED_PRODUCT", "shopper": { "id": "456",
 "name": "Mo", "ipAddress": "89.92.213.32" }, "product": { "sku":
 "sony-072", "name": "Widescreen TV" }, "timestamp":
 "2018-10-15T12:03:45Z" }
{ "event": "SHOPPER_VIEWED_PRODUCT", "shopper": { "id": "789",
 "name": "Justin", "ipAddress": "97.107.137.164" }, "product": {
 "sku": "ms-003", "name": "XBox One" }, "timestamp":
 "2018-10-15T12:05:05Z" }
```

应用的直传功能工作正常，就可以添加更复杂的功能，事件校验和扩展。按下 Ctrl+Z 组合键和输入 kill %% 来终止应用，但切勿关闭这些终端窗口，以便后续使用。

3.4 编写单事件处理器

接下来将开发一个完整的单事件处理器，用于对事件的路由、检验和扩展。

3.4.1   编写事件处理器

在之前的 3.3 节中，我们使用 Java 接口 IProducer 实现了事件处理的功能，仅简单地将 PassthruProducer 替换为另一个事件处理器即可。先让我们回顾一下尼罗老板们期望事件处理器能够做些什么：

- 从 Kafka 的 raw-events topic 中读取事件。
- 对事件进行校验，把那些没有通过校验的事件写入 bad-events 的 Kafka topic。
- 对事件进行扩展，利用 MaxMind 的 geo-IP 数据库向事件添加购物者的地理位置信息。
- 将通过检验和扩展的事件写入 enriched-events topic。

为了不让示例过于复杂，一个有效的事件只需要符合以下两个条件即可：

- 拥有一个字符串数据类型的属性，即 shopper.ipAddress。
- 可以添加 shopper.country 属性，该属性同样是字符串类型，否则抛出异常。

如果上述条件无法满足，就会生成一条 JSON 格式的错误信息，并发送至 bad-events topic，错误信息的格式非常简单：

```
{ "error": "Something went wrong" }
```

在编写本节的示例代码时，可以选择复制 3.3 节中的项目，在复制后的项目代码上修改。也可以直接在 3.3 节的项目代码上进行修改。但无论是哪种做法，都需要在 src/main/java/nile/目录下创建 FullProducer.java 文件，并将代码清单 3.6 中的内容复制到该文件中。

代码清单 3.6   FullProducer.java

```java
package nile;

import com.fasterxml.jackson.databind.*;
import com.fasterxml.jackson.databind.node.ObjectNode;

import java.net.InetAddress;
import org.apache.kafka.clients.producer.*;
import com.maxmind.geoip2.*;
import com.maxmind.geoip2.model.*

public class FullProducer implements IProducer {
  private final KafkaProducer<String, String> producer;
  private final String goodTopic;
  private final String badTopic;
  private final DatabaseReader maxmind;

  protected static final ObjectMapper MAPPER = new ObjectMapper();

  public FullProducer(String servers, String goodTopic,
    String badTopic, DatabaseReader maxmind) {          ◄── 构造函数接收用于写入正常与错误
    this.producer = new KafkaProducer(                       事件的 Kafka topic，并添加 MaxMind
      IProducer.createConfig(servers));                      的地理位置 IP 查找服务
    this.goodTopic = goodTopic;
```

```
    this.badTopic = badTopic;
    this.maxmind = maxmind;
  }

  public void process(String message) {

    try {
      JsonNode root = MAPPER.readTree(message);
      JsonNode ipNode = root.path("shopper").path("ipAddress");
      if (ipNode.isMissingNode()) {
        IProducer.write(this.producer, this.badTopic,
          "{\"error\": \"shopper.ipAddress missing\"}");
      } else {
        InetAddress ip = InetAddress.getByName(ipNode.textValue());
        CityResponse resp = maxmind.city(ip);
        ((ObjectNode)root).with("shopper").put(
          "country", resp.getCountry().getName());
        ((ObjectNode)root).with("shopper").put(
          "city", resp.getCity().getName());
        IProducer.write(this.producer, this.goodTopic,
          MAPPER.writeValueAsString(root));
      }
    } catch (Exception e) {
      IProducer.write(this.producer, this.badTopic, "{\"error\": \"" +
      e.getClass().getSimpleName() + ": " + e.getMessage() + "\"}");
    }
  }
}
```

从输入事件的购物者对象中获取 IP 地址

通过购物者的 ip 地址查询购物者的地理位置

在事件中添加购物者的国家与城市信息

将经过扩展的事件写入"正常处理"的 Kafka topic

若检验或是处理失败，则将异常信息写入"异常处理"Kafka topic

图 3.9 展示了 FullProducer 代码的工作逻辑，其中值得注意的部分是通过购物者的 IP 地址在 MaxMind 数据库中查找对应的地理位置。当找到相关的地理位置信息时，会将购物者的国家和城市信息添加到事件中。如果在整个程序运行过程中发生任何异常，就会把包含错误信息的事件发送到 bad-events topic。

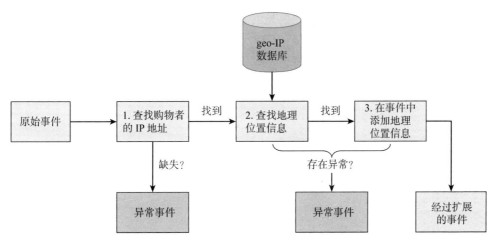

图 3.9　单事件处理程序使用 MaxMind 的数据库尝试对原始事件的地理位置信息
进行扩展；如果过程中发生任何错误，则会输出一个异常事件

最后要做的就是修改 main 方法，把新修改的功能整合到应用中。

3.4.2　更新 main 方法

将代码清单 3.7 中的内容更新到 src/main/java/nile 目录下的 StreamApp 中。

代码清单 3.7　StreamApp.java

```
package nile;
                          初始化 MaxMind geo-IP 数据
import java.io.*;          库，可能会抛出异常

import com.maxmind.geoip2.DatabaseReader;

public class StreamApp {

  public static void main(String[] args) throws IOException {
    String servers     = args[0];
    String groupId     = args[1];
    String inTopic     = args[2];
    String goodTopic   = args[3];               新的命令
    String badTopic    = args[4];               行参数
    String maxmindFile = args[5];

    Consumer consumer = new Consumer(servers, groupId, inTopic);
    DatabaseReader maxmind = new DatabaseReader.Builder(new
      File(maxmindFile)).build();
    FullProducer producer = new FullProducer(
      servers, goodTopic, badTopic, maxmind);        使用两个用于输出事件的 Kafka
    consumer.run(producer);                           topic 与 MaxMind geo-IP 数据库
  }                                                   完成 FullProducer 的初始化
}              MaxMind geo-IP 数据库完
               成初始化
```

在 StreamApp 中新增了以下两个参数：

● badTopic 是用来写入错误信息的 topic。

● maxmindFile 是 MaxMind geo-IP 数据库文件的完整路径。

在构建应用之前，打开 build.gradle 文件做如下修改：

```
version = '0.1.0'
```

改为

```
version = '0.2.0'
```

然后运行下面的命令，重新构建应用。

```
$ gradle jar
...
BUILD SUCCESSFUL

Total time: 25.532 secs
```

接着开始测试新应用吧。

3.4.3　再次测试

在运行应用之前，需要下载一份免费的 MaxMind geo-IP 数据库的副本，使用下面的命令即可：

```
$ wget \
  "https://geolite.maxmind.com/download/geoip/database/GeoLite2-City.tar.gz"
$ tar xzf GeoLite2-City_<yyyyMMdd>.tar.gz
```

之后就可以执行下面的命令来启动应用：

```
$ java -jar ./build/libs/nile-0.2.0.jar localhost:9092 ulp-ch03-3.4 \
  raw-events-ch03 enriched-events bad-events ./GeoLite2-
    City_<yyyyMMdd>/GeoLite2-City.mmdb
```

很好，我们的 App 现在已经运行。注意，这里使用了一个新的 consumer group，即 ulp-ch03-3.4 而不是原来的 ulp-ch03-3.3。因此应用会从头开始读取 raw-events-ch03 topic 中的事件。如果 3.3 节中运行的那些程序没有关闭，就可以看到单事件处理器已经开始工作了。

在第四个终端窗口中可以看到 enriched-events topic 中出现了三个事件，每个事件都带有国家与城市的信息：

```
{"event":"SHOPPER_VIEWED_PRODUCT","shopper":{"id":"123","name":"Jane",
  "ipAddress":"70.46.123.145","country":"United States", "city":
  "Greenville"}, "product":{"sku":"aapl-001", "name":"iPad"},
  "timestamp": "2018-10-15T12:01:35Z"}
{"event":"SHOPPER_VIEWED_PRODUCT","shopper":{"id":"456","name":"Mo",
  "ipAddress":"89.92.213.32","country":"France","city":
  "Rueil-malmaison"},"product":{"sku":"sony-072","name":"Widescreen
  TV"},"timestamp":
  "2018-10-15T12:03:45Z"}
{"event":"SHOPPER_VIEWED_PRODUCT","shopper":{"id":"789","name":
  "Justin","ipAddress":"97.107.137.164","country":"United States","city":
  "Absecon"}, "product":{"sku":"ms-003","name":"XBox One"}, "timestamp":
  "2018-10-15T12:05:05Z"}
```

看起来事件已被成功扩展，已为尼罗的数据科学家团队添加了他们所需的地理位置信息。但还有件事情需要验证——单事件处理器是否有效处理了那些存在问题的事件。切换到第三个终端窗口，该窗口中应该正在执行以下命令：

```
$ bin/kafka-console-producer.sh --topic raw-events-ch03 \
  --broker-list localhost:9092
```

在该窗口中发送一个格式不正确的事件：

```
not json
{ "event": "SHOPPER_VIEWED_PRODUCT", "shopper": { "id": "456", "name":
 "Mo", "ipAddress": "not an ip address" }, "product": { "sku": "sony-072",
 "name": "Widescreen TV" }, "timestamp": "2018-10-15T12:03:45Z" }
{ "event": "SHOPPER_VIEWED_PRODUCT", "shopper": {}, "timestamp":
 "2018-10-15T12:05:05Z" }
```

同样，在每个事件之间用换行符分隔。为了测试无法通过检验的事件是否被发送到 bad-events topic，需要打开一个新的终端窗口：

```
$ bin/kafka-console-consumer.sh --topic bad-events --from-beginning \
  --bootstrap-server localhost:9092
```

图 3.10 显示了我们现在打开的所有终端窗口和其中运行的程序。

图 3.10　6 个终端窗口中的前 5 个与之前的相同，添加了第二个 consumer，
使用 tail 命令查看 bad-events topic 的输出信息

不久后就会在 bad-events 中看到事件信息：

```
{"error": "JsonParseException: Unrecognized token 'not':
 was expecting 'null', 'true', 'false' or NaN
 at [Source: not json; line: 1, column: 4]"}
{"error": "NullPointerException: null"}
{"error": "shopper.ipAddress missing"}
```

至此，所有的测试工作都已经完成。我们已经开发了一个单事件处理器，能对输入的事件进行校验、扩展，并将输出的事件路由到相应的渠道。

3.5　本章小结

- 使用 Kafka 搭建一个统一日志系统，能对它写入事件，并进行后续的加工处理。
- 事件流处理包括备份事件数据、监控、将事件数据写入数据库或创建聚合数据。
- 单一事件处理比批量事件处理更为简单易行。
- 统一日志在企业各个系统间扮演了"黏合剂"的角色，可将事件处理的结果写入另一个流中。
- 为尼罗公司编写一个简单的 Java 应用程序，从一个 Kafka topic 中读取事件，然后原封不动地写入另一个 Kafka topic 中。
- 将之前编写的 Java 应用程序扩展为单事件处理器，对读取的事件检验和扩展，添加额外的地理位置信息，并按照结果写入相应的 Kafka topic。
- 地理位置信息是个很好的示例，展示了如何从原始事件扩展，添加额外的地理位置信息上下文。

第 *4* 章

使用Amazon Kinesis 处理流事件

本章导读：

- Amazon Kinesis 是一款具有完备管理功能的统一日志服务
- 系统监控的应用场景
- 使用 Amazon CLI 与 Kinesis 进行交互
- 使用 Python 编写简单的 Kinesis producer 和 consumer

到目前为止，都是使用 Apache Kafka 构建统一日志系统。由于 Kafka 是开源免费的，因此我们不得不自己动手搭建，配置相关的依赖系统(例如 ZooKeeper)。这让我们对统一日志技术有了深入的了解，但可能有些人想知道是否有另一种可选的方案，可以免除这些繁杂的安装、配置工作？我们是否能将统一日志的服务外包出去，在节省时间的同时又不损失品质？

答案是肯定的。本章会介绍 Amazon Kinesis(https://aws.amazon.com/kinesis/)，作为亚马逊云计算服务(AWS，Amazon Web Services)的一部分，它是一款托管的统一日志服务。Kinesis 由 Amazon 研发，用来解决大规模日志收集上的挑战。它与 Kafka 在很大程度上非常类似，只有在某些地方有细微的差异，这些都会在本章中一一阐释。

如果对 AWS 的整个生态不甚了解，可以先阅读附录中关于 AWS 的简单介绍，以便对 AWS 有个基本的了解。当你拥有了自己的 AWS 账户后，本章会介绍如何使用 AWS CLI 创建基于 Kinesis 的事件流，写入和读取事件。

我们将深入研究统一日志的另一个应用场景：系统监控。我们将用 Python 编写一个长时间运行的代理程序，它会从服务器上持续地读取事件，然后使用 AWS Python SDK 将这些事件写入 Kinesis。同时会有另一个 Python 应用监控代理程序发出的事件，以便发现潜在的系统问题。这个名为 boto 程序也会使用 AWS Python SDK。

需要注意的是 Amazon Kinesis 数据流服务并不能免费试用，为了完成书中的示例，需要在线创建一些 AWS 服务，这会产生一定的费用[1]。但是不用担心，我会告诉你在完成本书示例后如何安全地删除这些服务。此外可设置一些警报来提醒你，是否有些费用超出了某个阈值。[2]

4.1　向 Kinesis 写入事件

在 AWS 账户与 AWS CLI 准备就绪后，就可以着手处理项目了。在第 3 章中，我们仅关注那些与终端用户行为相关的事件。而本章中将切换到另一个不同的场景，并生成一系列与系统监控相关的事件。

4.1.1　系统监控与统一日志

假设企业内部有一台服务器总是存储空间不足。这台服务器上部署了一个聊天程序，会不断地生成日志文件。系统管理员希望当存储空间的使用率达到 80% 时就收到预警信息，以便他们及时地对过期日志进行归档和移除。

有很多成熟的系统监控工具可以满足这一需求。简而言之，[3]这些典型的工具一般都基于两种不同的监控架构。

- 基于推送(Push-based)的监控：由一个运行在需要监控的系统上的代理程序周期性地向某个集中化系统发送数据(通常称为"指标")。这类系统包括 Ganglia、Graphite、collectd 和 StatsD。
- 基于拉取(Pull-based)的监控：由集中化的系统周期性地从各个被监控的系统"爬取"指标。JMX、librit 和 WMI 都属于这类系统。

图 4.1 说明了这两种类型系统的工作方式。有些监控系统会同时支持这两种方式。例如 Zabbix 和 Prometheus 是基于拉取的监控系统，但也提供了部分对推送数据的支持。

---

1. 有关 AWS Kinesis Data Streams 定价的更多信息可访问 https://aws.amazon.com/kinesis/streams/pricing/。

2. 要设置 AWS 账单警报提醒，可访问 https://docs.aws.amazon.com/awsaccountbilling/latest/aboutv2/billing-getting-started.html#d0e1069。

3. 推荐阅读位于 https://web.archive.org/web/20161004192212/和 https://www.boxever.com/push-vs-pull-for-monitoring 上的文章。

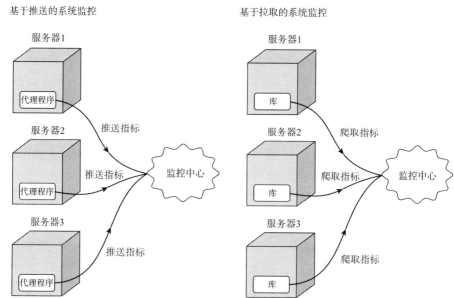

图 4.1　在基于推送的系统监控中，由代理程序周期性地将监控指标推送给系统中心。
而在基于拉取的架构中，系统中心周期性地从服务器上爬取监控指标

在基于推送的模型中，代理程序会生成事件并将事件发送给另一个集中化程序，而这个程序会分析所有代理程序所生成的事件。这是不是听起来很熟悉，这样的模型可以直接通过统一日志实现，如图 4.2 所示。与之前章节中展示的事件发送给统一日志，然后由很多消费者消费的过程很相似，但是在两个方面存在较大的区别。

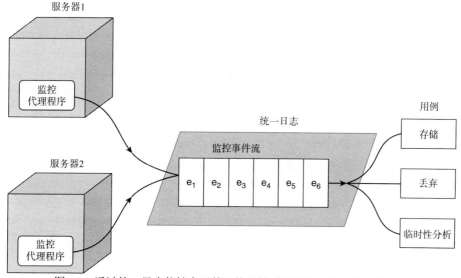

图 4.2　通过统一日志能够实现基于推送的系统监控。服务器上的代理
程序将发出事件，并写入统一日志，以待后续的处理

- 不同于在已有的应用程序中加入跟踪事件的功能，例如 HelloCalculator。这次会创建一个专有的代理程序，仅用来向统一日志发送事件。
- 事件的主语不再是用户，而是代理程序。因为是代理程序持续地从服务器读取数据并发送事件。

使用统一日志技术(如 Apache Kafka 或 Amazon Kinesis)满足系统管理员的需求非常简单，本章将使用 Kinesis 实现这一需求。在开始之前，需要先明确 Kafka 和 Kinesis 在术语上的一些差异。

4.1.2　与 Kafka 的术语差异

Amazon Kinesis 的语义与 Apache Kafka 极为相似。但这两个平台在语言描述上略有不同。图 4.3 列出了两者之间关键的不同之处：与 Kafka 的 topic 相对应的是 Kinesis 中的 stream。Kafka 的 topic 中包含多个"分区"(partition)，而 Kinesis 的 stream 中同样包含多个"切片"(shard)。个人而言，我更倾向于 Kinesis 的术语：Kinesis 的术语更清晰明了，且没有那么多"消息队列"的历史包袱。

抛开语言上的差异性，令人欣慰的是 Kinesis 提供了与 Kafka 类似的编程模式。所有在 Kafka 中可以做到的事情，在 Kinesis 中也同样能做到。在本章中我会特意指出两者在功能和解决方案上的不同点。现在让我们开始工作吧！

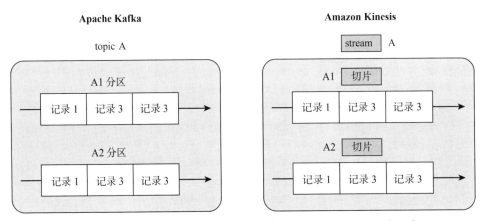

图 4.3　Kafka 的 topic 在 Kinesis 中被称为 stream，一个 stream 由一个或多个切片组成，而这在 Kafka 中被称为分区

4.1.3　配置事件流

首先，需要有一个 Kinesis 的 stream 用来发送系统监控的事件。大部分 AWS CLI 命令遵循下面的格式：

```
$ aws [service] [command] options...
```

在示例中，所有命令都以 aws kinesis 开头。可从下面的链接中找到所有

Kinesis 命令的参考文档：

```
https://docs.aws.amazon.com/cli/latest/reference/kinesis/index.html
```

使用下面的命令来创建 Kinesis stream：

```
$ aws kinesis create-stream --stream-name events \
    --shard-count 2 --profile ulp
```

按下 Enter 键，切换回 AWS 的网页界面，单击 Amazon Kinesis。如果你的操作迅速，可以看到有个新的 stream，它的状态为 Creating，且切片的 count 为 0，如图 4.4 所示。在创建 stream 之后，Kinesis 会提示 stream 的状态为 Active，并显示切片的正确数字。状态为 Active 的 stream 可执行事件的写入和读取操作。

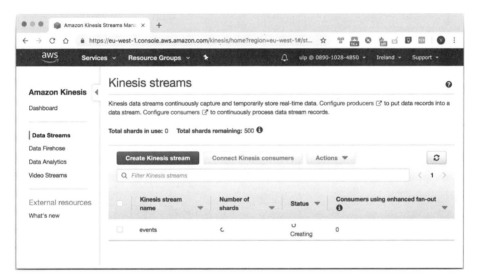

图 4.4　成功创建了第一个 Amazon Kinesis stream。几分钟后，就看到状态
变为 Active，并显示正确的切片数量

我们已经创建了一个拥有两个切片的 stream。被发送到 stream 的事件会被写入到这两个切片中的任一个。从 stream 中读取事件时，需要确保从所有的切片中读取。而在写入时，Amazon 对于切片有一些特别的限制。[4]

- 除了 US East(N. Virginia)、US West(Oregon)和 EU(Ireland)这些 AWS region 可以拥有 500 个切片外，其他 AWS region 默认只能拥有 200 个切片。
- 每个切片每秒支持五个读操作事务，每个事务最多可以读取 10 000 条记录，或大小总共不超过 10MB。
- 每个切片每秒支持写入 1000 条记录，或大小总共不超过 1MB 的记录。

不必担心这些限制，在示例中只需要使用一个切片。

---

4. AWS Kinesis 数据流限制详见 https://docs.aws.amazon.com/streams/latest/dev/service-sizes-and-limits.html。

Kinesis 的 stream 已经创建完毕，可以写入事件了。下一步就是设计事件的数据模型。

4.1.4　事件建模

回顾一下系统管理员的需求，当服务器的磁盘使用率达到 80%时，要收到一条预警信息。为了满足这个需求，在服务器上运行的代理程序需要周期性地读取文件系统的监控指标，并发送给统一日志系统，以待后续的分析。可以使用在第 2 章中介绍的语法结构对事件建模：

- "代理程序"是事件的主语。
- "读取"是事件的谓语。
- "文件系统状态"是事件的直接宾语。
- "服务器"是读取动作发生的地方，因此是状语。
- 特定时间是读取动作发生的时间，因此是另一个状语。

把这些都整合在一起，图 4.5 描绘了监控事件的数据模型。

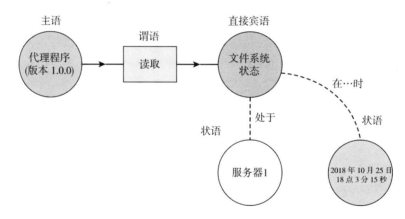

图 4.5　一个代理在特定时间，在一台指定的服务器上读取文件系统的监控指标，这些组成了完整的系统监控事件

现在已经对事件有了足够的了解，可以开始编写代理程序了。

4.1.5　编写代理程序

我们将使用 Python 编写代理程序，其中会使用 AWS 提供的官方 Python SDK boto3 向 Kinesis 发送事件。[5]官方提供了各类编程语言的 SDK，都支持发送事件，因此无论应用程序用何种编程语言编写，都能将 Kinesis 作为统一日志使用。

我们将使用 Python 的交互式编程环境，一步步地构建系统监控的代理程序。

---

5. 要下载 AWS 的 Python SDK，可访问 https://aws.amazon.com/sdk-for-python/。

登录到 Vagrant 环境中，并在终端窗口输入 Python 运行解释器：

```
Python 2.7.12 (default, Dec  4 2017, 14:50:18)
[GCC 5.4.0 20160609] on linux2
Type "help", "copyright", "credits" or "license" for more information.
>>>
```

首先编写和测试一个函数，看能否获取文件系统的监控指标。复制以下代码，并粘贴到 Python 解释器中，请确保空格和缩进都完全一致：

```
import os
def get_filesystem_metrics(path):
  stats = os.statvfs(path)
  block_size = stats.f_frsize
  return (block_size * stats.f_blocks, # Filesystem size in bytes
    block_size * stats.f_bfree,        # Free bytes
    block_size * stats.f_bavail)       # Free bytes excl. reserved space

s, f, a = get_filesystem_metrics("/")
print "size: {}, free: {}, available: {}".format(s, f, a)
```

你应该看到类似以下输出，而具体的数字则依赖于你的计算机的情况：

```
size: 499046809600, free: 104127823872, available: 103865679872
```

现在你已经知道如何获取所需的监控指标。下一步就是创建事件所需的元数据。粘贴下面的代码：

```
import datetime, socket, uuid
def get_agent_version():
  return "0.1.0"

def get_hostname():
  return socket.gethostname()

def get_event_time():
  return datetime.datetime.now().isoformat()

def get_event_id():
  return str(uuid.uuid4())

print "agent: {}, hostname: {}, time: {}, id: {}".format(
  get_agent_version(), get_hostname(), get_event_time(), get_event_id())
```

应该显示以下输出：

```
agent: 0.1.0, hostname: Alexanders-MacBook-Pro.local, time:
2018-11-01T09:00:34.515459, id: 42432ebe-40a5-4407-a066-a1361fc31319
```

需要注意，这里使用版本 4 的 UUID 作为事件的唯一标识(event ID)。[6]我们将在第 10 章更深入地谈论 event ID 的细节。

把这些代码整合起来，使用 Python Dictionary 创建事件。在 Python 解释器中

---

6. 详见维基百科 https://en.wikipedia.org/wiki/Universally_unique_identifier。

输入下面的代码：

```python
def create_event():
  size, free, avail = get_filesystem_metrics("/")
  event_id = get_event_id()
  return (event_id, {
   "id": event_id,
   "subject": {
     "agent": {
       "version": get_agent_version()
     }
   },
   "verb": "read",
   "direct_object": {
     "filesystem_metrics": {
       "size": size,
       "free": free,
       "available": avail
     }
   },
   "at": get_event_time(),
   "on": {
     "server": {
       "hostname": get_hostname()
     }
   }
 })
print create_event()
```

代码有些繁杂，但意图很清晰，可以看到如下输出：

```
('60f4ead5-8a1f-41f5-8e6a-805bbdd1d3f2', {'on': {'server': {'hostname':
'ulp'}}, 'direct_object': {'filesystem_metrics': {'available':
37267378176, 'free': 39044952064, 'size': 42241163264}}, 'verb':
'read', 'at': '2018-11-01T09:02:31.675773', 'id':
'60f4ead5-8a1f-41f5-8e6a-805bbdd1d3f2', 'subject': {'agent':
{'version': '0.1.0'}}})
```

我们已经有了两个结构完整的系统监控事件，接下来如何将它们发送给 Kinesis 呢？非常简单，使用下面的代码即可：

```python
def write_event(conn, stream_name):
  event_id, event_payload = create_event()
  event_json = json.dumps(event_payload)
  conn.put_record(StreamName=stream_name, Data=event_json,
PartitionKey=event_id)
```

需要理解的关键部分是 conn.put_record 方法的三个参数：

- 要将事件发送至的 stream 名称。
- 事件的数据(也称为 body 或 payload)。这里使用 Python 字符串类型表示的 JSON 结构。
- 事件的分区键，这决定了事件会被写入哪个切片中。

然后就需要连接 Kinesis，并发送事件了。这部分也很简单，执行以下代码：

```
import boto3

session = boto3.Session(profile_name="ulp")
Conn = session.client("kinesis", region_name="eu-west-1")

write_event(conn, "events")
```

这部分代码看似非常简单，是因为之前你在 AWS CLI 中配置了如何使用 boto，由此 boto 可以访问 AWS CLI 中存放的账户信息，顺利地连接 Kinesis。

执行上面的代码后，你什么也看不到。虽然谚语说"没有消息就是好消息"，但是如果能看到一些反馈，那就更棒了。为达到这个目的，可将发送事件的方法放进一个无限循环内，就像下面那样：

```
while True:
  write_event(conn, "events")
```

让这段代码运行几分钟后，登录到 AWS Kinesis 的管理页面，单击 stream 页面中的 events 链接，进入 stream 的详细信息页面。位于该页面底部的 Monitoring 标签页将显示类似于图 4.6 的图表。

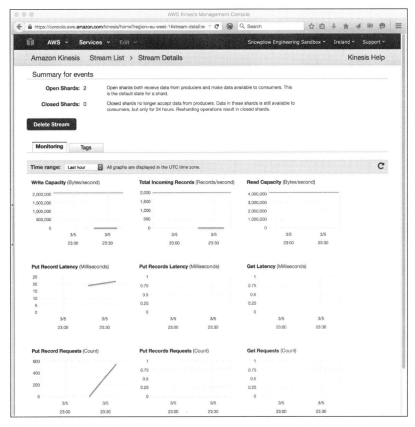

图 4.6　Monitoring 标签页能够让你查看当前或以往的 Kinesis stream 性能指标

　　这是目前为止唯一可以验证已经成功向 Kinesis stream 发送事件的方法，除非再编写一个 consumer 来读取事件。稍后会编写这样一个 consumer，但在此之前先整理一下系统监控的代理程序。先按下 Ctrl + C 快捷键终止循环，然后按下 Ctrl + D 快捷键退出 Python 解释器。

　　接着需要把之前的代码合并到单独的文件中，并运行发送事件的循环。创建一个名为 agent.py 的文件，把代码清单 4.1 中的内容复制到该文件。

代码清单 4.1　agent.py

```python
#!/usr/bin/env python

import os, datetime, socket, json, uuid, time, boto3

def get_filesystem_metrics(path):
  stats = os.statvfs(path)
  block_size = stats.f_frsize
  return (block_size * stats.f_blocks,  # Filesystem size in bytes
    block_size * stats.f_bfree,         # Free bytes
    block_size * stats.f_bavail)        # Free bytes excluding reserved space

def get_agent_version():
  return "0.1.0"

def get_hostname():
  return socket.gethostname()

def get_event_time():
  return datetime.datetime.now().isoformat()

def get_event_id():
  return str(uuid.uuid4())

def create_event():
  size, free, avail = get_filesystem_metrics("/")
  event_id = get_event_id()
  return (event_id, {
    "id": event_id,
    "subject": {
      "agent": {
        "version": get_agent_version()
      }
    },
    "verb": "read",
    "direct_object": {
      "filesystem_metrics": {
        "size": size,
        "free": free,
        "available": avail
      }
    },
    "at": get_event_time(),
    "on": {
```

```
      "server": {
        "hostname": get_hostname()
      }
    }
  })

def write_event(conn, stream_name):
  event_id, event_payload = create_event()
  event_json = json.dumps(event_payload)
  conn.put_record(StreamName=stream_name, Data=event_json,
PartitionKey=event_id)
  return event_id                                         程序入口

if __name__ == '__main__':
  session = boto3.Session(profile_name="ulp")            永久循环
  conn = session.client("kinesis", region_name="eu-west-1")
  while True:
    event_id = write_event(conn, "events")
    print (f'Wrote event: {event_id}')
    time.sleep(10)                                        每 10 秒发送一个事件
```

向 agent.py 添加可执行权限，并运行：

```
chmod +x agent.py
./agent.py
Wrote event 481d142d-60f1-4d68-9bd6-d69eec5ff6c0
Wrote event 3486558d-163d-4e42-8d6f-c0fb91a9e7ec
Wrote event c3cd28b8-9ddc-4505-a1ce-193514c28b57
Wrote event f055a8bb-290c-4258-90f0-9ad3a817b26b
...
```

代理程序开始运行。如图 4.7 所示，展示了我们目前所创建的程序的逻辑。

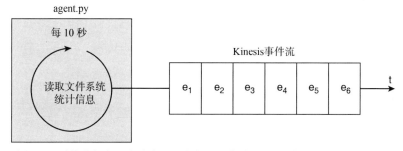

图 4.7　系统监控代理程序每 10 秒发送一个读取文件系统统计信息的事件

让代理程序在终端中持续运行，代理程序每 10 秒会发送一个"读取文件系统统计信息"事件。现在可以开始编写一个 consumer 应用程序，读取 stream 中的事件，并在磁盘使用率超过 80% 时通知我们。

4.2　从 Kinesis 读取事件

Kinesis 还支持使用多种不同的框架和 SDK 来读取事件，下面先简要介绍这些框架与 SDK,并使用其中的两种来实现读取系统监控事件的程序。

4.2.1 Kinesis 的框架与 SDK

作为一个新兴平台,Kinesis 已经支持大量的框架和 SDK 用于处理事件流,下面介绍一些较为主流的:

- AWS CLI 在之前的章节已经介绍过,它提供了一套紧凑的命令,供使用者从 Kinesis stream 的切片中读取事件。[7]
- 任意一个官方的 AWS SDK 都支持从 Kinesis stream 中读取事件。在应用程序中,可以对每个切片运行一个独立的线程,但需要自己负责记录每个切片当前读取的位置。
- Kinesis Client Library(KCL)[8] 是一款由 AWS 团队开发,使用 Java 语言编写的高级框架。它使用 Amazon DynamoDB 数据库记录应用程序处理切片的当前位置。KCL 可运行在多个不同的服务器上,因此可很方便地做到水平扩展。
- KCL 通过 MultiLangDaemon 支持不同的编程语言,到目前为止有基于 Python 的 KCL 实现。[9]
- AWS Lambda 是一个运行在 Node.js 集群,完全托管的流处理平台。开发人员可编写并上传 JavaScript 函数,用于处理 Kinesis 等 AWS 原生的事件流系统中的各种事件。这些 JavaScript 函数的运行时间较短(不能超过 15 分钟),且不能使用本地状态。使用其他编程语言也可编写此类函数,这些语言包括 Java、Python、Go、Ruby 和 C#。
- Kinesis Storm Spout 是 Apache Storm 的一个组件,同样由 AWS 团队开发。它会从 Amazon Kinesis 中读取事件,并以元组(tuple)形式发送给 Storm 供后续处理。
- Apache Spark Streaming 是基于 Spark 的一款"微型批处理"框架。它能将 Kinesis stream 转化为 Spark 的 InputDStream,方便 Spark 进行后续处理。这项功能也是基于 KCL 的。

Apache Samza 没有出现在上述列表中,那是因为 Samza 可与 Kafka 很方便地集成,而 Kafka 与 Kinesis 在使用上非常相似,自然 Samza 也能与 Kinesis 融洽地工作。

---

7. 有关 AWS CLI 命令的详细信息可访问 https://docs.aws.amazon.com/cli/latest/reference/kinesis/index.html#cli-aws-kinesis。

8. 要下载官方版本的 Kinesis Client library for Java,可访问 https://github.com/awslabs/amazon- kinesis-client。

9. 要下载官方版本的 Kinesis Client library for Python,可访问 https://github.com/awslabs/amazonkinesis- client-python。

4.2.2　使用 AWS CLI 读取事件

让我们从最"简陋"的工具开始处理 Kinesis stream 中的数据：AWS CLI。当构建一个用于生产环境的系统时，你应该选择一款更高级的框架，但 AWS CLI 能让你更深入地了解隐藏在框架之下的原理。

首先可以使用 describe-stream 命令查看 Kinesis stream 中的具体内容：

```
$ aws kinesis describe-stream --stream-name events --profile ulp
{
    "StreamDescription": {
        "Shards": [
            {
                "ShardId": "shardId-000000000000",
                "HashKeyRange": {
                    "StartingHashKey": "0",
                    "EndingHashKey": "170141183460469231731687303715884105727"
                },
                "SequenceNumberRange": {
                    "StartingSequenceNumber":
"49589726466290061031074327390112813890652759903239667714" }
                }
            },
            {
                "ShardId": "shardId-000000000001",
                "HashKeyRange": {
                    "StartingHashKey": "170141183460469231731687303715884105728",
                    "EndingHashKey": "340282366920938463463374607431768211455"
                },
                "SequenceNumberRange": {
                    "StartingSequenceNumber":
"49589726466631236177627285801325434960892540826474564 8146"
                }
            }
        ],
        "StreamARN": "arn:aws:kinesis:eu-west-1:089010284850:stream/events",
        "StreamName": "events",
        "StreamStatus": "ACTIVE",
        "RetentionPeriodHours": 24,
        "EnhancedMonitoring": [
            {
                "ShardLevelMetrics": []
            }
        ],
        "EncryptionType": "NONE",
        "KeyId": null,
        "StreamCreationTimestamp": 1541061618.0
    }
}
```

在 JSON 结构的响应结果中，Shards 数组由 Kinesis stream 中定义的切片所组成，它们之间通过唯一的 ShardId 区分，同时包含了切片的其他元数据。

- HashKeyRange 定义了当前切片应该包含哪些事件，即如果事件的分区 key 经过哈希后落在这个 HashKeyRange 内，则该事件由这个切片存储，具体结构如图 4.8 所示。

- SequenceNumberRange 显示了当前切片中第一个事件的 id，如果数据中不仅显示了起始值也显示了终止值，则说明当前切片已经关闭，不会再对该切片追加事件数据。

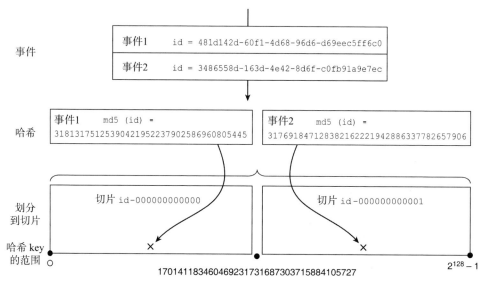

图 4.8　对切片的 key(即事件 ID)进行 MD5 哈希后，基于哈希 key 的范围，可确定由哪个 Kinesis 的切片存储事件

从 stream 中读取事件前，需要从 stream 中的每个切片上获取一个 Amazon 称为 shard iterator 的对象。shard iterator 是个有些抽象的概念，可以把它看成一个指向切片且存在时间很短(大约 5 分钟左右)的文件句柄。每个 shard iterator 定义一个游标，这个游标指向当前切片读取的事件 id。下面的命令演示了如何创建一个 shard iterator：

```
$ aws kinesis get-shard-iterator --stream-name=events \
  --shard-id=shardId-000000000000 --shard-iterator-type=TRIM_HORIZON \
  --profile=ulp
{
    "ShardIterator":"AAAAAAAAAAFVbPjgjXyjJOsE5r4/MmA8rntidIRFxTSs8rKLXSs8
kfyqcz2KxyHs3V9Ch4WFWVQvzj+xOlyWZ1rNWNjn7a5R3u0aGkMjl1U2pemcJHfjkDmQKcQDwB
1qbjTdN1DzRLmYuI3u1yNDIfbG+veKBRLlodMkZOqnMEOY3bJhluDaFlOKUrynTnZ3oNA2/4
zE7uE="
}
```

这里创建了一个 TRIM_HORIZON 类型的 shard iterator。它会指向切片中最早且未被清理的事件。当事件被写入 24 小时之后 Kinesis 会清理该事件，可以将清理的间隔最大调整为 168 小时，但需要支付额外的费用。shard iterator 还有其他三种不同的类型。

- **LATEST**：返回切片中最新写入的事件。
- **AT_SEQUENCE_NUMBER**：从某个特定序列号对应的事件开始读取。
- **AFTER_SEQUENCE_NUMBER**：从某个特定序列号之后的事件开始读取。

图 4.9 展示了这 4 种不同类型的读取位置。

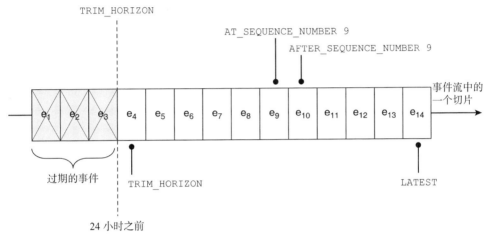

图 4.9　Kinesis 切片迭代器的 4 个配置选项允许我们从切片的不同位置开始读取事件

下面重新创建一个 shard iterator，并使用它读取事件：

```
$ aws kinesis get-records --shard-iterator
    "AAAAAAAAAAFVbPjgjXyjJOsE5r4/MmA8rntidIRFxTSs8rKLXSs8kfyqcz2KxyHs
3V9Ch4WFW VQvzj+xO1yWZ1rNWNjn7a5R3u0aGkMjl1U2pemcJHfjkDmQKcQDwB1qbjTdN1DzRLmYuI3u1
yNDIfbG+veKBRLlodMkZOqnMEOY3bJhluDaFlOKUrynTnZ3oNA2/4zE7uE=" --profile=ulp
{
    "Records": [],
    "NextShardIterator": "AAAAAAAAAAHQ8eRw4sduIDKhasXSpZtpkI4/uMBsZ1+ZrgT8
/Xg0KQ5GwUqFMIf9ooaUicRpfDVfqWRMUQ4rzYAtDIHuxdJSeMcBYX0RbBeqvc2AIRJH6BOX
C6nqZm9qJBGFIYvqb7QUAWhEFz56cnO/HLWAF1x+HUd/xT21iE3dgAFszY5H5aInXJCw+
vfid4YnO9PZpCU="
}
```

返回结果是个空数组，不必觉得意外，这只是说明当前的切片中不包含任何事件。AWS 的文档中提及，需要循环读取多个 shard iterator 直到读取到事件数据。请求参数中的 NextShardIterator 可以帮助我们方便地读取下一个 shard iterator 中的数据，下面的代码示范了这种用法：

```
$ aws kinesis get-records --shard-iterator
"AAAAAAAAAAEXsqVd9FvzqV7/M6+Dbz989dpSBkaAbn6/cESUTbKHNejQ3C3BmjKfRR57jQuQb
Vhlh+uN6xCOdJ+KIruWvqoITKQk9JsHa96VzJVGuLMY8sPy8Rh/LGfNSRmKO7CkyaMSbEqGNDi
gtjz7q0S41O4KL5BFHeOvGce6bJK7SJRA4BPXBITh2S1rGI62N4z9qnw=" --profile=ulp
```

```
{
    "Records": [
        {
            "PartitionKey": "b5ed136d-c879-4f2e-a9ce-a43313ce13c6",
            "Data": "eyJvbiI6IHsic2VydmVyIjogeyJob3N0bmFtZSI6ICJ1bHAifX0sI
CJkaXJlY3Rfb2JqZWN0IjogeyJmaWxlc3lzdGVtX21ldHJpY3MiOiB7ImF2YWlsYWJsZSI6IDM
3MjY2OTY4NTc2LCAiZnJlZSI6IDM5MDQ0NTQyNDY0LCAic2l6ZSI6IDQyMjQxMTYzMjY0fX0sI
CJ2ZXJiIjogInJlYWQiLCAiYXQiOiAiMjAxNS0wMy0xMFQyMjo1MTo1Ny4wNjY3MzUiLCAiaWQ
IOiAiYjVlZDEzNmQtYzg3OS00ZjJlLWE5Y2UtYTQzMzEzY2UxM2M2IiwgInN1YmplY3QiOiB7I
mFnZW50IjogeyJ2ZXJzaW9uIjogIjAuMS4wIn19fQ==",
            "SequenceNumber": "495485258605876791722332484369328535405053
98606492073986"
        },
...
    ],
    "NextShardIterator":"AAAAAAAAAAHBdaV/lN3TN2LcaXhd9yYb45IPOc8mR/ceD5vpw
uUG0Ql5pj9UsjlXikidqP4J9HUrgGa1iPLNGm+DoTH0Y8zitlf9ryiBNueeCMmhZQ6jX22yani
YKz4nbxDTKcBXga5CYDPpmj9Xb9k9A4d53bIMmIPF8JATorzwgoEilw/rbiK1a6XRdb0vDj5VH
fwzSYQ="
}
```

上面返回的数据中省略了部分内容，实际上这次返回了 24 条事件数据，以及一个 NextShardIterator 以进一步获取事件。这些事件数据是经过 Base64 编码的，使用 Python 可以方便地把它转换回普通文本，打开 Python 解释器，输入下面的代码：

```
import base64
base64.b64decode("eyJvbiI6IHsic2VydmVyIjogeyJob3N0bmFtZSI6ICJ1bHAifX0sICJk
aXJlY3Rfb2JqZWN0IjogeyJmaWxlc3lzdGVtX21ldHJpY3MiOiB7ImF2YWlsYWJsZSI6IDM3Mj
Y2OTY4NTc2LCAiZnJlZSI6IDM5MDQ0NTQyNDY0LCAic2l6ZSI6IDQyMjQxMTYzMjY0fX0sICJ2
ZXJiIjogInJlYWQiLCAiYXQiOiAiMjAxNS0wMy0xMFQyMjo1MTo1Ny4wNjY3MzUiLCAiaWQiOi
AiYjVlZDEzNmQtYzg3OS00ZjJlLWE5Y2UtYTQzMzEzY2UxM2M2IiwgInN1YmplY3QiOiB7ImFn
ZW50IjogeyJ2ZXJzaW9uIjogIjAuMS4wIn19fQ==")
```

就会看到如下输出：

```
{"on": {"server": {"hostname": "ulp"}}, "direct_object":
    {"filesystem_metrics": {"available": 37266968576, "free":
    39044542464, "size": 42241163264}}, "verb": "read", "at":
    "2018-11-01T09:02:31.675773", "id":
    "b5ed136d-c879-4f2e-a9ce-a43313ce13c6", "subject": {"agent":
    {"version": "0.1.0"}}}'
```

至此，可以确信代理程序通过 boto 向 Kinesis 发送了所有的系统监控事件。

同 Kafka 一样，已经读取过的事件仍然存储在 Kinesis 的 stream 中，并允许其他应用程序读取。并不会在读取后从切片中删除。可通过创建一个新的 shard iterator 来说明这一特性。

```
$ aws kinesis get-shard-iterator --stream-name=events \
  --shard-id=shardId-000000000000 \
  --shard-iterator-type=AT_SEQUENCE_NUMBER \
  --starting-sequence-
      number=49548525860587679172233248436932853540505398606492073986 \
```

```
    --profile=ulp
{
    "ShardIterator":"AAAAAAAAAAE+WN9BdSD2AoDrKCJBjX7buEixAm6FdEkHHMTYl3MgrpsmU
UOp8Q0/yd0x5zPombuawVhr6t/14zsavYqpXo8PGlex6bkvvGhRYLVeP1BxUfP91JVJicfpK
QP3Drxf0dxYeTfw6izIMUN6QCvxEluR6Ca3t0INFzpvXDIm6y36EIGpxrYmxUD0fgXbHPRdL/s="
}
```

从新的 shard iterator 中读取一条事件数据(使用--limit=1 参数)：

```
$ aws kinesis get-records --limit=1 --shard-iterator
    "AAAAAAAAAAE+WN9BdSD2AoDrKCJBjX7buEixAm6FdEkHHMTYl3MgrpsmUUOp8Q0/
      yd0x5zPom
BuawVhr6t/14zsavYqpXo8PGlex6bkvvGhRYLVeP1BxUfP91JVJicfpKQP3Drxf0dxYeTfw6iz
IMUN6QCvxEluR6Ca3t0INFzpvXDIm6y36EIGpxrYmxUD0fgXbHPRdL/s=" --profile=ulp
{
    "Records": [
        {
            "PartitionKey": "b5ed136d-c879-4f2e-a9ce-a43313ce13c6",
            "Data":"eyJvbiI6IHsic2VydmVyIjogeyJob3N0bmFtZSI6ICJ1bHAifX0sIC
JkaXJlY3Rfb2JqZWN0IjogeyJmaWWxlc3lzdGVtX211dHJpY3MiOiB7ImF2YWlsYWJsZSI6IDM3
MjY2OTY4NTC2LCAiZnJlZSI6IDM5MDQONTQyNDYOLCAic2l6ZSI6IDQyMjQxMTYzMjY0fX0sIC
J2ZXJiIjogInJlYWQiLCAiYXQiOiAiMjAxNS0wMy0xMToN7y4wNjZ3MzUiLCAiaWQi
OiAiYjVlZDEzNmQtYzg3OS00ZjJlLWE5Y2UtYTUzMzEzY2UxM2M2IiwgInNlYmlplY3QiOiB7Im
FnZW50IjogeyJ2ZXJzaW9uIjogIjAuMS4wIn19fQ==",
            "SequenceNumber":
      "49548525860587679172233248436932853540503986064492073986"
} ],
    "NextShardIterator":"AAAAAAAAAAFqCzzLKNkxsGFGhqUlmMHTXq/Z/xsIDu6gP+LVd
4s+KZtiPSib0mqXRiNPSEyshvmdHrV4bEwYPvxNYKLIr3xCH4T3IeSS9hdGiQsLgjJQ1yTUTe+
0qg+UJSzba/xRB7AtQURMj0xZe3sCSEjas3pzhw48uDSLyQsZu5ewqcBLja50ykJkXHOmGnCXI
oxtYMs="
}
```

返回结果和之前读取的具有相同的 PartitionKey(事件 ID)、SequenceNumber
以及经过 Base64 编码的事件数据，这说明对于同一条事件数据，我们成功地读取
了两次。

这节的内容比较丰富，在开始下一部分内容之前，让我们先做一个小结：

- 可以通过 AWS CLI 从 Kinesis stream 读取事件。
- 需要使用 shard iterator 才能从切片读取事件，可以把 shard iterator 理解为
  一个临时的，指向 stream 中当前读取位置的句柄。
- 使用 shard iterator 可以批量地从切片中读取事件。
- 在批量获取事件的同时，还会获得下一个 shard iterator 的编号，利用它可
  以读取下一批事件。

图 4.10 展示了对应的操作流程。

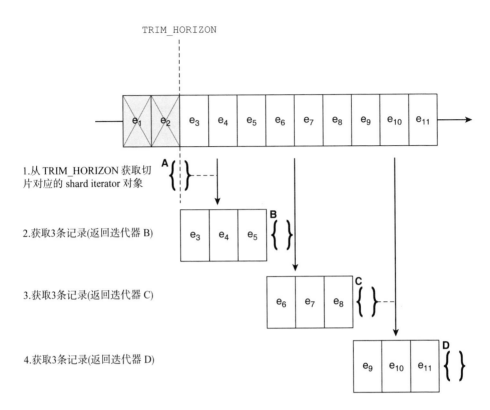

图 4.10 获取第一个 shard iterator 后，每次请求获取记录都会返回

一个可用于下次请求的新 shard iterator

4.2.3 使用 boto 监控 Kinesis stream

你已经了解了如何从 Kinesis stream 中读取事件，现在回到之前的任务：监控系统事件，以避免系统的磁盘耗尽。在尝试过 AWS CLI 后，下面重新使用 AWS Python SDK 和 boto 完成任务。AWS CLI 和 boto 都提供了相同的基础功能，因此不必感到意外，AWS CLI 就是基于 boto 构建的。使用 AWS Python SDK 的最大不同之处是应用程序可充分利用 Python 编程语言的优势。

本节编写的应用程序的执行逻辑如图 4.11 所示，它遵循一个简单的算法：

- 从 events stream 中读取事件。
- 检测事件中的文件系统监控指标，检查磁盘使用率是否超过 80%。
- 如果磁盘使用率超过 80%，则在控制台输出预警信息。

与之前一样，在 Python 解释器中一步步地构建程序。这次先从读取事件开始，然后逐步添加事件处理的业务逻辑。

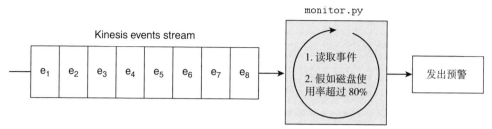

图 4.11　监控程序将从 Kinesis stream 中读取事件，检查磁盘使用率
是否超过 80%，如果超过则发出预警

首先需要对每个切片都创建一个独立的线程。虽然现在 stream 中有两个切片，但是这个数字是可变的，因此在代码中应该通过 API 获取切片的数量。执行下面的代码：

```
import boto3

session = boto3.Session(profile_name="ulp")
conn = session.client("kinesis", region_name="eu-west-1")

stream = conn.describe_stream(StreamName='events')
shards = stream['StreamDescription']['Shards']
print (f'Shard count: {len(shards)}')
```

按下 Enter 键会看到如下输出：

```
Shard count: 2
```

下面的代码会对每个切片创建一个对应的线程：

```
from threading import Thread, current_thread

def ready(shard_id):
  name = current_thread().name
  print(f'{name} ready to process shard {shard_id}')

for shard_idx in range(len(shards)):
  thread = Thread(target = ready, args = (shards[shard_idx]['ShardId'], ))
  thread.start()
```

再次按下 Enter 键后，会看到下面的输出：

```
Thread-1 ready to process shard shardId-000000000000
Thread-2 ready to process shard shardId-000000000001
```

你在本地环境看到的线程号可能有所不同。这里展示了监控程序的一个基本模式：对每个切片启动一个线程，每个线程会运行监控的代码。有件事需要注意，当切片数目发生变化时，监控程序需要重新启动以更新线程的数量。这对于使用底层类库而言是一个限制，但是如果使用更高层次的 Kinesis 客户端类库，这部分工作就自动完成。

　　每个线程中都通过一个循环，并使用 shard iterator 来读取事件的数据。循环内的代码如图 4.11 展示的那样，执行以下逻辑：

- 从 shard 中获取初始的 shard iterator。
- 通过 shard iterator 批量地获取事件数据。
- 通过下一个 shard iterator 批量获取下一批事件数据。

我们会把这部分循环的逻辑放入名为 ShardReader 的类中。在 Python 解释器中输入下面的代码：

```python
import time
from boto.kinesis.exceptions import ProvisionedThroughputExceededException

class ShardReader(Thread):
  def __init__(self, name, stream_name, shard_id):
    super(ShardReader, self).__init__(None, name)
    self.name = name
    self.stream_name = stream_name
    self.shard_id = shard_id
  def run(self):
    try:
      next_iterator = conn.get_shard_iterator(StreanName=self.stream_name,
        ShardId=self.shard_id,
      ShardIteratorType='TRIM_HORIZON')['ShardIterator']
      while True:
        response = conn.get_records(ShardIterator=next_iterator, Limit=10)
        for event in response['Records']:
          print(f"{self.name} read event {event['PartitionKey']}")
        next_iterator = response['NextShardIterator']
        time.sleep(5)
    except ProvisionedThroughputExceededException as ptee:
      print 'Caught: {}'.format(ptee.message)
      time.sleep(5)
```

与之前类似，启动线程：

```python
for shard in shards:
  shard_id = shard['ShardId']
  reader_name = f'Reader-{shard_id}'
  reader = ShardReader(reader_name, 'events', shard_id)
  reader.start()
```

如果 4.1 节中编写的代理程序仍然在运行，你将看到类似下面的输出：

```
Reader-shardId-000000000000 read event 481d142d-60f1-4d68-9bd6-d69eec5ff6c0
Reader-shardId-000000000001 read event 3486558d-163d-4e42-8d6f-c0fb91a9e7ec
Reader-shardId-000000000001 read event c3cd28b8-9ddc-4505-a1ce-193514c28b57
Reader-shardId-000000000000 read event f055a8bb-290c-4258-90f0-9ad3a817b26b
```

　　一开始你将看到大量事件数据输出到控制台，那是因为每个线程的 shard iterator 类型为 TRIM_HORIZON，会从每个切片未被清理的初始位置读取事件。在之前事件都被读取后，你将看到控制台以每 10 秒一次的频率输出事件数据，这和代理程序发送事件的频率相符。Reader-shardId-前缀表示当前事件是由哪个 ShardReader 读取的。而这是完全随机的，因为分配由每个事件的 ID 决定，而事件 ID 其实就是个随机的 UUID。

如果终止程序，并重新运行会发生什么？

```
Reader-shardId-000000000001 read event 3486558d-163d-4e42-8d6f-c0fb91a9e7ec
Reader-shardId-000000000000 read event 481d142d-60f1-4d68-9bd6-d69eec5ff6c0
Reader-shardId-000000000001 read event c3cd28b8-9ddc-4505-a1ce-193514c28b57
Reader-shardId-000000000000 read event f055a8bb-290c-4258-90f0-9ad3a817b26b
```

把上面输出的 partitions 键与前一次程序运行的结果比较，你会发现重新运行的程序同样从切片的起始位置读取事件。我们的程序似乎有点像金鱼，无法记住之前已经读取了哪些事件。同样，当使用高层次的框架，如 Kinesis 客户端类库时，框架会为你解决这个问题。框架中支持类似"检查点"的概念，能将已经读取事件的位置信息存放到诸如 AWS DynamoDB 的持久化存储中。

现在已经有了事件流处理的框架，剩下要做的就是对每个事件进行检查，当发现磁盘可用率低于 20% 时发出预警。下面的函数实现了这个功能，它从代理程序产生的事件中读取数据，并按照需求发出预警：

```
def detect_incident(event):
  decoded = json.loads(event)
  passed = None, None
  try:
    server = decoded['on']['server']['hostname']
    metrics = decoded['direct_object']['filesystem_metrics']
    pct_avail = metrics['available'] * 100 / metrics['size']
    return (server, pct_avail) if pct_avail <= 20 else passed
  except KeyError:
    return passed
```

函数中检查了磁盘的可用率是否低于 20%，如果是的话会返回一个元组，其中包含了服务器的 hostname 和当前实际的磁盘可用率。如果磁盘可用率正常，函数会返回 None，表明不需要后续的操作。当遇到任何类型的 KeyError 时，函数也会返回 None，避免 stream 中被加入错误的事件类型。

让我们测试一下新函数能否正确处理一个有效事件和一个空事件：

```
detect_incident('{}')
(None, None)
detect_incident('{"on": {"server": {"hostname": "ulp"}},
 "direct_object": {"filesystem_metrics": {"available": 150, "free":
 100, "size": 1000}}, "verb": "read", "at": "2018-11-01T09:02:31.675773",
 "id": "b5ed136d-c879-4f2e-a9ce-a43313ce13c6", "subject": {"agent":
 {"version": "0.1.0"}}}')
(u'ulp', 15.0)
```

看起来函数工作正常，对于第一个数据为空的 detect_incident 事件返回了 (None, None)；对于第二个事件，正如预期的那样，检测出 hostname 为 ulp 的服务器上磁盘可用率只有 15%。

代码清单 4.2 是监控程序的完整代码，位于名为 monitor.py 的文件中。

代码清单 4.2　monitor.py

```python
#!/usr/bin/env python

import json, time, boto3
from threading import Thread
from boto.kinesis.exceptions import ProvisionedThroughputExceededException

class ShardReader(Thread):
  def __init__(self, name, stream_name, shard_id):
    super(ShardReader, self).__init__(None, name)
    self.name = name
    self.stream_name = stream_name
    self.shard_id = shard_id

  @staticmethod
  def detect_incident(event):
    decoded = json.loads(event)
    passed = None, None
    try:
      server = decoded['on']['server']['hostname']
      metrics = decoded['direct_object']['filesystem_metrics']
      pct_avail = metrics['available'] * 100 / metrics['size']
      return (server, pct_avail) if pct_avail <= 20 else passed
    except KeyError:
      return passed

  def run(self):
    try:
      next_iterator = conn.get_shard_iterator(StreamName=self.stream_name,
      ShardId=self.shard_id,
      ShardIteratorType='TRIM_HORIZON')['ShardIterator']
      while True:
        response = conn.get_records(ShardIterator=next_iterator, Limit=10)
        for event in response['Records']:
          print(f"{self.name} read event {event['PartitionKey']}")
          s, a = self.detect_incident(event['Data'])
          if a:
            print(f'{s} has only {a}% disk available!')
        next_iterator = response['NextShardIterator']
        time.sleep(5)
    except ProvisionedThroughputExceededException as ptee:
      print(f'Caught: {ptee.message}')
      time.sleep(5)

  if __name__ == '__main__':
    session = boto3.Session(profile_name="ulp")
    conn = session.client("kinesis", region_name="eu-west-1")
    stream = conn.describe_stream(StreamName='events')
```

将 JSON 格式的事件数据传递给 detect_incident 函数

输出检测到的事件信息

```
shards = stream['StreamDescription']['Shards']

threads = []
for shard in shards:
  shard_id = shard['ShardId']
  reader_name = f'Reader-{shard_id}'
  reader = ShardReader(reader_name, 'events', shard_id)
  reader.start()
  threads.append(reader)

for thread in threads:
  thread.join()
```

创建包含所有
ShardReader
的列表

无限循环，等待所有
ShardReader 完成工作

赋予该文件可执行权限，并运行它：

```
chmod +x monitor.py
./monitor.py
Reader-shardId-000000000001 read event 3486558d-163d-4e42-8d6f-c0fb91a9e7ec
Reader-shardId-000000000000 read event 481d142d-60f1-4d68-9bd6-d69eec5ff6c0
Reader-shardId-000000000001 read event c3cd28b8-9ddc-4505-a1ce-193514c28b57
Reader-shardId-000000000000 read event f055a8bb-290c-4258-90f0-9ad3a817b26b
...
```

监控程序开始运行后，会从 stream 中的每个切片中读取事件，报告服务器上的磁盘可用率。除非你的电脑和我的一样，硬盘上放满了各种文件，否则不会收到磁盘耗尽的预警。可使用 fallocate 命令临时创建一个很大的文件来测试程序是否正常工作。

先检查一下 Vagrant 虚拟机中的磁盘大小，我的电脑上大约有 35GB 的可用空间。

```
$ df -h
Filesystem      Size  Used Avail Use% Mounted on
/dev/sda1        40G    5G 34.8G  12% /
```

然后创建一个大小为 30GB 的临时文件：

```
$ fallocate -l 30G /tmp/ulp.filler
$ df -h
Filesystem      Size  Used Avail Use% Mounted on
/dev/sda1        40G   35G  4.8G  88% /
```

此时切换回运行监控程序的终端窗口，将看到磁盘预警事件的信息：

```
Reader-shardId-000000000000 read event 097370ea-23bd-4225-ae39-fd227216e7d4
Reader-shardId-000000000001 read event e00ecc7b-1950-4e1a-98cf-49ac5c0f74b5
ulp has only 11% disk available!
Reader-shardId-000000000000 read event 8dcfe5ba-e14b-4e60-8547-393c20b2990a
ulp has only 11% disk available!
```

太棒了，程序如我们预期的那样发出了预警！每一个由 agent.py 发出的文件系统监测指标事件都触发了 monitor.py 中的预警。我们只需要删除那个临时文件就能消除预警。

```
$ rm /tmp/ulp.filler
```

切换到其他终端窗口：

```
Reader-shardId-000000000001 read event 4afa8f27-3b62-4e23-b0a1-14af2ff1bfe1
ulp has only 11% disk available!
Reader-shardId-000000000000 read event 49b13b61-120d-44c5-8c53-ef5d91cb8795
Reader-shardId-000000000000 read event 8a3bf478-d211-49ab-8504-a0adae5a6a50
Reader-shardId-000000000000 read event 9d9a9b02-dea3-4ba1-adc9-464f4f2b0b31
```

至此，我们已经完成了系统监控程序的示例。为了避免无谓的 AWS 费用，你应该按照图 4.12 中所示，删除 Kinesis 中的 events stream。

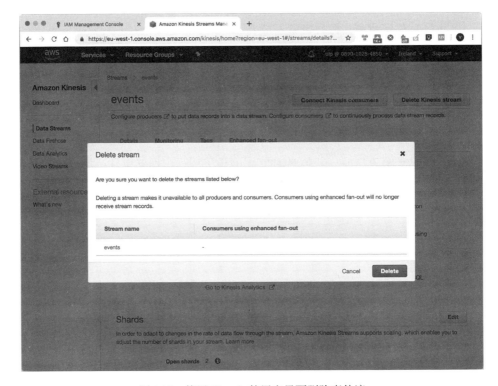

图 4.12　使用 Kinesis 的用户界面删除事件流

回顾一下我们所做的：我们编写了一个简单的 Python 程序，周期性地向 Amazon Kinesis 流发送文件系统的监控信息。我们还使用 Amazon Python SDK，即 boto 编写了另一个 Python 程序，监控 Kinesis 中代理程序发送的事件，发现是否有磁盘被写满的情况。尽管示例中系统监控的功能非常简单，但是可以预见这能很容易地扩展成更通用的系统监控解决方案。

使用 AWS CLI 和 boto 这类较为底层的框架来处理两个切片的 Kinesis stream，可以帮助你理解 Kinesis 的设计原理。在接下来的章节中，我们将使用更高层次的工具，如 KCL 和 Apache Spark Streaming，而你也会明白理解 Kinesis 的设计原理能让你更好地使用这些工具。

4.3　本章小结

- Amazon Kinesis 是一款完全托管的统一日志服务，它是 AWS 的一部分。
- Amazon Kinesis 与 Apache Kafka 虽然使用不同的术语，但是它们在语义和所使用的技术上非常类似。
- 大量的事件流式处理框架都已经支持 Amazon Kinesis，包括 Apache Spark Streaming、Apache Storm 和基于 Java 与 Python 的 Amazon Kinesis Client Library(KCL)。
- 通过 AWS 的 IAM，制定相关的管理策略与权限，就能对 Kinesis 设置各个方面的权限。
- 使用 AWS CLI 我们可将事件写入 Kinesis 流，并可通过 shard iterator 从 Kinesis 批量地读取事件。
- 系统监控是统一日志服务的另一个新的应用场景。我们依然使用标准的语法结构对系统监控事件建模，然后编写一个运行在服务器上的代理程序，向统一日志发送系统监控事件。
- 我们使用名为 boto 的 AWS Python SDK 编写了一个代理程序。这个代理程序会不停地收集文件系统的监控指标，并周期性地发送出去。
- 我们使用 Python 线程和 boto 构建了一个较为底层的监控程序。程序中每个线程负责通过使用 shard iterator 从单个切片中读取事件，并监控事件中的磁盘使用率数据，当使用率超过 80%时就会发送预警信息。
- 高层次的工具(例如 KCLZ)会自动处理一些 Kinesis stream 问题，例如与多个分布式服务器一起协作和记录不同切片的读取进度。

第 *5* 章

有状态的流式处理

本章导读：
- 通过使用状态来处理流中的多个事件
- 使用最广泛的流式处理框架
- 使用 Apache Samza 侦测中途终止消费的购物车
- 在 Apache Hadoop YARN 上部署 Apache Samza

在第 3 章中我们引入了处理持续事件流的概念，并实现了一个简单的应用程序处理来自于尼罗网站的购物事件。程序的功能很简单：从 Kafka 中读取单个事件，过滤掉那些无效的事件，对通过校验的事件添加购物者的地理位置信息，最终将经过扩展的事件写回 Kafka 中。

第 3 章的程序相对简单，因为每次它都只需要处理单个事件：从 Kafka topic 中读取一个事件，然后决定将它过滤掉(丢弃该事件)，还是扩展该事件，并将扩展后的事件写入另一个不同的 Kafka topic 中。用第 3 章引入的术语描述，我们的应用程序进行的是单事件处理(single-event processing)，即一个输入事件会生成零个或多个输出事件。对应地，多事件处理(multiple-event processing)就是一个或多个输入事件生成零个或多个输出事件。

本章是关于多事件处理的，或者从现在开始可以换一个说法，可以称为有状态流的处理(稍后会解释原因)。在本章中将编写一个基于多个输入事件产生输出事件的应用程序。回到那个我们虚构的在线销售公司尼罗，这次的任务是通过检测用户弃置的购物车来提升用户的购物体验。

第 3 章曾提及，每次处理多个事件要比处理单个事件更复杂。需要维持某种状态才能在多个事件中追溯购物者的行为。随之而来的是各种技术上的挑战，例如分布式事件处理和在各个服务器之间保持状态的正确性。对此，我们将引入高层次的流式处理框架来应对这些挑战。

我们将使用 Java 语言和 Apache Samza 流处理框架构建程序，来侦测"购物者弃置购物车"事件。Samza 并不是功能最丰富或使用范围最广的流式处理框架。它提供的 API 也相对基础，只是 Apache Hadoop MapReduce API 的一部分。但简洁也正是 Samza 的强大之处：它能帮助我们很容易地理解有状态流处理的本质。使用 Samza 编写流处理任务的经验也可以让我们更熟练地使用其他功能更强大的框架，如 Apache Spark Streaming 和 Flink。

在这之前先让我们介绍一下商业上的新挑战和流处理程序的需求。

5.1　侦测"购物者弃置购物车"事件

回顾一下，我们正在为尼罗电子商务公司工作。尼罗的管理团队希望公司通过对购物者的行为做出及时有效的反应，变得更有活力与反应力。这将是使用有状态流式处理的绝佳场景。

5.1.1　管理者的需求

尼罗的管理团队发现甄别并响应购物者弃置购物车的行为是提升业务活力与反应力的关键机会。"弃置购物车"是指购物者将商品添加到购物车之后却没有最终结账付费。

对于尼罗这些在线经销商而言，询问那些购物车中有商品却没有最终结账的购物者是否需要完成订单，是非常有必要的。在这里，恰当的时机是关键：及时地识别出和响应被弃置的购物车非常重要，但如果响应速度太快的话会让购物者觉得很唐突。英国一家销售手包的公司 Radley 公布的一项研究显示，30 分钟之后是联系那些弃置购物车的购物者的最佳时机。[1]

电商对于那些弃置购物车的最常见响应是发送电子邮件给那些购物者，或者在购物者访问其他网站时展示商品的优惠广告，但我们不必考虑太多具体的响应机制。重要的是定义一种新的事件类型，即"购物者弃置购物车"，并且当侦测到购物者发生这种行为时生成对应的事件。尼罗的数据工程师们就能读取到这些新的事件然后决定如何处理它们。

5.1.2　算法定义

如何才能侦测到弃置购物车的事件呢？在本章的业务场景中，将使用如下算法。

---

1. 详见 http://d34w0339mx0ifp.cloudfront.net/global/images/uploads/2013/11/Radley-Client-Story.pdf。

- 购物者将某项商品放入购物车中。
- 30 分钟之后如果购物者没有发生下列行为，就发送一个弃置购物车的事件。
  - ➤ 购物者将另一个商品添加到购物车
  - ➤ 购物者结算订单
- 如果购物者将另一个商品添加到购物车，则重新开始 30 分钟的计时。
- 如果购物者结算订单，则终止计时。

图 5.1 展示了这种算法的不同分支。这个算法不是特别复杂，但足以帮助尼罗解决购物车弃置的问题，并在将来需要时进行优化。

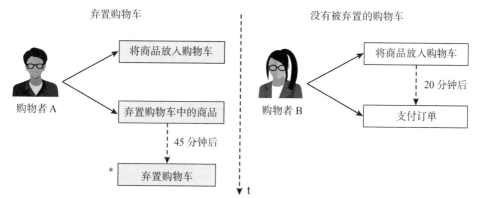

图 5.1　左半部分的购物者 A 将两件商品放入了购物车，之后的 45 分钟里没有其他任何动作，由此派生出一个购物者弃置购物车的事件，购物者 B 在购物车中添加了一件商品并在 20 分钟之后结账，没有弃置购物车

5.1.3　派生事件流

当通过之前的算法侦测到弃置购物车的行为时，会产生一条购物者弃置购物车的事件。但这个新的事件应该写入到哪里呢？有以下两个选项：

- 写入 raw-events-ch05 topic 中，与之前的购物者事件共享这个 topic。
- 创建一个新的 topic，名为 derived-events-ch05。

这两种方式各有优点。使用 raw-events-ch05 的优点在于所有事件都能在同一个 topic 中找到，不必考虑它们是由谁生成的。而使用 derived-events-ch05 的优点则是清晰，能够很方便地区分出原生事件和派生事件。对于弃置购物车事件感兴趣的数据工程师(希望能对这些购物者发送提醒邮件)，只需要读取新的流中的数据，而不必关心那些原生事件的流。

本章将采用第二种方式，将购物者弃置购物车的事件写入一个新的 Kafka topic，即 derived-events-ch05 中。图 5.2 展示了新的流处理任务的流程，从 raw-events-ch05 中读取事件，然后将新事件写入 derived-events-ch05 中。

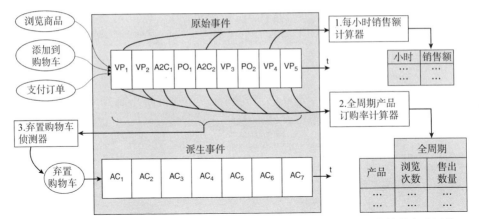

图 5.2　弃置购物车侦测器会从 Kafka 的 raw-events-ch05 topic 中消费事件并生成新的
购物者弃置购物车事件，然后写入新的 Kafka topic，即 derived-events-ch05

我们已经定义了满足尼罗公司对于侦测弃置购物车需求的算法，并且引入了
一个新的 Kafka topic 接收新的事件。在下一步开始之前，需要对处理的各种事件
类型建模。

5.2　新事件的模型

还记得第 2 章中尼罗公司的第一个与在线销售有关的事件，购物者浏览商品
事件吗？按照主语-谓语-宾语这样的形式，可从弃置购物车的需求中甄别出三种
不同类型的事件。

- **购物者将商品放入购物车**：购物者将一份或多份商品放入购物车。
- **购物者支付订单**：购物者结账，为购物车中的商品付费。
- **购物者弃置购物车**：派生事件，表示购物者放弃购买商品。

在开始动手开发程序之前，还是让我们对这些新的事件类型建模。虽然跳过
建模步骤，直接开始编码很诱人，但清晰明了地定义事件可以帮助我们节省大量
时间，而且防止代码误入歧途。

5.2.1　购物者将商品放入购物车

购物者将商品添加到购物车事件是指一个尼罗网站上的购物者将特定数量的
商品放入他的购物车(或购物篮)中。这可被拆分为几个部分。

- **主语**：购物者
- **谓语**：添加
- **直接宾语**：项目(由商品种类和数量组成)
- **间接宾语**：购物车

- **时间状语**：事件发生的时间戳

图 5.3 展示了这些要素。

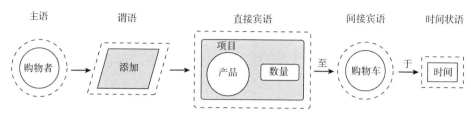

图 5.3　购物者(主语)在特定时间(时间状语)添加(谓语)一个由商品
与数量构成的项目(直接宾语)至购物车(间接宾语)

5.2.2　购物者支付订单

这个事件相对简单，由如下部分组成。

- **主语**：购物者
- **谓语**：支付
- **直接宾语**：订单
- **时间状语**：事件发生的时间戳

唯一复杂的地方在于对订单的建模。这是个相当复杂的实体：需要包含订单号和订单的总价格，以及订单中的各种商品。

图 5.4 展示了这个事件相关的各要素。

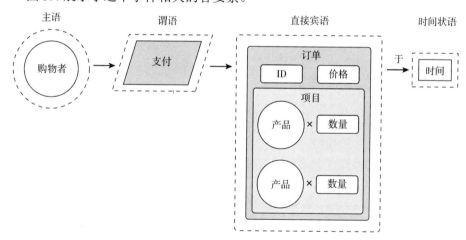

图 5.4　购物者(主语)在特定时间(时间状语)支付(谓语)订单(直接宾语)。订单包含了 ID 与价格
属性，还有一个数组对象，数组中的每个元素都包含了商品与购买数量

5.2.3　购物者弃置购物车

现在到了派生事件。派生的意思是这种类型的事件是由流处理程序生成的，

与之对应的是那些仅被程序消费的原始事件。

弃置购物车事件的组成部分如下。

- **主语**：购物者
- **谓语**：弃置
- **直接宾语**：购物车(包含多个购买的商品)
- **时间状语**：事件发生的时间戳

图 5.5 展示了这个事件。

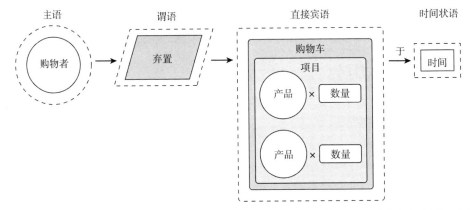

图 5.5　购物者(主语)在特定时间(时间状语)弃置(谓语)购物车(直接宾语)。购物车包含了一个数组对象，数组中的每个元素都包含了商品与购买数量

这些构成了尼罗完整的事件需求，以用于侦测弃置购物车的行为。在下一节中，会开始构建程序中的最终部分：有状态的流式处理。

5.3　有状态的流式处理

为侦测弃置购物车的事件，需要对流中出现的事件进行适当处理。显然这要比在第 3 章中处理单个事件更复杂：我们的算法能够识别出一段连续时间内的多个有关联的事件，因此程序的关键部分是管理这些关联事件的状态。

5.3.1　状态管理

如果说单事件处理有点像记忆力欠佳的金鱼，那么多事件处理的就有点类似记性好的大象。类似金鱼的单事件处理程序在处理完一个事件后就将它遗忘。而如同大象的多事件处理程序在产生输出事件时往往依赖于早先发生的数个输入事件。我们将这些早先发生的多个事件称为状态，而将多事件的处理称为有状态的，图 5.6 描述了两者之间的不同。

应该使用哪种技术来实现程序中有关状态的事件处理功能呢？选择有很多，以下列举了 3 种，按照从简单到复杂排列。

- **进程中的内存**：通过在流处理程序中定义一些变量来记录状态并处理。
- **本地数据存储**：在运行流处理程序的服务器上部署简单的数据存储服务(如 LevelDB、RocksDB 或 SQLite)，使用这些数据存储来管理状态。
- **远程数据存储**：使用一个独立的服务器，并运行专用的数据存储服务(如 Cassandra、DynamoDB 或 Apache HBase)进行事件处理的状态管理。

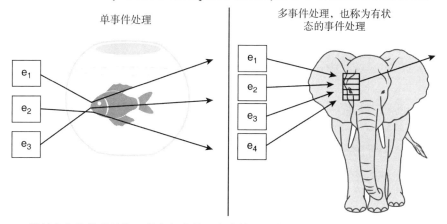

图 5.6　类似金鱼的单事件处理程序每次处理完事件后不会记录任何东西。相反，类似大象的有状态的事件处理程序必须记录多个事件并执行聚合、排序以及模式侦测等操作

图 5.7 展示了这三种不同选择的详情。抛开不同实现上的差异，重要的是要理解多事件处理需要存储状态。

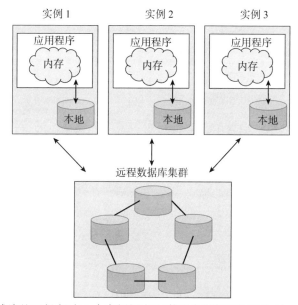

图 5.7　分布式流处理程序(由 3 个实例组成)可使用内存保存处理状态，或使用本地的数据存储，也可存储在远程服务器上，甚至可将这三者组合在一起使用

5.3.2   流窗口

在处理多个事件时需要状态,那具体如何做?当思考数据处理时,处理的总是有限集合的数据——一个数量有限的数据集合。毕竟大象的记忆力也是有限的。下面是一些有限集合数据查询和转换的例子,其中有限集合用引号加以标记:

- "有记录"以来,谁是速度最快的马拉松运动员?
- "在 2018 年 1 月",我们丢弃了多少 T 恤衫?
- "年初到今天",我们的收入是多少?

然而在实际场景中,持续事件流是不会终止的,这意味着流没有终点(往往也没有起点)。因此,在多事件处理中,第一个需要解决的问题是找到一种合理的方式划分流的范围,而通常的解决方法是在流中使用处理窗口。

最简单的一种处理方式就是使用一个计时器程序、心跳检测程序或一个以固定周期重复运行的函数,将连续的事件流放入多个离散窗口中。计时器程序的代码中可插入自定义代码,从而按照不同场景的需求定义不同的窗口。图5.8展示了将无休止的事件流切分放入不同窗口,留待后续处理的流程。

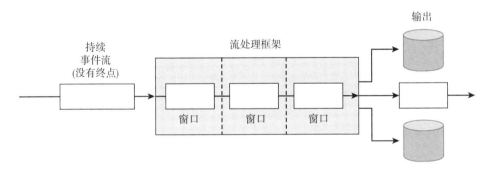

图 5.8   流式处理框架通常将窗口应用在持续事件流(没有终点)上,
对窗口内的事件进行处理并产生有意义的输出结果

在"弃置购物车"场景中,很容易就能给出处理窗口的定义:需要找到那些被购物者弃置超过 30 分钟的购物车。我们不想那些购物车被弃置超过 30 分钟,因此一个每隔 30 秒检查一次购物车的计时器程序就足够了。

如果还没有理解流窗口的概念也不必在意,在之后编写"侦测弃置购物车"程序时,会深入讲解这一概念。现在需要理解是窗口是构建有状态流处理的关键组件。

5.3.3   流式处理框架的功能

要处理多个事件,维护状态,创建流窗口,所涉及的工作都相当繁杂。为了可复用、可维护,一大批流处理框架应运而生。这些框架抽象出了大规模数据的流处理机制，使得开发人员可将注意力集中在具体业务逻辑上。

流式处理框架一般具有以下功能。

- **状态管理**：状态是处理多事件的关键所在。流式处理框架让你在状态存储方面有多种选择，例子有内存、本地文件系统或一个专有的键值存储系统(如 RocksDB 或 Redis)。

- **流的窗口切分**：正如之前所提及的，流式处理框架提供了一种或多种不同方式将流切分为有限范围的窗口。一般都是基于事件切分，也有按照事件数量切分。

- **保障发送有效性**：所有流式处理框架都会跟踪事件处理的进度，确保所有事件至少被处理一次。有些框架则更进一步，对事件处理添加事务性保障，确保事件只被处理一次。

- **任务分发**：一个高吞吐量的事件流往往由多个 Kafka topic 或 Amazon Kinesis stream 组成，同时需要多个 job 的实例对事件进行处理。大部分流式处理框架都支持与第三方任务调度器(如 Apache Mesos 或 Apache Hadoop YARN)集成。而有些流式处理框架支持嵌入式运行，也就是说它们能以类库形式被普通应用程序集成并调度。

- **容错**：在处理高吞吐量的大规模分布式系统中，异常与错误会时常发生。大部分流式处理框架都提供内置的容错机制，能自动地从错误中恢复。典型的容错处理涉及对传入事件和所产生状态的分布式备份。

接着让我们了解一些主流的流式处理框架和它们的功能。

5.3.4　流式处理框架

过去几年中涌现了大量的流式处理框架，那些最知名的大都是由 Apache 软件基金会孵化的。表 5.1 列出五种使用最广泛的框架，并按照上一节提到功能做了介绍。

表 5.1　部分流式处理框架

功　　能	Storm	Samza	Spark Streaming	Kafka Streams	Flink
状态管理	内存、Redis	内存、RocksDB	内存、文件系统	内存、RocksDB	内存、文件系统、RocksDB
流的窗口切分	基于时间与计数	基于时间	基于时间(微型批处理)	基于时间	基于时间与计数
保障发送有效性	至少一次、有且只有一次(通过 Trident 实现)	至少一次	至少一次、有且只有一次	至少一次、有且只有一次	有且只有一次
任务分发	YARN、Mesos	YARN、嵌入式	YARN、Mesos	嵌入式	YARN、Mesos
容错	记录应答	本地、分布式快照	检查点	本地、分布式快照	分布式快照

下面对每个框架做个简短介绍。

1. Apache Storm

Apache Storm 是第一个被称为"新一代"的流式处理框架。它是由 Nathan Marz 在 BackType 工作时所创建的。Twitter 在收购 BackType 后，于 2011 年将 Storm 开源。作为这项新技术的先驱，Storm 在很多方面与后来者有所不同。

- 容错通过上游处理程序确认对数据的备份来实现，而不是通过对状态执行快照或检查点。
- Storm 模式使用自带的作业调度器(称为 Nimbus)，当然它也支持 YARN 和 Mesos 这些第三方调度器。
- Storm 引入了一个独立的库，即 Storm Trident，来确保有且只有一次处理的要求。

Storm 借由 *Big Data* 这本书被推广开来，并被广泛使用；Twitter 的后继系统 Heron 和 Apache Flink(稍后提及)都提供了与 Storm 兼容的 API。

2. Apache Samza

Apache Samza 是一款基于状态的流式处理框架。它与 Kafka 一样，来源于 LinkedIn 的开发团队。也由于这点，它和 Kafka 的集成非常紧密，通过 Kafka 和 RocksDB 实现状态的存储。Samza 提供了相对底层的 API 让开发人员可以直接操作流窗口和状态管理。Samza 倾向于使用多个简单的 Samza 任务，从不同的 Kafka topic 分别读取和写入，进而实现复杂流处理的拓扑关系。

Samza 最初的设计是运行在 YARN 上，而最近几年 Samza 也支持以类库方式嵌入应用程序中，由开发人员选择具体的任务调度器(或完全没有调度器)。Samza 也逐渐从 Kafka 独立出来，现在已经支持 Amazon Kinesis。

Samza 仍继续不断完善，是演示流式处理的绝佳工具，并被大多数公司所使用。但 Kafka Streams(稍后提到)或许已抢占了它的"风头"。

3. Apache Spark Streaming

Spark Streaming 是 Apache Spark 项目在持续事件流上的扩展。就技术而言，Spark Streaming 是一款"微型批处理"框架，而不是流式处理框架：Spark Streaming 将输入的事件流切分为数个微批型处理作业，然后发送给标准的 Spark 引擎进行处理。

Spark Streaming 的微型批处理是天生"有且只有一次"式处理，使我们能复用以往的 Spark 使用经验和代码。但这也是需要代价的：微型批处理增加了处理延时，并降低了窗口切分的灵活性以及扩展性。

Spark Streaming 没有绑定任何一种流的技术框架，它可将几乎所有的输入流转化为 Spark 的微型批处理；默认情况下它支持 Flume、Kafka、Amazon Kinesis、文件、Socket 以及由开发人员自定义的 receiver。

如果对 Spark Streaming 感兴趣，那么 *Spark in Action* 和 *Streaming Data* 都是不错的参考资源。

4. Apache Kafka Streams

Kafka 的研发团队离开 LinkedIn 后成立了创业公司 Confluent，他们为 Kafka 编写了专门用于流处理的类库：Kafka Streams。Kafka Streams 与 Samza 在概念上有很多相似点，但在某些地方却截然不同：

- Kafka Streams 在设计之初的定位就是嵌入到应用系统的类库，因此它不支持任何已有的任务调度器(如 YARN 或 Mesos)。
- Kafka Streams 与 Kafka 的联系非常紧密。它在很多方面都用到了 Kafka，例如状态管理、容错处理和保障发送的有效性。Kafka Streams 除了 Kafka 之外不支持其他流框架。
- Kafka Streams 不仅提供了较底层的 API，也提供了与 Spark 类似的高层次 API。

虽然 Kafka Streams 还是一个年轻的项目，但它已经引起了很多资深开发者的注意，并逐渐成为 Kafka 生态中的头等公民。Confluent 将 Kafka Streams 定位于一款用于构建基于异步或事件驱动的微服务的工具，便于与那些专注于分析的框架(如 Spark)区分开来。

Kafka Streams in Action 是一本深入介绍 Kafka Streams 细节的好书，由 William P Bejeck Jr 编写，Manning 出版社出版。

5. Apache Flink

Apache Flink 是个相对年轻的项目，但是在很短时间内获得了开发者的认可，成为 Spark 与 Spark Streaming 的有力挑战者。与 Spark 使用批处理模型以及通过微型批处理对流进行处理的方式不同，Flink 在最初设计时就是一款流处理引擎：它将批量数据看成是一个有起点和终点的有限范围的流。

与 Spark 类似，Flink 也不和 Kafka 绑定。Flink 支持多种数据源和下游输出方式，其中包括 Amazon Kinesis。Flink 灵活地支持各种形式的流窗口，也支持"有且只有一次"处理，以及各种丰富的查询 API。Flink 与 Apache Beam 项目关系紧密，Apache Beam 旨在定义一套标准的、功能齐备的、用于与流式处理框架交互的 API。

上面的介绍已经囊括了五种使用最广泛的流式处理框架，但尼罗应该选择哪个框架呢？

5.3.5　为尼罗选择一个流式处理框架

本章一开始已提及会使用 Apache Samza 构建侦测弃置购物车的程序。Samza 是一款功能齐全的流式处理框架，但与之前介绍的那些工具不同：Samza 没有对流处理过程中的状态进行抽象和封装，开发人员必须自己使用由 Samza 提供的键值存储机制来跟踪事件处理的进度。

那什么是键值存储呢？它是一种非常简单的数据库，通过一个唯一的键(一个字节数组)存放一个值(一般也是字节数组)。键与值可以是任何数据类型。键值存储是个相当简单的工具，但很有效。它存储的状态足够用于多个事件之间的用户行为追踪。Samza 使用 RocksDB，一款由 Facebook 研发的嵌入式键值存储数据库。

Samza 还有其他许多有用的功能。Samza 的核心任务由以下两个函数组成。

- process()：每个输入的事件都会调用这个函数。
- window()：每隔固定的时间(可配置)会调用这个函数。

这两个函数都可访问键值存储，并将状态变化写入键值存储中。因此两者之间可以非常高效地交互。

如果把其他流式处理框架比喻为鱼饵，那么 Samza 更像是鱼竿和鱼线：Samza 将核心的键值存储机制提供给开发者直接操作，这使得 Samza 成为一个学习有状态的流式处理的优秀教学工具。类似地，process()和 window()函数能帮助开发者了解任一时刻流处理的状态。

5.4　侦测被弃置的购物车

先回顾一下要做些什么：需要编写一个有状态的流处理程序，它会在输入流中查找那些符合某个模式的事件，一旦发现这些事件，就会发布一个新事件，即"购物者弃置购物车"事件。我们将使用 Apache Samza 构建这个程序。

5.4.1　设计 Samza job

为了侦测弃置的购物车，需要将购物者的行为封装为 Samza 的键值存储。这就是说需要将用户的状态以键值的形式保存，同时保持状态更新，这样当侦测到购物者的相关行为时才能及时产生"购物者弃置购物车"事件。

键值存储的核心在于如何设计数据库中存储的键的格式。在该应用场景中，我们设计了如下键的格式，来维护购物者的当前状态。

- <shopper>-ts：记录某个购物者最近将商品放入购物车的时间戳(应不断更新)。
- <shopper>-cart：记录某个购物者当前购物车中的商品信息(应不断更新)。

当程序运行时，不应该打扰尼罗的购物者，因此当我们检测到购物者支付订单的事件时，需要将这两个键值对从 Samza 中删除(重置对这些购物者的追踪)。
无论购物者买了什么，都应该执行重置操作。当发送了购物者弃置购物车事件后，
也应该立即删除键值对，避免发送相同的事件。

综上所述，在 process()函数中，需要关注两点。

- **购物者将商品放入购物车中**：当购物车的状态更新时，记录购物车的最新状态与更新时间。
- **购物者支付订单**：重置对购物者的跟踪状态。

window()函数则会对键值存储做全面扫描，通过<shopper>-ts 的值找到那些超过 30 分钟没有操作的购物者。当发现符合要求的购物者时，就会生成一个新的"购物者弃置购物车"事件，事件中商品的信息则来自于<shopper>-cart 存储的内容。

可能这些听起来让人困惑，但不必担心，当你看到 Java 代码时就会明白这一切。图 5.9 展示了整个程序的设计。

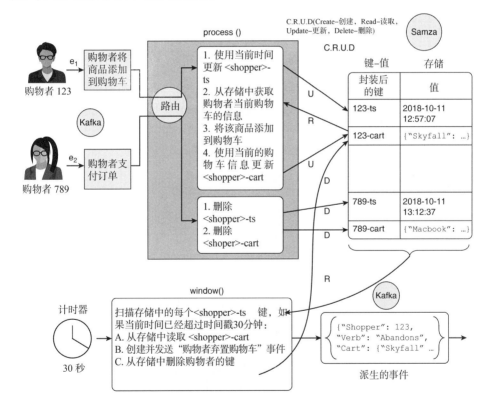

图 5.9　process()函数将输入的购物者相关事件进行转换并更新存储在 Samza 中的"键-值"数据，以此跟踪购物者的行为。window()函数会周期性地运行并扫描存储中的"键-值"数据，识别出那些弃置购物车的购物者，同时发送"购物者弃置购物车"事件

5.4.2　项目准备

从头搭建一个 Samza 项目非常繁杂，对于我们的工作而言有些浪费时间。方便的做法是以 Samza 团队提供的 Hello World 项目为基础，开始我们自己的项目。先执行下面的命令，获取 Hello World 项目：

```
$ git clone https://git.apache.org/samza-hello-samza.git nile-carts
$ cd nile-carts
$ git checkout f488927
Note: checking out 'f488927'.
...
```

检查一下提交历史，确认使用的 Samza 版本是 0.14.0。

接着需要清理一下目录：

```
$ rm wikipedia-raw.json
$ rm src/main/config/*.properties
$ rm -rf src/main/java/samza
```

Apache 的项目都使用了一个名为 Rat 的 Maven 插件，但这可能在项目中引起一些问题，所以需要将它从 Maven 的 pom.xml 中删除：

```
$ sed -i '' '257,269d' pom.xml
```

最后为了避免命名上的不一致，需要将 pom.xml 文件中 artifactId 元素的内容改为程序的名称：

```
<artifactId>nile-carts</artifactId>
```

类似地，编辑 src/main/assembly/src.xml 文件，对 include 元素的内容做如下修改：

```
<include>org.apache.samza:nile-carts</include>
```

结下来就可以配置 Samza job 了。

5.4.3　配置 Samza job

尽管 Samza job 是以 Java 语言编写，但 Samza 通过 Java properties 文件了解如何运行 job，所以先在以下目录中创建一个 properties 文件：

```
src/main/config/nile-carts.properties
```

然后将代码清单 5.1 中的内容复制到该文件中。

代码清单 5.1　nile-carts.properties

```
# Job
job.factory.class=org.apache.samza.job.yarn.YarnJobFactory
job.name=nile-carts
job.coordinator.system=kafka
job.coordinator.replication.factor=1
```

```
# YARN
yarn.package.path=file://${basedir}/target/${project.artifactId}-
➥ ${pom.version}-dist.tar.gz

# Task
task.class=nile.tasks.AbandonedCartStreamTask
task.inputs=kafka.raw-events-ch05
task.window.ms=30000

# Serializers
serializers.registry.json.class=org.apache.samza.serializers.
JsonSerdeFactory
serializers.registry.string.class=org.apache.samza.serializers.
➥ StringSerdeFactory

# Systems
systems.kafka.samza.factory=org.apache.samza.system.kafka.KafkaSystemFactory
systems.kafka.samza.msg.serde=json
systems.kafka.consumer.zookeeper.connect=localhost:2181/
systems.kafka.producer.bootstrap.servers=localhost:9092
systems.kafka.consumer.auto.offset.reset=largest
systems.kafka.producer.metadata.broker.list=localhost:9092
systems.kafka.producer.producer.type=sync
systems.kafka.producer.batch.num.messages=1

# Key-value storage
stores.nile-carts.factory= org.apache.samza.storage.kv
      .RocksDbKeyValueStorageEngineFactory
stores.nile-carts.changelog=kafka.nile-carts-changelog
stores.nile-carts.changelog.replication.factor=1
stores.nile-carts.key.serde=string
stores.nile-carts.msg.serde=string
stores.nile-carts.write.batch.size=0
stores.nile-carts.object.cache.size=0
```

接着来逐一介绍各个配置项的作用：

- Job 部分定义了当前配置的 job 名为 nile-carts，并运行在 YARN 上。
- YARN 部分定义了需要通过 YARN 运行的 Samza 任务包所在的位置。
- Task 部分定义了执行流处理程序的相关 Java 类，这个 Java 类会从 Kafka 的 raw-events-ch05 topic 中读取事件，处理的时间窗口为 30 秒(即 30 000 毫秒)。
- Serializers 部分声明了两个 serd(序列化与反序列化的实现)，用于在 job 中读取和写入字符串与 JSON 数据格式。
- Systems 部分为任务配置了 Kafka。我们指定从 Samza 消费和产生的事件都将是 JSON 格式。
- Key-value storage 部分配置了本地状态。"键-值"存储中的键、值数据格式都将为字符串类型。

上面就是所有的配置信息，可以开始编写代码了。

5.4.4　使用 Java 开发 job task

Samza job 需要生成结构良好的"购物者弃置购物车"事件流，因此在开始动手编写代码之前，先创建一个 Event 基类，然后扩展为需要的 AbandonedCartEvent。

创建如下 Java 文件，并复制代码清单 5.2 中的内容：

src/main/java/nile/events/Event.java

代码清单 5.2　Event.java

```
package nile.events;
                                          使用 JodaTime 库
import org.joda.time.DateTime;
import org.joda.time.DateTimeZone;
import org.joda.time.format.DateTimeFormat;
import org.joda.time.format.DateTimeFormatter;
import org.codehaus.jackson.map.ObjectMapper;

public abstract class Event {
                                          抽象类 Event。包含了主语、
  public Subject subject;                 谓语以及状语这些字段
  public String verb;
  public Context context;

  protected static final ObjectMapper MAPPER = new ObjectMapper();
  protected static final DateTimeFormatter EVENT_DTF = DateTimeFormat
    .forPattern("yyyy-MM-dd'T'HH:mm:ss").withZone(DateTimeZone.UTC);

  public Event(String shopper, String verb) {
    this.subject = new Subject(shopper);
    this.verb = verb;
    this.context = new Context();
  }

  public static class Subject {
    public final String shopper;
                                          主语是购物者，通过一个字符
    public Subject() {                    串的 cookie 值标识
      this.shopper = null;
    }

    public Subject(String shopper) {
      this.shopper = shopper;
    }
  }

  public static class Context {
    public final String timestamp;

    public Context() {
      this.timestamp = EVENT_DTF.print(
        new DateTime(DateTimeZone.UTC));
                                          事件创建时会设置上下文的
    }                                     时间戳
  }
}
```

抽象类 Event 定义了事件的"主-谓-宾"结构的基础形式，便于扩展和定义程序所需要的 AbandonedCartEvent 类。通过这个类，Samza job 将发送结构化的"购物者弃置购物车"事件。在以下目录创建文件，并复制代码清单 5.3 中的代码：

src/main/java/nile/events/AbandonedCartEvent.java

代码清单 5.3　AbandonedCartEvent.java

```java
package nile.events;

import java.io.IOException;
import java.util.List;
import java.util.ArrayList;
import java.util.Map;
import org.joda.time.DateTime;
import org.joda.time.DateTimeZone;
import org.codehaus.jackson.type.TypeReference;
import nile.events.Event;

public class AbandonedCartEvent extends Event {
  public final DirectObject directObject;

  public AbandonedCartEvent(String shopper, String cart) {
    super(shopper, "abandon");
    this.directObject = new DirectObject(cart);
  }

  public static final class DirectObject {
    public final Cart cart;

    public DirectObject(String cart) {
      this.cart = new Cart(cart);
    }

    public static final class Cart {

      private static final int ABANDONED_AFTER_SECS = 1800;  ◀──── 如果 30 分钟之内没有其他动作发生，我们就认为这个购物车被弃置

      public List<Map<String, Object>> items =
        new ArrayList<Map<String, Object>>();

      public Cart(String json) {
        if (json != null) {
          try {
            this.items = MAPPER.readValue(json,
              new TypeReference<List<Map<String, Object>>>() {});
          } catch (IOException ioe) {
            throw new RuntimeException("Problem parsing JSON cart", ioe);
          }
        }
      }

      public void addItem(Map<String, Object> item) {  ◀──── 向购物车添加商品。我们不需要担心重复添加相同商品的问题
```

```
      this.items.add(item);
    }

    public String asJson() {
      try {
        return MAPPER.writeValueAsString(this.items);
      } catch (IOException ioe) {
        throw new RuntimeException("Problem writing JSON cart", ioe);
      }
    }

    public static boolean isAbandoned(String timestamp) {
      DateTime ts = EVENT_DTF.parseDateTime(timestamp);
      DateTime cutoff = new DateTime(DateTimeZone.UTC)
        .minusSeconds(ABANDONED_AFTER_SECS);
      return ts.isBefore(cutoff);
    }
  }
}
```

将购物车中的商品转化为 JSON 格式，以备写入键-值存储

检查时间戳是否已经满足弃置条件(距今超过 30 分钟)

当 Samza job 侦测到弃置的购物车时，能够很方便地通过 AbandonedCartEvent 类发送"购物者弃置购物车"事件。其中值得注意的是内部类 Cart，它的助手方法可以在"购物者将商品放入购物车"事件发生时，更新购物车中的商品信息。而 isAbandoned 的助手方法可以告诉我们当前的购物车是否被弃置。

有了事件模型后，可以开始编写 Samza job 的核心部分 StreamTask 了。创建如下文件，并复制代码清单 5.4 中的代码：

src/main/java/nile/tasks/AbandonedCartStreamTask.java

代码清单 5.4　AbandonedCartsStreamTask.java

```
package nile.tasks;

import java.util.HashMap;
import java.util.HashSet;
import java.util.Map;
import java.util.Set;
import org.apache.samza.config.Config;
import org.apache.samza.storage.kv.KeyValueStore;
import org.apache.samza.storage.kv.KeyValueIterator;
import org.apache.samza.storage.kv.Entry;
import org.apache.samza.system.IncomingMessageEnvelope;
import org.apache.samza.system.OutgoingMessageEnvelope;
import org.apache.samza.system.SystemStream;
import org.apache.samza.task.InitableTask;
import org.apache.samza.task.MessageCollector;
import org.apache.samza.task.StreamTask;
import org.apache.samza.task.TaskContext;
import org.apache.samza.task.TaskCoordinator;
import org.apache.samza.task.WindowableTask;
```

```java
import nile.events.AbandonedCartEvent;
import nile.events.AbandonedCartEvent.DirectObject.Cart;
public class AbandonedCartStreamTask
  implements StreamTask, InitableTask, WindowableTask {

  private KeyValueStore<String, String> store;

  public void init(Config config, TaskContext context) {
    this.store = (KeyValueStore<String, String>)
      context.getStore("nile-carts");
  }

  @SuppressWarnings("unchecked")
  @Override
  public void process(IncomingMessageEnvelope envelope,
    MessageCollector collector, TaskCoordinator coordinator) {

    Map<String, Object> event =
      (Map<String, Object>) envelope.getMessage();
    String verb = (String) event.get("verb");
    String shopper = (String) ((Map<String, Object>)
      event.get("subject")).get("shopper");

    if (verb.equals("add")) {
      String timestamp = (String) ((Map<String, Object>)
        event.get("context")).get("timestamp");

    Map<String, Object> item = (Map<String, Object>)
      ((Map<String, Object>) event.get("directObject")).get("item");
    Cart cart = new Cart(store.get(asCartKey(shopper)));
    cart.addItem(item);

      store.put(asTimestampKey(shopper), timestamp);
      store.put(asCartKey(shopper), cart.asJson());

    } else if (verb.equals("place")) {
      resetShopper(shopper);
    }
  }

  @Override
  public void window(MessageCollector collector,
    TaskCoordinator coordinator) {

    KeyValueIterator<String, String> entries = store.all();
    while (entries.hasNext()) {
      Entry<String, String> entry = entries.next();
      String key = entry.getKey();
      String value = entry.getValue();
      if (isTimestampKey(key) && Cart.isAbandoned(value)) {
        String shopper = extractShopper(key);
        String cart = store.get(asCartKey(shopper));

      AbandonedCartEvent event =
        new AbandonedCartEvent(shopper, cart);
      collector.send(new OutgoingMessageEnvelope(
```

对于添加商品至购物车事件,会先从键-值存储中获取购物者当前购物车的数据,向它添加新商品,接着将更新后的数据写回键-值存储。最后更新键-值存储中购物者最新动作的时间戳

一旦购物者支付订单,清除所有对购物车的跟踪数据

每隔 30 秒对键-值存储中的内容进行迭代,查找被弃置的购物车

如果一个购物者最新的动作记录的键是 30 分钟之前,就认为这是一个被弃置的购物车

```
      new SystemStream("kafka", "derived-events-ch05"), event));
      resetShopper(shopper);
    }
  }
}
```

发送一个"购物者弃置购物车"事
件给 derived-events-ch05 流。事件
中数据来源于键-值存储

```
  private static String asTimestampKey(String shopper) {
    return shopper + "-ts";
  }

  private static boolean isTimestampKey(String key) {
    return key.endsWith("-ts");
  }

  private static String extractShopper(String key) {
    return key.substring(0, key.lastIndexOf('-'));
  }
```

助手函数，从键-值存储
的键中抽取购物者 ID

```
  private static String asCartKey(String shopper) {
    return shopper + "-cart";
  }

  private void resetShopper(String shopper) {
    store.delete(asTimestampKey(shopper));
    store.delete(asCartKey(shopper));
  }
}
```

Samza job 中做了很多事情，让我们回顾一下 job 中的 process()和 window()函数，
先从 process()函数开始：

- 我们只关注购物者支付订单与购物者将商品放入购物车的事件。
- 当购物者将商品放入购物车时，需要更新购物车在键值存储中的信息，同
  时更新购物者最后的活跃时间。
- 当购物者支付订单后，需要删除购物车在键值存储中的所有数据。

process()函数基于"购物者将商品放入购物车"事件来确保购物车状态的时效性，
保留每个购物者的购物车副本，同时负责注意用户在多久前将商品添加到购物车。

接着是 window()函数：

- 每隔 30 秒扫描键值存储，寻找那些最后活跃时间超过 30 分钟的购物者。
- 当发现那些超过活跃时间的购物者后，从键值存储中找到他们的购物车的
  详细信息，以产生"购物者弃置购物车"事件。
- 将"购物者弃置购物车"事件发送到下游的 Kafka 流中。
- 发送事件后，删除购物者在键值存储中的所有数据。

将当前目录切换到项目的根目录，执行下面的命令编译项目：

```
$ mvn clean package
...
[INFO] Building tar: .../nile-carts/target/nile-carts-0.14.0-dist.tar.gz
[INFO] ------------------------------------------------------------
    --
[INFO] BUILD SUCCESS
...
```

编译完成后就可将项目打包。下一节我们会在 Apache Hadoop YARN 上运行开发完成的程序。

5.5　运行 Samza job

虽然 Samza 可嵌入到普通的 Java 程序中运行(类似于 Kafka Streams)，但通常情况下会在 YARN 上运行 Samza job。如果之前没有 Hadoop 的使用经历，那很可能也没有用过 YARN，所以在开始之前先对 YARN 做一个简短介绍。

5.5.1　YARN

YARN 的全称是 Yet Another Resource Negotiator，它来源于 Hadoop 1 项目。Hadoop 1 与 Hadoop 2 最大的不同点就是 Hadoop 2 中的集群管理由独立的 YARN 管理。

YARN 运行在 Hadoop 集群之上，可以高效地给自行管理运行的应用程序分配资源。它由三个核心组件组成。

- **ResourceManager**：类似于一个中央"大脑"，跟踪 Hadoop 集群内所有服务器的状况以及正在这些服务器上运行的任务，同时会给那些运行的任务分配计算资源。
- **NodeManager**：运行在 Hadoop 集群内的所有服务器上，监控任务的运行状态，并上报给 ResourceManager。
- **ApplicationMaster**：向 ResourceManager 申请计算资源并运行应用程序，与 NodeManager 协作执行并监控任务。

YARN 在最近几年不那么流行，是因为类似 Kubernetes 的项目得到了更多关注，但 YARN 是经过长时间测试和实际应用的技术(类似于 ZooKeeper)，而且它存在于大量使用的 Hadoop 2 集群中。YARN 设计的目的是提供一个通用框架，可支持各种类型的流式处理框架，所以它并不与 Hadoop 绑定，Samza 也可以使用它进行任务调度。

理论部分已经介绍完，可以开始安装 YARN 了。幸运的是 Samza 的 Hello World 工程已经自带了名为 grid 的脚本，帮助我们配置 YARN、Kafka 与 ZooKeeper。这个脚本也会检查当前使用的 Samza 的版本，并进行构建。在之前的章节中，你已经用过 Kafka 和 ZooKeeper，当它们没有运行时，grid 脚本仍然会配置它们。这些新的软件都位于项目根目录下的 deploy 子目录。

将当前目录切换到项目根目录，执行以下命令：

```
$ bin/grid bootstrap
Bootstrapping the system...
EXECUTING: stop kafka
```

```
...
kafka has started
```

使用浏览器访问以下 url，你会看到 YARN 的用户界面：

```
http://localhost:8088
```

现在看到运行的应用列表是空的，在下一节中提交 Samza job 后，就会在列表中看到我们的应用程序。

5.5.2　提交 job

确认一下当前目录是项目的根目录，然后执行以下命令：

```
$ mkdir -p deploy/samza
$ tar -xvf ./target/nile-carts-0.14.0-dist.tar.gz -C deploy/samza
```

现在可提交 Samza job 给 YARN 了：

```
$ deploy/samza/bin/run-app.sh \
  --config-factory=org.apache.samza.config.factories.PropertiesConfigFactory \
  --config-path=file://$PWD/deploy/samza/config/nile-carts.properties
...
2018-10-15 17:25:30.434 [main] JobRunner [INFO] job started successfully
- Running
2018-10-15 17:25:30.434 [main] JobRunner [INFO] exiting
```

如果回到 YARN 的用户界面，你会看到正在运行的 Samza job 的信息，见图 5.10。

```
http://localhost:8088
```

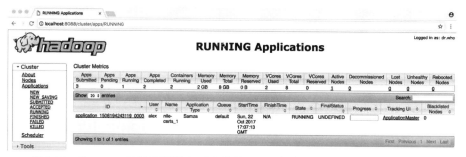

图 5.10　从 YARN 的管理界面中可以看到 Samza 任务已经处于 RUNNING 状态

看来我们的新工作已经完成了。

5.5.3　测试 job

为了测试 job，需要向 raw-events-ch05 的 Kafka topic 中发送事件，然后观察 Samza job 是否将新事件写入 derived-events-ch05 的 Kafka topic 中。如果 Samza job 工作正常，在输出流中就会看到结构化的事件信息。

现在开始读取输出流的信息。在项目根目录下执行以下命令。

```
$ deploy/kafka/bin/kafka-console-consumer.sh \
   --topic derived-events-ch05 --from-beginning \
   --bootstrap-server localhost:9092
```

在另一个终端中，运行脚本向 raw-events-ch05 的 Kafka topic 发送事件。通过配置文件，Samza 会自动创建 Kafka topic。执行下面的命令启动生成事件的 producer：

```
$ deploy/kafka/bin/kafka-console-producer.sh --topic raw-events-ch05 \
  --broker-list localhost:9092
```

发送一些"购物者将商品放入购物车"事件：

```
{ "subject": { "shopper": "123" }, "verb": "add", "indirectObject":
"cart", "directObject": { "item": { "product": "aabattery", "quantity":
12 } }, "context": { "timestamp": "2018-10-25T11:56:00" } }

{ "subject": { "shopper": "456" }, "verb": "add", "indirectObject":
"cart", "directObject": { "item": { "product": "macbook", "quantity":
1 } }, "context": { "timestamp": "2018-10-25T11:56:12" } }
```

在发送这些命令的 30 分钟后，切换回 derived-events-ch05 流，你将看到如下事件：

```
{"subject":{"shopper":"123"},"verb":"abandon","context":{"timestamp":
"2018-10-25T11:56:00"},"direct-object":{"cart":{"items":
[{"product":"aabattery","quantity":12}]}}}
{"subject":{"shopper":"456"},"verb":"abandon","context":{"timestamp":
"2018-10-25T11:56:12"},"direct-object":{"cart":{"items":
[{"product":"macbook","quantity":1}]}}}
```

到目前为止一切正常。接着让我们尝试发送一个添加商品的事件，紧接着发送一个结账的事件。

```
{ "subject": { "shopper": "789" }, "verb": "add", "indirectObject":
"cart", "directObject": { "item": { "product": "skyfall", "quantity":
1 } }, "context": { "timestamp": "timestamp":"2018-10-25T12:00:00" } }

{ "subject": { "shopper": "789" }, "verb": "place", "directObject": {
"order": { "id": "123", "value": 12.99, "items": [ { "product":
"skyfall", "quantity": 1 } ] } }, "context": { "timestamp":
"2018-10-25T12:01:00" } }
```

如果这两个事件是在同一个 30 分钟时间窗口内发送的，那应该没有"购物者弃置购物车"事件被发送到 derived-events-ch05 中。这是因为购物者 789 在预计的时间内支付了订单。

很明显，Samza job 正监控输入流的事件，以侦测那些被弃置的购物车。可以尝试发送更多不同的事件，不过请注意事件格式的正确性。

在项目根目录下执行下面的命令可终止所有进程：

```
$ bin/grid stop all
EXECUTING: stop all
```

```
EXECUTING: stop kafka
EXECUTING: stop yarn
stopping resourcemanager
stopping nodemanager
EXECUTING: stop zookeeper
```

5.5.4　改进 job

我们编写的 Samza job 对于侦测弃置购物车是个不错的开始，如果愿意，可从以下几个方面对程序进行优化：

- 相同的商品被重复存储。如果购物者执行了两次添加相同 DVD 影片的操作，更好的做法应该是只存储一条记录，但商品数量应该为 2。
- 使用输入事件的时间戳来确定购物者的最后活跃时间，而不是参照 process()函数的运行时间。
- 定义一个新事件，购物者从购物车中移除商品。利用这个事件从 Samza 的键值存储中删除购物者的商品信息。
- 将购物者最后活跃时间的定义改为购物者发生任一事件的时间戳,而不单单是购物者添加商品的时间。
- 探索更精确的方式来侦测"购物者弃置购物车"事件，而不是单纯按照 30 分钟的时间限制。可以基于之前能够观察到的购物者的各种行为来尝试不同的侦测条件。

5.6　本章小结

- 流式处理多事件时需要维护处理状态。状态能够让应用程序"记住"多个事件中每个单独事件的特性数据。
- 状态数据可以保存在内存、服务器的本地文件系统或远程数据库。流式处理框架能帮助开发人员管理整个存储过程。
- 流式处理框架还可帮助开发人员在流处理中更方便地使用时间窗口,确保事件发送的有效性，在多个服务器间分配任务，以及容错处理。
- 较流行的流式处理框架包括 Apache Storm、Apache Samza、Spark Streaming、Kafka Streams 和 Apache Flink。
- Samza 是一个支持状态的流式处理框架，它提供了相对底层的 API，和类似 Hadoop MapReduce 的流式处理。
- 通过 Samza 的 process()函数，每当 Kafka 的输入流中有新的事件产生时，可更新键值存储中的数据。
- 使用 Samza 的 window()函数可以定期检测系统中发生的变化。
- 通过对键值存储数据的精心定义(例如使用组合键的形式)，能够侦测到某些特殊模型和行为，如购物者弃置购物车。

第II部分

针对流的数据工程

在本书的第II部分中，将展示如何对流中的事件进行描述、存储以及归档。还会介绍在流处理架构中如何使用面向轨道的处理来合理地解决容错问题。

第 **6** 章

模　式

本章导读：
- 事件模式和模式技术
- 使用 Apache Avro 表述事件
- 自描述事件
- 模式注册

在本书的第 I 部分，通过虚构的在线零售公司尼罗的案例介绍了事件流与统一日志的概念，此后将统一日志的技术引入企业，并尝试了以多种不同的流式处理框架来处理 Kafka topic 中的事件。

但是我们并未深入思考统一日志中事件的质量。本章的目的就是深入了解如何使用模式对统一日志中的事件建立模型。

Plum 公司是一个虚构的、全球性的电子消费品制造商。我们引入的第一个事件是个周期性的"质检"事件，由工厂中的各台 NCX-10 机器产生。同其他的统一日志一样，Plum 公司内部事件流的 consumer 与 producer 并不知晓对方的存在，没有耦合关系。这使得事件模式成为一种用于 consumer 与 producer 之间数据交互的契约。

如何定义 Plum 公司事件的模式呢？本章将介绍 4 种被广泛使用的模式技术：Apache Avro、JSON Schema、Apache Thrift 和 Google 的 protocol buffers。模式技术不仅是数据序列化，例如 Avro 支持模式的版本升级，能按不同的编程语言生成数据绑定，还支持以多种不同编码方式将事件存放在磁盘上。

在 Plum 公司的案例中，将使用 Avro 对 NCX-10 的"质检"事件进行建模，然后自动对事件生成 Java 的普通对象(POJO，Plain Old Java Object)。我们会编写一个简单的 Java 测试程序，将 JSON 格式的 Avro "质检"事件反序列化为 POJO，打印输出，接着把这个对象序列化为 Avro 的二进制格式。

在简单地使用 Avro 的转换功能后,将继续围绕事件与相应模式的设计问题展开思考。在开始激烈讨论自描述(self-describing)事件之前,会介绍几种与事件模式关联的解决方案。自描述的事件具有被称为"信封"的元数据,在处理这些事件时,先从信封中读取事件对应的 Avro 模式信息,之后使用模式对事件数据进行反序列化。

为在 Plum 公司内部使用模式技术,需要将模式部署在某个服务上,我们称之为模式注册。本章将简要介绍一些模式注册的关键特性,然后引入两种主流的模式注册框架:Confluent Schema Registry 和 Snowplow 的 Iglu。这两者在很多方面都非常类似,但是在某些方面的设计上略有不同。

6.1　模式介绍

在开始使用模式之前需要定义一些事件。在这部分我们先将之前的尼罗公司放在一边,以另一个同样使用统一日志技术的虚构公司(Plum 公司)作为示例中的客户。让我们开始介绍 Plum 公司和该公司的事件吧。

6.1.1　Plum 公司

Plum 公司是一家全球性电子消费品制造商,假设我们为该公司的商业智能(BI,Business Intelligence)部门工作。Plum 公司正在实施统一日志技术。由于某些原因,Plum 公司的统一日志混合使用了 Amazon Kinesis 与 Apache Kafka。Amazon Kinesis(https://aws.amazon.kinesis)是一款托管的统一日志服务,是 Amazon Web Services 的一部分。现实中,同时使用 Kafka 与 Kinesis 的情况并不多见,但是在这部分的示例中,演示如何同时使用这两种框架对我们有好处。

Plum 公司生产线的核心是 NCX-10 机器,它能将一整块钢板压制成各种不同的零件。公司的管理层希望我们能编写代码,使每台机器每秒向 Kinesis stream 发送"质检"事件形式的关键监测指标,如图 6.1 所示。Kinesis stream 类似于 Kafka topic(第 7 章将介绍有关 Kinesis 的更多细节)。

Plum 公司的 10 个工厂中共有 1000 台机器,每台机器每秒发出一个"质检"事件。每小时在 Kinesis stream 中就会有 360 万个"质检"事件,这将是 Plum 公司统一日志中最重要的事件源。

在与 Plum 公司的工厂维护团队讨论之后,我们了解到可从 NCX-10 机器上获取哪些所需的信息。以下是我们发现的一些有用数据:

- 机器所在的工厂名称。
- 机器的序列号(一个字符串)。
- 机器当前运行状态,可以是以下三种状态之一:STARTING、RUNNING 和 SHUTTING_DOWN。

- 机器最近的启动时间，是个 UNIX 格式的时间戳，精确到毫秒。
- 机器当前的温度，单位是摄氏度。
- 机器是否被标记为到期，这意味着这台机器在不久之后就将报废。
- 假如机器所在的工厂有多个楼层，也需要标记出机器所在的楼层。

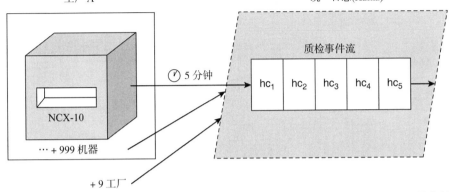

图 6.1　Plum 工厂中所有的 NCX-10 机器每秒都会向 Kinesis stream 发送标准的质检事件

在本书的第 I 部分中，我们使用 JSON 编写尼罗公司的在线购物事件。基于这些经验，可以快速地使用 JSON 勾勒出 NCX-10 所需的质检事件的数据格式：

```
{ "factory": "Factory A",
  "serialNumber": "EU3571",
  "status": "RUNNING",
  "lastStartedAt": 1539598697944,
  "temperature": 34.56,
  "endOfLife": false,
  "floorNumber": 2
}
```

工厂维护团队的工程师对我们定义的数据格式非常满意，确认这就是 NCX-10 需要发出的"质检"数据。

JSON 对于本书第 I 部分而言是个不错的解决方案，围绕 JSON 格式，可以设计、构建各种流处理程序，读取、写入基于 JSON 格式的事件。但在本书第 II 部分的 Plum 公司案例中，可以更进一步，使用更正式的模式来取代 JSON，作为"质检"事件的格式。在开始具体工作之前，需要先明白究竟什么是模式，而它为何如此有用。

6.1.2　将事件模式作为契约

回顾一下 Plum 公司管理层提出的需求：通过编程，实现每台 NCX-10 机器周期性地发送质检事件。但是我们并不知道 Plum 公司准备如何使用这些事件，也不知道 Plum 公司内的哪个团队会使用这些存放在统一日志中的事件数据。

来自不同团队、部门或国家的开发者都会消费你生成的事件流，这在现实工作中是很常见的。统一日志是一种从根本上解耦的架构技术：事件流的消费者和生产者并不需要了解对方的具体信息。与传统的大型单体架构的软件项目形成鲜明对比，在这种项目中，将通过版本管理系统锁定单步提交代码，并不断强化编译器及测试套件，来保证项目的完整性。[1]

与 NCX-10 的工作机制相比，你就能明白统一日志作为一种解耦技术的意义。Plum 公司并不需要知道哪些公司会购买零件，也不必知道这些公司购买零件的用途。那么 Plum 公司又是如何保证自己生产的零件符合客户的要求呢？Plum 会与客户签订各式各样的合同，而合同的内容就是 Plum 公司生产的零件必须达到某些特定标准。例如需要达到 SAE 钢材 12L14 等级，通过 GS 质量和安全测试并使用符合统一螺纹标准的螺母。由于这些标准在合同中的强制性，客户可以放心地使用 Plum 公司提供的零件生产自己的产品。

那些消费统一日志中事件的系统也像购买零件的客户一样需要相同的保障。我们通过对存放在统一日志中的事件使用模式来提供这种保障。模式(schema)在希腊语中是形状(shape)的意思，而事件模式的定义非常简单：对于统一日志中符合某种预定义形状的事件的声明。

当系统间没有正式的集成时，事件模式就好比两个系统就如何生产与消费事件流而达成的一种契约。图 6.2 展示了这种情况。

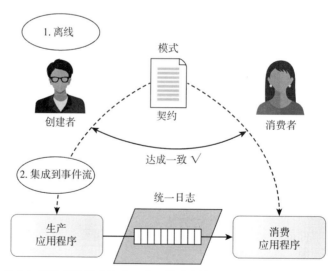

图 6.2　事件的生产者与消费者就模式达成一致。模式在这两者之间起到了类似契约的作用。在事件流中，生产者使用模式创建事件，而消费者也能很容易地读取这些符合模式的事件

1. 要了解更多有关这方面的内容，可访问 https://en.wikipedia.org/wiki/Continuous.integration。

通过使代码遵循预先的模式定义，就能使程序生产的事件符合模式，也能在消费事件时避免大量差错。但如何用模式表示事件呢？事实上有多种技术可供我们选择，它们常被称为数据序列化系统，并且都是在最近几年才崭露头角的。在开始介绍它们之前，让我们先来了解这些系统有哪些功能。

6.1.3 模式技术的功能

在本书第 I 部分中，我们构建了能够生产和消费数据的应用程序，其中使用 JSON 表示事件。尼罗公司生成的每一个事件都具有一定的"形状"，但该"形状"并没有形成一种计算机能够理解的格式；因此尼罗的事件模式是隐式的，而不是显式的。

很明显，JSON 的确是一种数据序列化技术，但无法提供我们所需的、适用于统一日志的契约。下一节讨论的模式技术能提供一种被称为模式语言(schema language)的技术，通过这种技术，就能精确定义业务实体中各个属性的数据类型。

如果有过使用强类型编程语言的经验，那你应该对数据类型的概念感到熟悉。简单数据类型(如字符串和整数类型)在模式语言中都受到支持。而不同的模式技术在以下方面可能有所不同。

- **复合数据类型**：例如数组、记录或对象。
- **特殊数据类型**：例如时间戳、UUID 和地理位置坐标。

大部分模式技术都提供了以下六种功能。

- **多模式语言(LNG)**：一些模式技术允许你使用不同的方式定义业务实体中的数据类型。例如可使用 JSON 编写模式声明，也可使用某种类 C 或类 Java 的接口描述语言(Interface Description Language，IDL)。
- **校验规则(VLD)**：有些模式技术在数据类型的基础上更进一步，允许你对事件的属性编写校验规则(有时也被称为契约)。例如不仅可以表示经度是一个浮点数，还可以指定它是一个介于 180 和-180 之间的浮点数，同样，纬度也应指定为一个介于 90 和-90 之间的浮点数。
- **代码生成(GEN)**：无论模式使用怎样的语法，用模式技术表现的事件都需要和应用程序的代码协作(例如流处理程序)。为能方便地做到这一点，大部分模式技术都支持代码生成，能从模式自动生成所需的编程语言对应的类或记录。
- **多编码格式(ENC)**：大部分模式技术都支持多种不同的编码格式，例如高度压缩二进制格式，或人类可读的格式(一般基于 JSON 格式)。
- **模式演进(EVO)**：Plum 公司的事件的属性会随着时间推移而不断变化。一些精心设计的模式技术能支持模式的不断演进，让不同版本的同一个模式被不同消费者更方便地使用。

● **远端程序调用(RPC):** 这并非我们现在所需,但是一些数据序列化系统能用于描述远程调用和分布式方法的参数或返回数据类型。

如果上面这些对你来说有些抽象,难以理解,也不必担心。本章剩余部分会通过实现 Plum 公司的业务需求,来更具体地解释这些功能。

6.1.4　不同的模式技术

近几年来涌现出多种不同的模式技术,也被称为数据序列化系统(data serialization system),每种技术都有各自的特点。表 6.1 介绍了 4 种使用最广泛的模式技术,并列出了它们对上一节介绍的六种功能的支持情况。

表 6.1　模式技术示例

模式技术	多模式语言	校验规则	代码生成	多编码格式	模式演进	远端程序调用
Apache Avro	JSON, IDL	不支持	支持	二进制, JSON	支持	支持
Apache Thrift	IDL	不支持	支持	支持 5 种编码格式	支持	支持
JSON Schema	JSON	支持	不支持	JSON	不支持	不支持
protocol buffers	IDL	不支持	支持	二进制, JSON	不支持	只支持 gRPC

让我们逐一介绍这 4 种模式技术。

1. Apache Avro

Apache Avro(https://avro.apache.org)是个 RPC 和数据序列化系统,它最初来源于 Apache Hadoop 项目,因此它的很多开发者也是 Apache Hadoop 的开发者,例如 Hadoop 的创建者 Doug Cutting。

Avro 使用一种基于 JSON 的模式语言来描述数据类型,也支持另一种类 C 风格的接口描述语言 Avro IDL。Avro 同时支持两个不同的数据编码格式,一种为经过压缩的二进制格式,另一种则为人类可读的 JSON 格式。后者增加了一些额外规则以实现 Avro 的特性,这在原生 JSON 中是没有的。二进制编码格式比 JSON 编码格式的应用场景更多,因为基于二进制编码格式的工具实现了更多特性。

作为开发人员,可通过以下几种方式和 Avro 进行交互。第一种是提前代码生成工具,生成你所使用编程语言中的数据结构;可以在代码中与 Avro 数据生成的类或记录进行交互。第二种方式是在运行时对 Avro 的数据类型进行转化。如果使用动态语言编程,或无法提前知晓要处理的数据结构,第二种方式更适用。

由于其起源于 Hadoop 项目,Avro 从一开始就被设计用于数据处理。当一个应用程序作为消费者读取 Avro 格式的数据时,它可持有一份写入该数据时所用的模式,也可提供一份供自己读取时使用的另一版本的相同模式,这称为"写入者的模式"和"读取者的模式"。Avro 在这两者之间会应用某种解析规则,以读取者的模式呈现数据。应用程序由此能在一个模式的多个历史版本之间合理地处理那些已经归档的事件。

2. Apache Thrift

Apache Thrift(https://thrift.apache.org)更近似于一个跨语言的服务开发框架。作为框架功能的一部分,Thrift 提供了一种用于定义服务接口数据类型的语言。该框架最大的卖点之一就是提供了非常广泛的对各种编程语言的支持,包括 C++、Java、Python、PHP、Ruby、Go、Erlang、Perl、Haskell、C#、Cocoa、JavaScript、Node.js、Smalltalk、OCaml 和 Delphi。

与其他模式技术不同的是,Thrift 并没有在数据编码上投入过多关注,它提供了 3 种二进制编码格式,和两种基于 JSON 的编码。当你使用 Thrift 定义模式时,需要手动在每个属性上添加标签(如 1、2、3,以此类推),而这些标签会和数据类型一样保存在编码后的数据中。这也是 Thrift 处理模式演进所采用的方法:会跳过那些未知、未命名的属性,而仍能正确识别那些重命名的属性。

Thrift 由 Facebook 主导开发。据说来自于 Google 前员工,由于无法使用当时尚未开源的 protocol buffers,因此便有了 Thrift。

3. JSON Schema

JSON Schema(https://json-schema.org/)与我们之前提及的模式技术有细微差异。JSON Schema 是一种声明式语言,用于描述 JSON 数据的格式,而它本身也是用 JSON 编写的。它非常易于编写,并让计算机通过它对 JSON 数据进行校验与转换。JSON 与 JSON Schema 之间的关系就如同 XML 与文档类型定义(DTD, Document Type Definition)的关系。

JSON Schema 并未提供数据序列化的功能。它只是定义 JSON 数据的格式。尽管有社区自发推出的跨语言的代码生成支持,但 JSON Schema 不依赖于任何代码生成技术。

虽然不像 Avro 那样具备丰富的特性,但 JSON Schema 有两项异常突出的优势。

- **丰富的校验规则**:JSON Schema 可支持多种复杂的数据校验规则,包括数字的最大值、最小值限制,对于字符串的正则表达式校验。使用这些校验规则,开发人员可以灵活定义自己的简单数据类型。
- **自身就是 JSON 格式**:JSON Schema 本身也是 JSON,因此不必对系统进行修改来适配另一种数据序列化技术。如果倾向于使用 JSON,那么 JSON Schema 就是最易于使用的模式技术。可使用类似 Schema Guru(https://github.com/snowplow/schema-guru)的工具从 JSON 数据中反向生成模式。

4. protocol buffers

protocol buffers(https://developers.google.com/protocol-buffers)是由 Google 研发的模式技术与数据序列化机制，目前已经发展至第三个主要版本(从第二个主要版本开始开源)。protocol buffers 与 Thrift 非常类似。它们都提供了一套协议定义的语法，开发人员可在.proto 文件中定义自己的数据结构。

protocol buffers 会将数据序列化为二机制格式；这种格式也是一种自描述的 ASCII 格式，但不支持模式演进。而 Thrift 则可通过对数据格式内的每个属性添加数字标签来支持模式的演进。protocol buffers 中较便利的一点是可以通过 repeated 修饰符表示数组类型的数据，而通过使用 optional、required 等修饰符可方便地对属性进行修改。

protocol buffers 可以单独用作一种模式技术，但它常与 Google 的 RPC 框架，即 gRPC 一起使用。

我们已经快速介绍了 4 种主流的模式技术，那么应该为 Plum 公司选择哪种技术呢？

6.1.5　为 Plum 公司选择一种模式技术

对于 Plum 公司使用的统一日志而言，选择一款模式技术是非常重要的决定。可以使用不同的流式处理框架，但只能选择一种模式技术。所有写入到统一日志的事件都会用这种模式进行存储，而那些已经归档的事件(可能已经距今好几年了)也会使用这种模式。

Avro、JSON Schema、protocol buffers 和 Thrift 这几种技术的受欢迎度都在不断提高。那我们应该如何做出选择呢？下面的一些指导意见希望能够帮到你：

- 如果正在使用或计划使用 gRPC，那么应考虑使用 protocol buffers 作为统一日志的模式技术。
- 同样，如果已经使用了 Thrift RPC，那么应考虑使用 Thrift。
- 如果现有的批处理系统、流处理系统中已经大量使用 JSON，或者预计你的开发更倾向于使用 JSON，那么应考虑 JSON Schema。
- 如果以上都不满足，就使用 Avro。

在 Plum 公司的场景中，前 3 条无一满足，那么理论上使用 Avro 就够了。让我们开始吧！

6.2　Avro 中的事件模型

我们已经知道质检事件中应该包含哪些数据，而上一节中我们确定了使用 Avro 作为模式技术。那么现在就可以使用 Avro 对事件进行建模了。

6.2.1　准备开发环境

Avro 模式可用普通的 JSON 文件或 Avro IDL 文件定义,但模式定义文件本身也需要存放在某处。因此需要先开发一个名为 SchemaApp 的 Java 程序保存模式定义文件。便于试验 Avro 的代码生成与编码功能。

我们使用 Gradle 构建这个程序,首先创建一个名为 plum 的目录,并将工作目录切换到该目录,执行以下命令:

```
$ gradle init --type java-library
...
BUILD SUCCESSFUL
...
```

Gradle 会在该目录下创建项目的框架,其中包含了两个 Java 文件,分别为 Library.java 和 LibraryTest.java。先删除这两个文件,因为很快就会编写我们自己的代码。

下一步需要编辑 Gradle 的项目文件,编辑 build.gradle 文件并用代码清单 6.1 中的内容替换该文件中的内容。

代码清单 6.1　build.gradle

```
plugins {                                        ◄─────────────────
  id "com.commercehub.gradle.plugin.avro" version "0.9.1"
}                                                  Gradle 插件, 从 Apache
                                                   Avro 模式生成 Java 代码
apply plugin: 'java'
apply plugin: 'application'

sourceCompatibility = '1.8'

mainClassName = 'plum.SchemaApp'

repositories {
  mavenCentral()
}

version = '0.1.0'

dependencies {
  compile 'org.apache.avro:avro:1.8.2'   ◄──
}                                             本书写作期间最新的
                                              Avro 版本
jar {
  manifest {
    attributes 'Main-Class': mainClassName
  }

  from {
    configurations.compile.collect {
      it.isDirectory() ? it : zipTree(it)
    }
```

```
  } {
    exclude "META-INF/*.SF"
    exclude "META-INF/*.DSA"
    exclude "META-INF/*.RSA"
  }
}
```

执行下面的命令，确认修改有效。

```
$ gradle compileJava
...
BUILD SUCCESSFUL
...
```

现在可开始使用 Avro 对质检事件建模了。

6.2.2 编写质检事件的模式

为了使用 Avro 创建 NCX-10 质检事件的模式，需要先在下面的目录中创建一个文件：

```
src/main/resources/avro/check.avsc
```

将代码清单 6.2 中的内容复制到创建的文件中。模式文件中使用的是基于 JSON 的模式语法，而不是 Avro IDL 的语法。这可以通过文件的扩展名.avsc 来区分。

代码清单 6.2 check.avsc

```
{ "name": "Check",
  "namespace": "plum.avro",
  "type": "record",
  "fields": [
    { "name": "factory", "type": "string" },
    { "name": "serialNumber", "type": "string" },
    { "name": "status",
      "type": {
        "type": "enum", "namespace": "plum.avro", "name": "StatusEnum",
        "symbols": ["STARTING", "RUNNING", "SHUTTING_DOWN"]
      }
    },
    { "name": "lastStartedAt", "type": "long",
      "logicalType": "timestamp-millis" },
    { "name": "temperature", "type": "float" },
    { "name": "endOfLife", "type": "boolean" },
    { "name": "floorNumber", "type": ["null", "int"] }
  ]
}
```

整个文件的结构非常紧凑。让我们来逐一解释每个部分：最顶层的是条记录，名为 Check，属于 plum.avro 命名空间(所有的业务实体都在这个命名空间下)。Check 记录包含 7 个字段，对应质检事件中的 7 个数据项：

- 机器所在工厂的名称为字符串数据类型。
- 机器的序列号为字符串数据类型。

- 机器的当前状态是 Avro 的 enum(enumeration 的缩写)数据类型，具体值是 STARTING、RUNNING、SHUTTING_DOWN 中的一个。枚举是一种复杂类型，因此需要有命名空间(plum.avro)和名称(StatusEnum)。
- 机器最近启动时间是个精确到毫秒的 UNIX 时间戳格式的数据，以 long 数据类型存储。但 Avro 也允许我们为该字段指定逻辑类型，以便分析器能很好地处理这个潜在类型。
- 机器的当前摄氏温度是个浮点数据类型。
- 机器是否即将报废是个布尔数据类型。
- 机器所在的楼层以一个包含 int 和 null 的 union 类型存储。如果机器所在的工厂不是一个多层建筑，那么这个字段会存储 null，否则会保存代表楼层数的 int 数据类型。

用下面的命令创建一个软链接，让 Avro 的 Gradle 插件能找到对应的模式文件。

```
$ ln -sr src/main/resources/avro src/main
```

在 Avro 模式文件编写完成后，就可以使用 Avro 的 Gradle 插件生成对应的 Java 文件了：

```
$ gradle generateAvroJava
:generateAvroProtocol UP-TO-DATE
:generateAvroJava

BUILD SUCCESSFUL

Total time: 8.234 secs
...
```

接着就可以在项目的 build 目录下找到生成的 Java 文件：

```
$ ls build/generated-main-avro-java/plum/avro/
Check.java  StatusEnum.java
```

这些文件中的代码非常冗长，但仍可在代码中看出每个 POJO 代表了质检事件的模式和枚举类型的数据。

到目前为止，我们已经使用 Java 对 Avro 定义的质检事件建立模型，下一节会编写简单的 Java 代码让质检事件工作起来。

6.2.3　Avro 与 Java 的互相转换

回顾一下，Avro 支持两种不同的数据编码方式，一种为人类可读的 JSON 格式，另一种则为效率更高的二进制编码方式。本节中，我们会将 Avro 基于 JSON 格式的模式转化为 Java 对象，然后将它们转化为 Avro 的二进制格式。这虽然对 Plum 公司而言没有什么特别的作用，但这可以帮助你熟悉 Avro 的两种编码方式，以及如何使用诸如 Java 的常用编程语言与 Avro 进行协作。

在对应目录下创建新的 Java 文件：src/main/java/plum/AvroParser.java，并将代码清单 6.3 中的内容复制到该文件。

代码清单 6.3　AvroParser.java

```
package plum;

import java.io.*;
import java.util.*;
import java.util.Base64.Encoder;

import org.apache.avro.*;
import org.apache.avro.io.*;
import org.apache.avro.generic.GenericData;
import org.apache.avro.specific.*;                导入由模式文件生
                                                  成的 Check 对象
import plum.avro.Check;   ◄

public class AvroParser {

  private static Schema schema;            从模式文件静态初
  static {                                 始化 Schema 对象
    try {    ◄
      schema = new Schema.Parser()
        .parse(AvroParser.class.getResourceAsStream("/avro/check.avsc"));
    } catch (IOException ioe) {
      throw new ExceptionInInitializerError(ioe);
    }
  }

  private static Encoder base64 = Base64.getEncoder();

 public static Optional<Check> fromJsonAvro(String event) {

InputStream is = new ByteArrayInputStream(event.getBytes());
    DataInputStream din = new DataInputStream(is);

    try {
      Decoder decoder = DecoderFactory.get().jsonDecoder(schema, din);
      DatumReader<Check> reader = new SpecificDatumReader<Check>(schema);
      return Optional.of(reader.read(null, decoder)); ◄
    } catch (IOException | AvroTypeException e) {
      System.out.println("Error deserializing:" + e.getMessage());
      return Optional.empty();                  将事件反序列化为由Optional
    }                                           包装的 Check 对象
  }

  public static Optional<String> toBase64(Check check) {

    ByteArrayOutputStream bout = new ByteArrayOutputStream();

    DatumWriter<Check> writer = new SpecificDatumWriter<Check>(schema);
    BinaryEncoder encoder = EncoderFactory.get().binaryEncoder(bout, null);
    try {
      writer.write(check, encoder);
```

```
        encoder.flush();
        return Optional.of(base64.encodeToString(bout.toByteArray())); ◄─
    } catch (IOException e) {
        System.out.println("Error serializing:" + e.getMessage());
        return Optional.empty();
    }
  }
}
```

将事件序列化为二进制格式,
并使用 Base64 进行编码

AvroParser 的代码较为简单,主要由 3 个部分组成。

- **初始化代码**:这部分主要是用于处理 Avro 模式的可复用代码,以及之后会用到的 Base64 编码。
- **静态函数 fromJsonAvro**:将 Avro Json 格式的质检事件转化为 Check 的 POJO。我们对返回的对象使用 Java 8 的 Optional 对象进行包装,以便处理转化出现异常的情况。
- **静态函数 toBase64**:将 Check 的 POJO 转化为 Avro 的二进制编码格式,然后对其进行 Base64 编码,便于人类阅读。同样,也将返回对象用 Optional 进行包装,以便处理序列化异常。

现在,可以通过一个包含 main 方法的 SchemaApp 类将这两个函数合为一体。创建一个新文件 src/main/java/plum/SchemaApp.java,将代码清单 6.4 中的内容复制到 SchemaApp.java 中,其中包含之前提及的两个函数与 main 函数。

代码清单 6.4　SchemaApp.java

```java
package plum;

import java.util.*;

import plum.avro.Check;

public class SchemaApp {

  public static void main(String[] args){                          尝试将事件反序列化为
    String event = args[0];                                         Check 对象

    Optional<Check> maybeCheck = AvroParser.fromJsonAvro(event); ◄─

    maybeCheck.ifPresent(check -> {                          ◄──  反序列化成功后
      System.out.println("Deserialized check event:");            再继续处理
      System.out.println(check);
        Optional<String> maybeBase64 = AvroParser.toBase64(check); ◄─
      maybeBase64.ifPresent(base64 -> {                       ◄──
        System.out.println("Re-serialized check event in Base64:");
        System.out.println(base64);                               成功获取字节字符串
      });                                                         后再继续处理
    });

  }                                                                尝试将 Check 对象序列化为
}                                                                  Base64 编码的字节字符串
```

我们会通过命令行传递一个 Avro JSON 格式的质检事件(一个包含有效信息

的 NCX-10 质检事件)作为调用 SchemaApp 的参数。代码会尝试将字符串参数反序列化为 Check 对象。如果转化成功,程序会打印 Check 对象的信息,然后将对象序列化为二进制的形式,并用 Base64 进行编码,以便打印。

进入项目的根目录,执行下面的命令编译整个项目:

```
$ gradle jar
...
BUILD SUCCESSFUL

Total time: 25.532 secs
```

编译成功后就可对模式程序进行测试了。

6.2.4 测试

还记得在 6.1.1 节如何使用 JSON 表示 NCX-10 的质检事件吗?Avro 的 JSON 编码格式与它相差无几,下面就是 Avro JSON 编码后的内容:

```
{ "factory": "Factory A",
  "serialNumber": "EU3571",
  "status": "RUNNING",
  "lastStartedAt": 1539598697944,
  "temperature": 34.56,
  "endOfLife": false,
  "floorNumber": { "int": 2 }
}
```

唯一的不同在于{"int": ...}的语法,对 floorNumber 的属性值 2 进行了包装。这是因为在 Avro 中这个属性的值是可选的,Avro 使用 union 类型将 null 与另一种数据类型(这里是 int 类型)组合在一起。在这里需要使用{"int":...}这样的语法让 Avro 将 union 类型的该值作为 int(而不是 null)处理。

现在可将这个 JSON 字符串作为参数传递给刚才编写的应用程序:

```
$ java -jar ./build/libs/plum-0.1.0.jar "{\"factory\":\"Factory A\",
\"serialNumber\":\"EU3571\",\"status\":\"RUNNING\",\"lastStartedAt\":
1539598697944,\"temperature\":34.56,\"endOfLife\":false,
\"floorNumber\":{\"int\":2}}"
Deserialized check event:
{"factory": "Factory A", "serialNumber": "EU3571", "status": "RUNNING",
 "lastStartedAt": 1539598697944, "temperature": 34.56, "endOfLife": false,
 "floorNumber": 2}
Re-serialized check event in Base64:
EkZhY3RvcnkgQQxFVTM1NzEC3L2Zm+dVcT0KQgACBA==
```

一切顺利!Java 程序成功地将输入的 Avro 事件反序列化为 Java 对象,并打印出数据,然后打印出经过 Base64 编码的二机制编码内容。这种表现形式比 JSON 更紧凑,主要有两个原因:

● 二进制形式不包括 factory 或 status 这类属性标签。它通过关联模式来定位数据中每个属性的位置。

● 二进制形式在表示某些数据类型时更高效，例如使用 ID 表示枚举类型的值，使用 1 或 0 表示布尔类型的 true 或 false。

在开始下一步之前，确认程序会对不合法的事件数据抛出异常：

```
$ java -jar ./build/libs/plum-0.1.0.jar "{\"factory\":\"Factory A\"}"
Error deserializing:Expected string. Got END_OBJECT
```

输入的事件无法被反序列化，因为它缺少很多必要的数据。

有关 Avro 的初步工作已经完成了。但是 Avro 实例与模式之间的依赖关系引发了一些有关数据模型的有趣问题，这也是在下一节要讨论的。

6.3 事件与模式的关联

想一下在上一节所做的工作：将输入的 JSON 格式的 Avro 事件反序列化为 Java 的 Check 对象，然后将它转化为经过 Base64 编码的二进制格式。但我们如何知道输入的是一个 NCX-10 的质检事件呢？又如何知道使用哪个模式对输入的数据进行转化呢？

答案是我们并不知道。我们只是假设输入的字符串是合法的，是用 Avro JSON 格式表示的 NCX-10 质检事件。如果假设不正确，事件并不匹配 Avro 的模式，就会直接抛出异常。

在本节中，将探索一些更巧妙的方式，将统一日志中的事件和它们所属的模式关联起来。

6.3.1 初步的探索

让我们先做一个小小的假设。假设在 Plum 公司中，我们使用 Kafka 作为统一日志的一部分。那么我们该如何编写和部署 Kafka worker 才能正常消费 NCX-10 的质检事件呢？下面会描述 3 种备选方案。

1. 每个 Kafka topic 对应一种事件类型(同质流)

在这种方案中，Plum 公司需要建立一种惯例，即每个不同类型的事件只能被写入自己专有的 Kafka topic 中。同时在模式以及事件中需要添加版本信息(JSON 和二进制格式中都需要)。图 6.3 展示了一个名为 ncx10_health_check_v1_binary 的 Kafka topic。

这种解决方案非常简单：Kafka topic 与事件完全一致，其中只包含 NCX-10 的质检事件。但这会造成 Plum 公司内部事件流数量暴增，每个模式的不同版本都需要对应一个事件流(即一个 Kafka topic)。

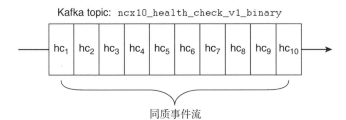

图 6.3 一个同质的 Kafka topic 只包含 Avro 二进制格式:版本 1 的 NCX-10 质检事件。
Kafka worker 可使用特定的 Avro 模式对这个 topic 中的所有记录进行反序列化,
因此可以安全地消费这些记录

因此我们对质检事件做一些简单处理时也需要编写一个有状态的流处理程序,从不同的 Kafka topic 中读取事件的不同版本。而当某个分析过程需要所有类型的事件时(例如计算每个小时内的事件数量),工作就变得很麻烦:我们不得不将所有 Kafka topic 都通过一个有状态的流处理程序进行汇总,才能到达目的。

异质流则可以包含不同类型的事件,更易于处理。但如何知道流中包含了哪些事件呢?

2. 试错法(异质流)

这是一种蛮力式解决方案:Plum 公司的事件流中混合了多种不同类型的事件,然后消费者尝试将它们反序列化为自己感兴趣的事件模式。如果反序列化失败,则将该事件弃置。图 6.4 展示了这种处理方式。

图 6.4 消费事件的应用程序只对两种类型的事件(质检和机器重启)感兴趣,并采用试错方式来识别这些事件的类型。反序列化操作的次数会随着应用程序感兴趣的事件类型数量同步增长

当我们开发一个用于生产环境的程序时,这种解决方案非常低效。想象一下,如果应用程序需要处理 5 种不同类型的事件。反序列化是一种非常消耗资源的计算任务,但是应用程序需要对每个事件尝试 5 次反序列化后才能处理下一个事件。

必然有一种更高效的处理方式,下面就会谈及。

3. 自描述事件(同质流与异质流)

在这种解决方案中,我们同样将多种不同事件放入一个流中。但这次不同的是,每个事件都包含一项元数据,通过这项元数据,事件的消费者就能知道使用哪个模式对事件进行序列化操作。我们将这样的事件称为自描述事件(self-describing)。因为这些事件始终带有关联的模式信息。图 6.5 描绘了这种解决方案。

图 6.5　在该 Kafka topic 可看到 3 个自描述事件:一个质检事件、一个机器重启事件和一个其他类型的事件。每个事件都由描述它自身的模式和事件本身组成

运用自描述事件包含 2 个步骤:

(1) 读取事件的元信息,获得事件关联模式的标识。

(2) 将事件的数据部分按照模式的标识进行转换。

这种解决方案非常有用,不仅降低了反序列化的工作成本,也能更灵活地定义事件。我们能将不同事件写入一个异质流中,然后将这些事件按照类型拆分,发送到对应同一个事件类型的同质流中。事件的模式信息一直和事件绑定在一起,因此可将事件发送到任何地方并对事件进行序列化。图 6.6 展示了这种解决方案。

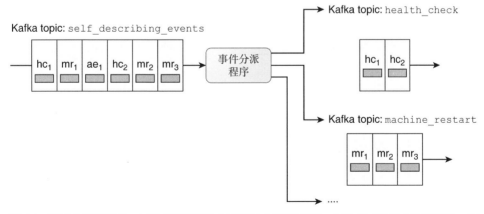

图 6.6　通过自描述事件,可以在同质流与异质流之间随意切换,因为模式数据会随着事件一起传输。这个示例中有一个事件分派程序,能将质检、机器重启分派到特定的 Kafka topic

需要注意的另一件重要事情是:在自描述事件中,我们常提及对事件添加一个指针,指向事件所关联的模式。这里谈及的指针只是一个引用,而不是模式自身。因为模式的容量可能非常大,甚至大于事件本身。

下一节会为 Plum 公司构建自描述事件。

6.3.2   Plum 公司的自描述事件

我们如何在 Apache Avro 中使用自描述事件呢？需要一个类似"信封"的元数据将事件和用来序列化的模式包装起来。用 Avro 自身来定义这些元数据是合理做法，代码清单 6.5 是个简单示例：

代码清单 6.5   self_describing.avsc

```
{ "name": "SelfDescribing",
  "namespace": "plum.avro",
  "type": "record",
  "fields": [
    { "name": "schema", "type": "string" },
    { "name": "data", "type": "bytes" }
  ]
}
```

可以看到在 SelfDescribing 记录中有两个字段：

- schema 字段是个字符串，用来标识事件对应的模式。
- data 字段是个无符号字节序列，它是 Avro 对事件数据进行二进制编码的结果。

我们如何用字符串标识模式？让我们先采用一个简单格式，如下所示：

```
{vendor}/{name}/{version}
```

上面的格式是 Snowplow Iglu 模式注册系统的模式 URI 的简化版实现。这个实现中包含如下信息：

- vendor 指明哪个公司(或公司内的那个团队)授权了这个模式。这可以帮助我们了解去哪里找到这些模式，同时避免命名冲突(例如 Plum 公司及其合作伙伴都定义了 click 事件)。
- name 是事件的名称。
- version 定义了当前事件的版本号。为简便起见，我们将使用一个不断增加的整数作为版本号。

对于一个初始版本的 NCX-10 质检事件，schema 字段的内容如下：

```
com.plum/ncx10-health-check/1
```

自描述的元数据可用来存放事件二进制数据。但在使用 Avro JSON 格式对事件进行封装时，就会陷入两难境地。假设使用下面的形式对数据和模式信息进行包装：

```
{ "schema": "com.plum/ncx10-health-check/1",
  "data": <<BYTE ARRAY>>
}
```

但这样的格式有些问题：它不像二进制格式那样紧凑，只有 data 部分是二进制格式，然而这部分又不是供人直接阅读的。一种更好的 JSON 格式可以是如下这种：

```
{ "schema": "com.plum/ncx10-health-check/1",
  "data": {
    "factory": "Factory A",
    "serialNumber": "EU3571",
    "status": "RUNNING",
    "lastStartedAt": 1539598697944,
    "temperature": 34.56,
    "endOfLife": false,
    "floorNumber": { "int": 2 }
  }
}
```

这种方式更好些，虽然它不像二进制格式那样紧凑，但对人而言是完全可读的。唯一有些不同的是数据整体上不再是 Avro 数据了：完整的数据结构是个合法的 JSON 数据，data 部分也是合法的 Avro JSON 格式数据，但是整体数据结构不再是合法的 Avro 数据了。这是因为 Avro 并不支持描述整体数据结构的模式。因此处理这样的事件需要遵循以下步骤：

(1) 从事件的 JSON 数据中读取 schema 的内容。

(2) 通过 schema 获取 Avro 模式。

(3) 通过 schema 获取 JSON 数据中 data 部分的数据。

(4) 使用 Avro 模式将 data 部分的数据转化为 Java 对象 Check。

自描述的 Avro 事件处理过程有些抽象，我们将在第 7 章中将这些概念落到实处，你将看到更具体的内容。

在进入下一步之前，需要为模式找一个家：模式注册。

6.3.3 Plum 公司的模式注册

在之前的示例中，我们使用 Avro 的模式语言定义了 NCX-10 机器的质检事件，并将 Avro 的模式嵌入 Java 程序中。同样，可将 Avro 的定义文件集成到任何想要消费 NCX-10 质检事件的程序中去。图 6.7 展示了该流程。

但这种"复制-粘贴"做法并不好，因为我们失去了对于 NCX-10 质检事件的唯一视角。相反，我们具有好几个对于这个事件的定义，散落在各个程序的代码片段中。我们希望所有定义都是相同的，否则 Plum 公司会面临下面这些问题：

● 相同模式的自描述事件写入 Kafka 后，它们的数据结构可能是互相矛盾的。

● 应用程序从 Kafka 中读取事件时可能遭遇运行时异常，因为事件的数据结构可能是错误的。

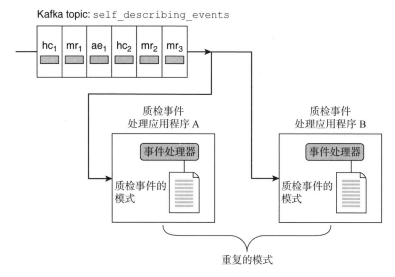

图 6.7   我们有两个处理质检事件的 Kafka 程序。它们都拥有 Avro 定义的质检
            事件模式，但没有统一的模式数据源

Plum 公司需要一个唯一的模式数据源：一个唯一的场所注册所有模式数据。
这样所有团队就可从这里读取模式的所有信息。图 6.8 展示了 Plum 公司使用的模
式注册，其中包含 3 种事件类型的模式信息。

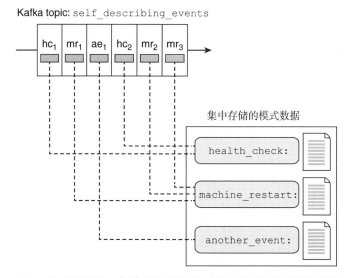

图 6.8   Plum 公司使用了一个模式注册程序，它拥有所有事件类型的模式文件。
            消费或生成事件的应用程序都可使用这些模式文件

最简单的情况下，模式注册可以只是一个共享文件夹，它可在 S3、HDFS 或

NFS 之上。之前定义的 schema 语法可以很简单地映射到文件夹的形式，下面是一个 S3 的示例：

```
s3://plum-schemas/com.plum/ncx10-health-check/1
```

位于上述文件夹下的文件是一个 NCX-10 质检事件的 Avro 模式定义文件，版本号为 1。

比共享文件夹更进一步的是两个活跃的开源模式注册系统：

- Confluent Schema Registry(https://github.com/confluentinc/schema-registry) 是 Confluent 平台基于 Kafka 数据流的一部分。它只支持 Avro，并支持 Avro 的模式演进。它使用 Kafka 作为数据存储，是使用单一主节点架构的分布式系统。它会为每个注册的模式分配一个唯一的 ID(单调递增)。
- Iglu(https://github.com/snowplow/iglu)是 Snowplow 开源的事件数据流平台的一部分。Iglu 支持多种模式技术，包括 Avro、JSON Schema 和 Thrift。它支持跨越多个模式注册的模式解析，并使用语义化的 URI 描述模式的位置。Iglu 在 Snowplow 内部使用，但它的使用范围在不断扩展(Iglu 拥有 Scala 和 Objective-C 的客户端类库)。

如何为 Plum 公司使用上述模式注册技术已经超越了本书的讨论范围，但我们鼓励你自己进行探索。

6.4　本章小结

- 统一日志是种解耦的架构：事件的消费者与生产者不需要知晓对方的存在。
- 事件消费者与生产者之间的契约通过事件的模式来表现。
- 模式技术包括 JSON Schema、Apache Avro、Thrift 和 protocol buffers。Avro 对于我们而言是不错的选择。
- 可以使用 Avro 基于 JSON 格式的模式语言来定义事件，然后通过代码生成将模式绑定到 Java 对象上。
- Avro 可使用 JSON 和二进制格式表示数据。我们编写了一个简单的 Java 程序将 JSON 格式的数据转化为 Java 对象，然后将 Java 对象转化为二进制格式。
- 需要一种将模式与事件关联在一起的方法：可以是一条流对应一种事件，或使用试错方法尝试转化每个事件，或使用自描述事件。
- 可使用 Avro 自身来建立一个 Avro 自描述事件，这需要对 Avro 的 JSON 和二进制的数据编码方式做一些小小的修改。
- 模式注册是一个存放所有模式数据的中央仓库，是公司内部统一日志所需的事件模式的唯一来源。

第*7*章

事 件 归 档

本章导读:

- 为什么要把统一日志内的原始事件归档
- 什么是归档？何时进行归档？如何进行归档？
- 将 Kafka 内的事件归档放入 Amazon S3
- 使用 Spark 和 Elastic MapReduce 对事件批量归档

到目前为止，当事件在统一日志中流转时，我们的注意力都集中在"流中"的事件。我们已经看到了很多针对准实时事件流的有用案例，包括侦测那些被弃置的购物车、监控服务器的运行状态。你会认为实时性是统一日志最强大的特性之一。

但是在本章，我们会另辟蹊径，探索事件流的另一项功能：将所有事件长期存储或归档(archive)。用数据工程师最喜欢的河流作比喻，统一日志就像密西西比河，而事件归档则犹如河谷：[1]沉静、封闭但水域宽广。

在归档者宣言中，我们会逐一解释需要对事件进行归档的原因。在此之后会介绍事件归档对应的代码片段：哪些事件需要归档，何处存放这些归档数据，以及使用何种工具进行归档。

真实的归档解决方案没有过多选择，在遵循这一理论的情况下，我们将对第2 章引入的尼罗电子商务网站上的购物事件进行归档。Secor 是一款来自于 Pinterest 的事件归档框架，能将 Kafka 的 topic(如尼罗公司中的原始事件流)映射到 Amazon S3 的 bucket。

当购物事件被安全地放入 Amazon S3 后，就可以开始深入探索这些归档数据。

---

1. 更多详细内容可访问 https://en.wikipedia.org/wiki/Bayou。

我们会使用一些开源的批处理工具来完成这项工作,其中最广为人知的是 Apache
Hadoop 与 Apache Spark。我们将使用 Spark 编写一个用于分析尼罗在线购物事件
的任务,并通过 Spark 的控制台(Spark 中的一个优秀特性)与代码进行交互。最后
将这个任务运行在一个分布式服务集群上,即 Amazon 的 Elastic MapReduce 服务。

有很多新的东西需要学习,让我们现在就开始吧!

7.1　归档者宣言

到目前为止,我们所做的都是与统一日志中事件流相关的工作:我们创建了
应用程序向 Kafka 或 Kinesis 写入事件,从 Kafka、Kinesis 读取事件,或两者兼而
有之。对于目前遇到的"准实时"需求的用户场景,统一日志被证明是一项行之
有效的技术,包括扩展事件、侦测弃置购物车、累加指标与监控系统。

但这种解决方案也有局限性:无论是 Kafka 还是 Kinesis 都无法维护整个事件
的数据。在 Kinesis 中,trim horizon 被设置为 24 小时,这个设置可以延长为 1 周
(168 小时)。在这之后,旧的事件将被清空——从流中被永远地删除。在 Kafka 中,
trim horizon(被称为保留周期)同样是可配置的:理论上可以在 Kafka 中保存所有
事件数据,但在实践中由于受存储的限制会将时间设置为 1 周(这也是 Kafka 的默
认设置)或 1 个月。图 7.1 描述了统一日志的这种限制。

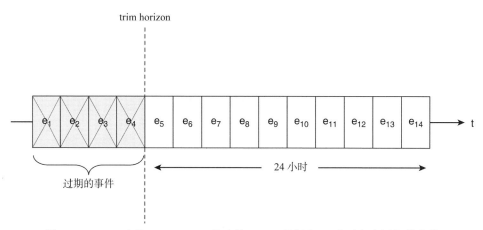

图 7.1　Kinesis 中的 trim horizon 意味着 stream 只保留 24 小时之内写入的事件

作为一名与统一日志打交道的程序员,面临的诱惑之一就是:如果数据在几
小时或是几天后会终止,那么我们只需要在下个时间窗口开始前完成计算就行了!
例如当需要在某个时间窗口之内计算指标,就要确保指标能被正确地计算并及时
安全地写入存储设备中。但遗憾的是这种解决方案存在缺陷;可将其称为 3R。

- 弹性(Resilience)

- 重复处理(Reprocessing)
- 精准(Refinement)

接下来让我们逐一讨论它们。

7.1.1 弹性

我们希望在面对系统异常时，统一日志的处理能尽量保持弹性。如果将 Kinesis 或 Kafka 设置为 24 小时后永久删除事件，那会使事件处理流程变得非常脆弱：我们必须在事件被删除前解决处理过程中引起的所有异常。如果问题发生在周末，而我们又没有及时察觉，那就麻烦了。我们不得不向老板解释为什么数据中存在无法挽救的缺失，图 7.2 解释了这种情况。

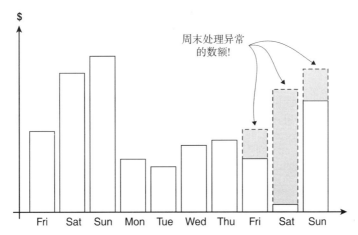

图 7.2　一个用来展示每日销售额的数据仪表盘，标注的部分是第二个周末中丢失的数据。从丢失数据中，可以猜测系统异常是在周五发生的，直到周一才被修复(周日丢失的大部分数据可以被恢复)

处理流程是由多个不同的处理阶段组成的，因此系统异常会导致所有下游的处理阶段缺失关键的输入数据。我们将这种情形称为级联式错误。图 7.3 说明了这种级联式错误——上游负责校验和扩展事件的任务发生了异常，引起了下游各个应用系统的级联式错误，尤其是以下这些：

- 一个将事件写入 Amazon Redshift 的流处理程序。
- 一个负责向管理人员提供数据仪表盘的流处理程序，它提供了类似图 7.2 中所示的数据展示功能。
- 一个负责监控事件流、侦测用户欺诈的流处理程序。

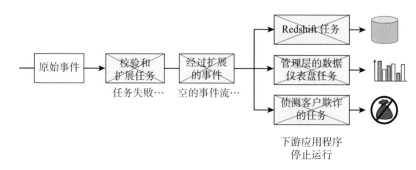

图 7.3　上游事件校验与扩展任务的失败导致了一连串下游任务的失败，
因为这些任务所依赖的扩展后的事件已经无法产生了

当使用 Kinesis 时会遇到更糟的情况，我们从系统错误中恢复的事件必须小于
24 小时。这是因为在问题被修复后，我们不得不从发生错误的那个时间点开始继
续处理事件。而 Kinesis 的每个切片每秒最多只能读取 2MB 的数据，很可能我们
无法在那些即将到期事件被删除前处理完整个统一日志中的数据。这种情况下，
不得不将清理事件的参数设置到最大，即 168 小时。

我们无法预见或保证在规定时间内处理完所有系统错误，因此一种健壮的事
件备份机制就变得非常重要。依靠备份就能在任何时间点，按照我们所需的速度
对事件进行处理。

7.1.2　重复处理

在第 5 章，我们使用 Samza 编写了一个流处理程序，用于侦测那些 30 分钟
内没有活跃行为的、弃置购物车的客户。该程序没有任何问题，但如果对"弃置
购物车"事件有了更好的定义，那么我们该如何做呢？如果在某处存储着所有事
件数据，就可以对这些归档数据应用多种不同的侦测弃置购物车的算法，比较这
些算法的结果，进而选择一个最合适的算法应用于线上的流处理程序。

从更广泛的角度看，有多种不同的原因需要我们对归档的全部事件数据进行
重复处理：

- 需要修复现有计算或聚合中的 bug。例如我们发现现有的每日监测指标是
  基于错误的时区信息计算的。
- 需要改变对指标的定义。例如我们决定将客户的网站会话结束时间从 30
  分钟调整为 15 分钟。
- 将新的计算或聚合逻辑回溯执行。例如需要按照不同设备类型和国家来跟
  踪累计的在线销售量。

所有这些应用场景都依赖于能够访问事件流的整个历史记录，但如你所见，
Kinesis 和 Kafka 都不能提供这样的功能。

7.1.3 精准

假设流处理任务完全没有 bug，那么计算结果的精准性又如何呢？很可能计算结果不像我们想象中那么精确，这主要是由 3 个原因造成的。

- **延迟到达的数据**：当我们的任务执行计算时，它无法访问所有需要的数据。
- **近似性**：出于性能的考虑，任务执行计算时只能采用近似算法。
- **框架的限制**：流式处理框架在架构上的局限性会影响处理程序结果的精准性。

1. 延迟到达的数据

在现实世界中，数据往往会"迟到"，这会对流处理程序计算结果的精准性造成影响。例如移动游戏的场景，游戏会向统一日志系统发送事件，以记录每个玩家在游戏中的行为。

假定一个玩家上了地铁，而在之后的一个小时内没有手机信号。这个玩家在地铁上继续玩着游戏，游戏也忠实地记录着这个玩家的一举一动。当玩家离开地铁，信号恢复后，游戏会将之前缓存的事件批量发送给统一日志。但遗憾的是，当玩家在地铁中时，流处理程序会认为该玩家已经结束游戏，并更新对应的指标数据。而当延迟发送的事件数据进入流处理程序时，程序会认为这些数据是非法的，不会进行任何处理。图 7.4 展示了这种情况。

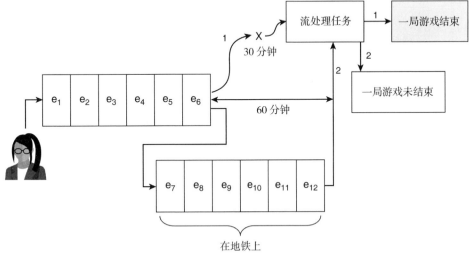

图 7.4　流处理程序得出了一个错误结论：一局游戏已经结束了。
这是因为相关事件到达决策处理系统的时间大大滞后了

在线广告公司对于他们的客户则提供了另一个例子。在线广告公司往往需要数天(有时是数周)才能决定哪些广告点击是真实的，哪些是欺诈性的。因此最终市场营销的费用也需要数天甚至数周来确认，而这些费用是非常昂贵的。因此在流处理程序中，广告点击和由点击产生的费用往往只是一个估算，需要我们针对延迟到达的数据进行优化。

2. 近似性

出于性能的原因，在流处理程序中往往使用近似算法。一个很好的例子是大数据中计算网站独立访问者的人数。计算独立访问者(在 SQL 中使用 COUNT DISTINCT)是非常有挑战性的，因为这个指标是无法简单累加的。例如你无法通过累加每周独立访问者的人数来计算每月的独立访问者人数。因为精确的唯一性计算代价较为昂贵，因此在流处理程序中，往往采用诸如 HyperLogLog 的近似算法。[2]

尽管对于流处理程序，近似值已能满足需求。但分析团队总是希望能对计算结果进行优化。在上面的场景中，分析团队期望能在完整的网站访问日志上执行真正的 COUNT DISTINCT 计算。

3. 框架的限制

最后这个原因在流处理领域是个火热的话题。Nathan Marz 的 Lambda 架构设计正是基于"流处理程序不可靠"这一假设之上。

一个有趣例子是关于"有且只有一次"(exactly-once)和"至少有一次"(at-least-once)的对比。目前，Amazon Kinesis 提供了"至少有一次"的处理功能：当事件被发送至统一日志时，永远不会丢失，但会重复发送一次或多次。如果统一日志的数据流中存在重复事件，处理流程就需要额外的优化来达到"有且只有一次"的要求。Apache Kafka 从 0.11 版本就开始支持"有且只有一次"的语义。

这个话题变得如此火热，也是由于 Apache Kafka 最初的架构师 Jay Kreps 并不认同"流处理程序不可靠"的观点，他认为这个问题只是暂时的。[3]Kreps 提出了 Kappa 架构(Kappa Architecture)。他认为只需要单一的流处理技术栈就能满足所有统一日志的需求。

我的观点与 Jay 类似，最终框架的限制会消失。但事件延迟到达和近似性计算的问题会始终伴随着我们。时至今日，这 3 个有关精准性的问题为我们创建和维护事件归档提供了很好的理由。

---

2. 更多有关 HyperLogLog 近似算法的内容可访问 https://en.wikipedia.org/wiki/HyperLogLog。

3. 有关 Kreps 写的关于 Kappa 架构的更多内容，详见 www.oreilly.com/ideas/questioning-the-lambda-architecture。

7.2　归档的设计

从上一节我们可以发现，对统一日志中的事件流进行归档，可使整个架构变得更健壮，必要时能重复处理事件，以及使处理的结果更精准。本节将介绍对什么进行归档，在哪里进行归档，以及如何进行归档。

7.2.1　什么应被归档

对统一日志内的事件进行归档是个好主意，但是到底什么应该被归档呢？可能答案并不是你所想的：你应该尽可能归档上游发送给你的原始事件数据。图 7.5 展示了图 7.3 所提及的统一日志中需要归档的场景。

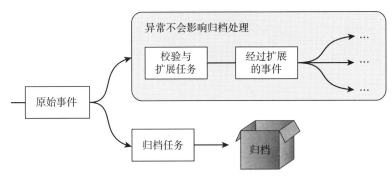

图 7.5　通过尽可能在上游进行归档处理，我们隔离了原始事件的归档与
下游那些可能引起异常的处理任务

例如之前章节中的两个例子：

- 在第 2 章和第 3 章中，我们应将购物者在尼罗在线网站生成的三种类型事件都归档。
- 在第 5 章中，我们应将 Plum 公司生产线上机器生成的质检事件归档。

事件校验和扩展是较为消耗资源的操作，那为什么我们仅对原始事件归档呢？这仍然是出于之前提及的 3R。

- **弹性(Resilience)：** 通过归档原始事件，可以保证不会因为中间过程导致归档操作的失败。
- **重复处理(Reprocessing)：** 我们有可能需要对整个数据处理流程中的任一部分进行重复处理，其中也包括事件的校验和扩展部分。因此归档原始事件使得可以重新执行任何想要的下游数据处理步骤。
- **精准(Refinement)：** 任何处理(如 Hadoop 或 Spark 批处理任务)都应该基于相同的输入事件。

7.2.2　何处进行归档

需要将事件归档至那些永久性的文件存储，并应考虑以下特性。

- 是否健壮？因为我们不想被告知有部分归档数据丢失了。
- 能够被 Hadoop 或 Spark 这样的框架便捷、快速地加载，方便之后的处理。

这些要求都非常适合分布式文件系统，表 7.1 列出了最常用的分布式文件系统。原始事件归档的存储应该选择其中的一项。

表 7.1　分布式文件系统示例

分布式文件系统	是否为云服务？	API	描　　　述
Amazon Simple Storage Service(S3)	是	HTTP	Amazon Web Services 的一部分，托管的文件存储服务
Azure Blog storage	是	HTTP	Microsoft Azure 的一部分，托管的非结构化数据存储服务
Google Cloud Storage	是	HTTP	Google Cloud Platform 的一部分，托管的对象存储服务
Hadoop Distributed File System (HDFS)	否	Java、Thrift	使用 Java 开发的分布式文件存储系统，被应用于 Hadoop 框架
OpenStack Swift	否	HTTP	一个分布式、高可用、支持最终一致性的对象存储
Riak Could Storage (CS)	否	HTTP	基于 Riak 数据库构建，API 兼容 Amazon S3
Tachyon	否	Java、Thrift	以内存为核心的存储系统,对 Spark 与 Hadoop 进行了优化。实现了 HDFS 接口

选择哪种具体的存储方式应该取决于你的公司使用了某种 IaaS(如 AWS、Azure、Google Compute Engine)，还是自建数据处理基础设施。即使公司拥有自己搭建的基础设施，仍然应该将统一日志的数据存放在某个托管的存储服务(如 Amazon S3)上，作为备份之一。

7.2.3　如何进行归档

将事件从统一日志归档存入永久性文件存储的过程很简单。流处理程序需要完成以下工作：

- 从流中的每个切片或主题中读取事件。
- 一次选择一个合理数量的事件,批量地将事件写入文件中,便于后续处理。
- 将文件写入所选的分布式文件系统中。

值得庆幸的是，我们并不需要亲自完成这些工作。无论是 Kinesis 还是 Kafka，许多公司都开源了他们将事件归档至分布式文件系统的工具。表 7.2 列出了那些使用最广泛的工具。

表 7.2 将事件归档至分布式文件系统的工具

工 具	源 头	终 点	创 建 者	描 述
Camus	Kafka	HDFS	LinkedIn	使用 MapReduce 将 Kafka 的数据加载到 HDFS。支持自动发现 Kafka topic
Flafka	Kafka	HDFS	Cloudra/Flume	Flume 项目的一部分。能够通过配置，设定 Kafka 作为数据源，HDFS 作为下游的写入目标
Bifrost	Kafka	S3	uSwitch.com	将事件以 uSwitch 自定义的二进制格式写入 S3
Secor	Kafka	S3	Pinterest	把 Kafka topic 中事件以 Hadoop SequenceFile 格式持久写入 S3 的服务
kinesis-s3	Kinesis	S3	Snowplow	基于 Kinesis 客户端类库的应用程序，能将 Kinesis stream 中的事件写入 S3
Connect S3	Kafka	S3	Confluent	允许将 Kafka topic 中的数据导出至 S3 中，同时支持 Avro 与 JSON 格式

现在你已经了解了为什么以及如何将事件进行归档，接下来将使用 Pinterest 的 Secor 将理论付诸于实践。

7.3 使用 Secor 归档 Kafka 的事件

让我们回到第 5 章尼罗在线购物网站的例子。回顾一下由尼罗网站产生的 3 种不同类型的事件，这些事件均被尼罗公司收集起来并写入 Apache Kafka 统一日志。下面列出了这 3 种类型的事件：

● 购物者浏览商品信息

● 购物者将商品放入购物车

● 购物者支付订单

先把现有的流处理程序放在一边，尼罗公司想将所有事件归档存放在 Amazon S3 上，图 7.6 展示了这样的架构。

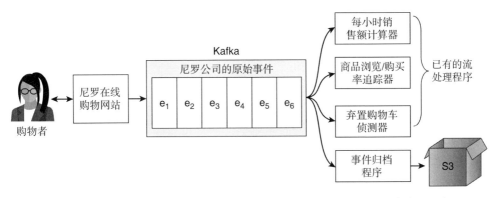

图 7.6 除了尼罗公司已有的 3 个流处理程序之外，我们还添加了第四个应用程序，用于原始事件流归档至 Amazon S3 的处理

按照表 7.2 中列出的各种工具，只有 3 种支持将 Kafka 的事件归档存储在

Amazon S3 上，分别为 uSwitch 的 Bifrost、Pinterest 的 Secor 与 Confluent 的 Connect S3。在尼罗的使用场景中，相比 Bifrost，我们更倾向于使用 Secor。因为 Secor 使用的存储格式 Hadoop SequenceFile 的应用范围比 Bifrost 的 baldr 格式更广泛。尼罗在未来可能会对 S3 上存储了很多年的事件数据进行分析和处理，因此要慎重选择一种兼容性更好、支持度更广的数据格式。我们同样可选择 Confluent 的 Connect S3，但这需要使用 Confluent 版本的 Kafka，而不是 Apache 的版本。既然我们已经安装了 Apache 的版本，那就继续沿用下去吧。

7.3.1　配置 Kafka

首先，我们依然需要从 Kafka 中读取原始事件。如果第 2 章中安装的 Kafka 还在，那么可以使用下面的命令启动 Apache ZooKeeper：

```
$ cd kafka_2.12-2.0.0
$ bin/zookeeper-server-start.sh config/zookeeper.properties
```

然后，可以在第二个终端窗口中启动 Kafka：

```
$ cd kafka_2.12-2.0.0
$ bin/kafka-server-start.sh config/server.properties
```

如同第 5 章中所做的那样，需要在 Kafka 中创建一个名为 raw-events-ch07 的 topic，这样我们就可以直接发送事件了。可以使用下面的命令创建这个 topic：

```
$ bin/kafka-topics.sh --create --topic raw-events-ch07 \
  --zookeeper localhost:2181 --replication-factor 1 --partitions 1
Created topic "raw-events-ch07".
```

现在打开第三个终端窗口，执行下面的命令运行一个 Kafka console producer：

```
$ bin/kafka-console-producer.sh \
    --broker-list localhost:9092 --topic raw-events-ch07
```

这个 producer 会等待下一步的输入。让我们输入一些事件，输入时务必在每行结尾处按下 Enter 键：

```
{ "subject": { "shopper": "789" }, "verb": "add", "indirectObject":
"cart", "directObject": { "item": { "product": "aabattery", "quantity":
12, "price": 1.99 }}, "context": { "timestamp": "2018-10-30T23:01:29" } }

{ "subject": { "shopper": "456" }, "verb": "add", "indirectObject":
"cart", "directObject": { "item": { "product": "thinkpad", "quantity":
1, "price": 1099.99 }},"context": { "timestamp": "2018-10-30T23:03:33" }}

{ "subject": { "shopper": "789" }, "verb": "add", "indirectObject":
"cart", "directObject": { "item": { "product": "ipad", "quantity": 1,
"price": 499.99 } }, "context": { "timestamp": "2018-10-30T00:04:41" } }

{ "subject": { "shopper": "789" }, "verb": "place", "directObject":
{ "order": { "id": "123", "value": 511.93, "items": [ { "product":
```

"aabattery", "quantity": 6 }, { "product": "ipad", "quantity": 1}] } },
"context": { "timestamp": "2018-10-30T00:08:19" } }

{ "subject": { "shopper": "123" }, "verb": "add", "indirectObject":
"cart", "directObject": { "item": { "product": "skyfall", "quantity":
1, "price": 19.99 }}, "context": { "timestamp": "2018-10-30T00:12:31" } }.

{ "subject": { "shopper": "123" }, "verb": "add", "indirectObject":
"cart", "directObject": { "item": { "product": "champagne", "quantity":
5, "price": 59.99 }}, "context": { "timestamp": "2018-10-30T00:14:02" } }

{ "subject": { "shopper": "123" }, "verb": "place", "directObject":
{ "order": { "id": "123", "value": 179.97, "items": [{ "product":
"champagne", "quantity": 3 }] } }, "context": { "timestamp":
"2018-10-30T00:17:18" } }

输入完成后，可以按下 Ctrl+D 快捷键退出 producer。从 JSON 格式的数据上很难看出尼罗网站上发生了什么。图 7.7 展示了这些事件的具体内容，3 个购物者将商品放入购物篮(或购物车)并支付了订单。

图 7.7 3 个购物者将商品放入购物篮中；其中 2 个购物者在减少了购买商品的数量后支付了账单

这 7 个事件已被安全地存入 Kafka 中，可以使用控制台的 consumer 检验一下：

```
$ bin/kafka-console-consumer.sh --topic raw-events-ch07 --from-beginning \
    --bootstrap-server localhost:9092
{ "subject": { "shopper": "789" }, "verb": "add", "indirectObject":
 "cart", "directObject": { "item": { "product": "aabattery", "quantity":
 12, "unitPrice": 1.99 } }, "context": { "timestamp":
 "2018-10-30T23:01:2" } }
...
```

按下 Ctrl+C 快捷键可以退出 consumer。事件已经被 Kafka 记录，现在可以开始归档了。

7.3.2 创建事件归档

回顾一下，尼罗要将所有写入 Kafka 的原始事件归档存储在 Amazon 的 S3。在第 II 部分的开始，我们已经使用过 Amazon Web Services，但还未使用过 Amazon S3。

在第 4 章中，我们创建了一个名为 ulp 的 Amazon Web Services 用户，并赋予了它对 Amazon Kinesis 的所有权限。现在需要重新使用 root 用户登录 AWS，并赋予 ulp 用户访问 Amazon S3 的所有权限。进入 Amazon Dashboard 按照以下顺序进行操作：

(1) 单击 Identity & Access Management 的图标。

(2) 单击左方导航条的 Users 选项。

(3) 单击 ulp 用户。

(4) 单击 Add Permissions 按钮。

(5) 单击 Attach Existing Policies Directly 标签。

(6) 选择 AmazonS3FullAccess policy 并单击 Next:Review。

(7) 单击 Add Permissions 按钮。

现在需要创建一个 Amazon S3 bucket 来存放归档事件。S3 bucket 是类似于文件夹的顶层资源，可用来存放文件。但有些麻烦的是，每个 bucket 都需要一个全局唯一名称。为了防止你的 bucket 名称与本书其他读者的冲突，让我们按照以下约定来命名 bucket：

```
s3://ulp-ch07-archive-{{your-first-pets-name}}
```

使用 AWS CLI 中的 s3 命令与 mb 子命令创建新的 bucket：

```
$ aws s3 mb s3://ulp-ch07-archive-little-torty --profile=ulp
make_bucket: s3://ulp-ch07-archive-little-torty/
```

bucket 已经创建成功了。事件也已存放在 Kafka 中，而一个 Amazon S3 上的 bucket 已经准备好存放归档事件了。接下来使用 Secor 将这些连接起来。

7.3.3 配置 Secor

因为没有现成的二进制格式的 Secor，我们只能自行从源码进行构建。Vagrant 开发环境中已有需要的所有软件：

```
$ cd /vagrant
$ wget https://github.com/pinterest/secor/archive/v0.26.tar.gz
$ cd secor-0.26
```

下一步需要修改 Secor 运行所需的配置文件。首先，通过常用的编辑器打开下面的配置文件：

/vagrant/secor/src/main/config/secor.common.properties

然后将代码清单 7.1 中的文本复制到配置文件中的 MUST SET 部分。

代码清单 7.1　secor.common.properties

```
...                                          只对本章生成的原始事件进行归档
# Regular expression matching names of consumed topics.
secor.kafka.topic_filter=raw-events-ch07  ◀
                                             与~/.aws/credentials 文件中
# AWS authentication credentials.            的 aws_access_key_id 相同
aws.access.key={{access-key}}  ◀
aws.secret.key={{secret-key}}  ◀
...                                          与~/.aws/credentials 文件中的
                                             aws_secret_access_key 相同
```

接着编辑下一个配置文件：

/vagrant/secor/src/main/config/secor.dev.properties

在这个文件中我们只需要修改 secor.s3.bucket 这一项。这项的设置需要与你在 7.3.2 节中创建的 bucket 名称一致。当所有配置修改完成后，你的配置文件内容应该与代码清单 7.2 中所示的相同。

代码清单 7.2　secor.dev.properties

```
include=secor.common.properties  ◀
                                   导入之前编辑的文件
#############
# MUST SET #
#############

# Name of the s3 bucket where log files are stored.
secor.s3.bucket=ulp-ch07-archive-{{your-first-pets-name}}  ◀

                                                    设置为 bucket
#################                                    的名称
# END MUST SET #
#################

kafka.seed.broker.host=localhost
kafka.seed.broker.port=9092
zookeeper.quorum=localhost:2181
```

```
# Upload policies.              文件上传至 S3 的规则
# 10K
secor.max.file.size.bytes=10000
# 1 minute
secor.max.file.age.seconds=60
```

从上面列出的配置可以看到默认的上传规则中，会每隔 1 分钟或单个文件达到 10 000 bytes 时向 S3 上传。这些默认设置可以很好地工作，因此我们不需要修改它们。同样，我们不需要修改配置文件中的其他部分，直接开始构建 Secor。

```
$ mvn package
...
[INFO] BUILD SUCCESS...
...
$ sudo mkdir /opt/secor
$ sudo tar -zxvf target/secor-0.26-SNAPSHOT-bin.tar.gz -C /opt/secor
...
lib/jackson-core-2.6.0.jar
lib/java-statsd-client-3.0.2.jar
```

最后可以开始运行 Secor 了。

```
$ sudo mkdir -p /mnt/secor_data/logs
$ cd /opt/secor
$ sudo java -ea -Dsecor_group=secor_backup \
   -Dlog4j.configuration=log4j.prod.properties \
   -Dconfig=secor.dev.backup.properties -cp \
   secor-0.26.jar:lib/* com.pinterest.secor.main.ConsumerMain
Nov 05, 2018 11:26:32 PM com.twitter.logging.Logger log
INFO: Starting LatchedStatsListener
...
INFO: Cleaning up!
```

需要注意的是，在输出 INFO: Cleaning up!之前可能需要数秒的时间。在这段时间内，Secor 需要批量获取事件，将它们存储为 Hadoop SequenceFile 格式并上传至 Amazon S3。

让我们快速检查一下文件是否被成功上传至 S3。在 AWS dashboard 中依次执行以下操作：

(1) 单击 S3 图标。

(2) 单击名为 ulp-ch07-archive-{{your-first-pets-name}}的 bucket。

(3) 单击每个子目录，直至你看到单独的文件。

这个文件存放着从 Kafka 中读取的 7 个事件数据，由 Secor 上传至 S3，如图 7.8 所示。

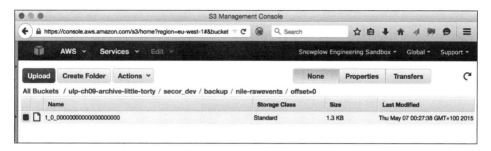

图 7.8 Amazon S3 的 AWS 用户界面，展示了已经归档的事件

可以使用 AWS CLI 工具下载该文件：

```
$ cd /tmp
$ PET=little-torty
$ FILE=secor_dev/backup/raw-events-ch07/offset=0/1_0_00000000000000000000
$ aws s3 cp s3://ulp-ch07-archive-${PET}/${FILE} . --profile=ulp
download: s3://ulp-ch07-archive-little-torty/secor_dev/backup/raw-events-
ch07/offset=0/1_0_00000000000000000000 to ./1_0_00000000000000000000
```

快速查看一下这个文件的内容：

```
$ file 1_0_00000000000000000000
1_0_00000000000000000000: Apache Hadoop Sequence file version 6
$ $ head -1 1_0_00000000000000000000
SEQ!org.apache.hadoop.io.LongWritable"org.a pache.hadoop.io.BytesWritabl...
```

遗憾的是我们无法从命令行直接查看文件的内容。这个文件是由 Secor 使用 Hadoop SequenceFile 格式存储的，而 Hadoop SequenceFile 是一种由二进制的键值对组成的扁平文件格式[4]。批处理框架(如 Hadoop)可以很方便地读取 SequenceFile，这也是下一节要介绍的。

7.4 批处理事件

当事件在 Amazon S3 上归档存储后，就可以使用批处理框架对尼罗公司的事件进行任意处理了。

7.4.1 批处理入门

批处理框架与流式处理框架最基本的差异在于它们所处理的数据。批处理框架所处理的数据是有固定范围的，而不像流式处理框架处理的是一条没有界限的事件流(或多条流)。图 7.9 展示了一个批处理框架。

---

4. 有关 Hadoop SequenceFile 的更多内容可访问 https://wiki.apache.org/hadoop/SequenceFile。

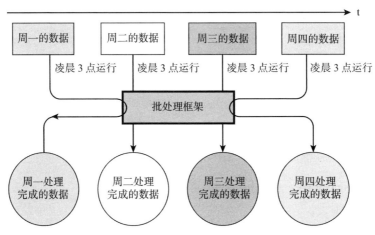

图 7.9　一周的四天中，批处理框架每天都会运行一个不同的批处理。批处理框架会在每天的凌晨 3 点开始运行，从存储设备中读取上一天的数据，在运行结束时将处理结果写回存储设备

与之对应，图 7.10 展示了流式处理框架如何处理一条不终止的事件流。

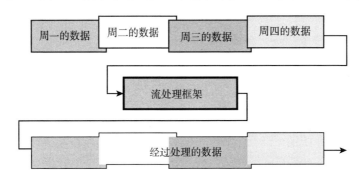

图 7.10　流式处理框架不会区分事件流中不连续的数据。周一至周四的数据都在一个没有界限的流中

第二个不同之处可能是出于历史原因，批处理框架更多用来处理大量不同类型的数据。批处理框架最经典的使用案例是使用 Hadoop 在海量文档(半结构化)中统计每个单词出现的次数。虽然近几年来流式处理框架开始支持不同类型的数据[5]，但大体而言流式处理框架更专注于处理结构良好的事件流数据。

表 7.3 列出了主流的批处理框架。其中，Apache Hadoop 与 Apache Spark 比Disco 或 Apache Flink 拥有更多的使用者。

---

5. 详情可进一步访问 https://github.com/romseygeek/samza-luwak。

表 7.3 分布式批处理框架示例

框 架	创 建 时 间	创 建 者	描 述
Disco	2008	诺基亚研发中心	使用 Erlang 编写的 MapReduce 框架。拥有自己的文件系统 DDFS
Apache Flink	2009	柏林理工大学	即之前的 Stratosphere 项目，是一个基于流的数据流程引擎，提供了用于批处理的 DataSet API。支持使用 Scala、Java 或 Python 编写批处理任务
Apache Hadoop	2008	雅虎	使用 Java 编写的框架，提供了分布式处理(Hadoop MapReduce)与分布式存储(HDFS)的功能
Apache Spark	2009	伯克利大学 AMP 实验室	大规模的数据处理框架，支持有环的数据处理流程，并针对内存使用做了优化。支持使用 Scala、Java 和 Python 编写批处理任务

那么这些框架中出现的"分布式"又是什么意思呢？简而言之就是它们采用了主从式(master-slave)系统架构。

- master 负责监控系统内各个 slave 服务器的状态，并将处理请求发送给 slave。
- slave(有时也称为 worker)收取处理请求，执行处理工作以及向 master 服务器同步更新自己的状态。

图 7.11 展示了这种系统架构的示例，分布式系统架构能通过增加 slave 服务器的数量进行水平扩展。

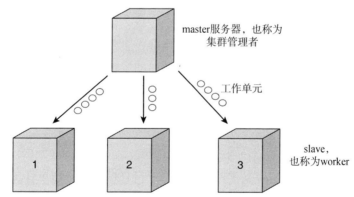

图 7.11 在一个分布式数据处理架构中，master 负责管理众多的 slave，并从批处理任务中给它们分配相应的工作单元

7.4.2 设计批处理任务

尼罗公司的分析团队想要一份有关每个购物者全生命周期的行为报告：

- 每个购物者向购物篮中添加了多少商品？这些商品的总金额是多少？
- 与此类似，每个购物者支付了多少订单，每张订单的总金额是多少？

图 7.12 展示了报告的示例。

购物者	购物车		已支付的订单	
	商品	价格	订单	价格
123	17	$ 107.98	1	$ 37.99
456	1	$ 499.99	1	$ 499.99
789	4	$ 368.04	0	$ 0

图 7.12　尼罗的分析团队希望知道每个购物者放入购物车以及最终支付的商品与金额。
有了这些数据，就能很方便地计算有哪些购物车中的商品被丢弃

假设尼罗的分析团队从事件归档中每隔 6 个月生成一次报告，很显然，这是一个典型的重复处理的应用场景：需要在完整的事件的历史上追溯数据。

在开始编写代码之前，让我们先思考一下生成报告所采用的算法。我们使用一种类 SQL 的伪代码来描述算法。下面描述的是"将商品放入购物车"的相关算法：

```
GROUP BY shopper_id
WHERE event_type IS add_to_basket
  items = SUM(item.quantity)
  value = SUM(item.quantity * item.price)
```

通过查找购物者添加商品的事件，我们能够计算出购物者向购物车中添加商品的数量和总金额。累加所有商品的数量就能得到购物车中商品的总数量。计算总金额稍微复杂些：需要将数量乘以每种商品的单价才能得到总金额。

购物者订单的算法则更简单些：

```
GROUP BY shopper_id
WHERE event_type IS place_order
  orders = COUNT(rows)
  value  = SUM(order.value)
```

对于每个购物者我们只需要查找购物者支付订单事件，简单计算每个购物者支付订单事件的次数，就能知道购物者支付了几张订单。累加这些订单的金额就能得到购物者支付的总金额。

现在我们已经知道如何计算所需的数据，可以开始选择一个批处理框架实现算法了。

7.4.3　使用 Apache Spark 编写任务

我们将使用 Apache Spark 编写批处理任务：它简洁高效的聚合计算 API 可以完成工作，同时可与存放事件归档的 Amazon S3 很好地协作，并能运行 Amazon

Elastic MapReduce(EMR)。另一点是 Scala 的控制台能让我们很好地和 Spark 的批
处理程序进行交互。

让我们先使用 Gradle 创建一个 Scala 应用程序。首先创建一个名为 spark 的目
录，进入该目录执行下面的命令：

```
$ gradle init --type scala-library
...
BUILD SUCCESSFUL
...
```

与之前章节一样，需要删除 Gradle 生成的一些模板文件：

```
$ rm -rf src/*/scala/*
```

默认的 build.gradle 文件与我们所需的有些不符,用代码清单 7.3 中的代码代替：

代码清单 7.3　build.gradle

```
apply plugin: 'scala'

configurations {
    provided                          配置这些依赖范围为 provided，这样最后
}                                     生成的 JAR 文件中就不会包括它们
sourceSets {
    main.compileClasspath += configurations.provided
}

repositories {
  mavenCentral()
}

version = '0.1.0'

  ScalaCompileOptions.metaClass.daemonServer = true
  ScalaCompileOptions.metaClass.fork = true
  ScalaCompileOptions.metaClass.useAnt = false
  ScalaCompileOptions.metaClass.useCompileDaemon = false
dependencies {
  runtime "org.scala-lang:scala-compiler:2.12.7"
  runtime "org.apache.spark:spark-core_2.12:2.4.0"
  runtime "org.apache.spark:spark-sql_2.12:2.4.0"
  compile "org.scala-lang:scala-library:2.12.7"
  provided "org.apache.spark:spark-core_2.12:2.4.0"     需要增加 Spark 与
  provided "org.apache.spark:spark-sql_2.12:2.4.0"      Spark SQL 作为项
}                                                       目依赖

jar {
  dependsOn configurations.runtime
  from {
    (configurations.runtime - configurations.provided).collect {
      it.isDirectory() ? it : zipTree(it)
    }                                        在创建 fat jar 文件时要确保
                                             排除 provided 范围的依赖
```

```
    } {
        exclude "META-INF/*.SF"
        exclude "META-INF/*.DSA"
        exclude "META-INF/*.RSA"
    }
}
task repl(type:JavaExec) {              启动 Scala 控制台的任务
    main = "scala.tools.nsc.MainGenericRunner"
    classpath = sourceSets.main.runtimeClasspath
    standardInput System.in args '-usejavacp'
}
```

替换完成之后，编译项目：

```
$ gradle build
...
BUILD SUCCESSFUL
```

在开始编写代码之前要做的最后一件事是将从 S3 下载的 Secor sequenceFile 文件复制并放入 data 子文件夹下：

```
$ mkdir data
$ cp ../1_0_00000000000000000000 data/
```

现在可开始编写一些 Scala 代码了。进入项目的根目录，执行下面的命令运行 Scala 控制台(或称为 REPL)：

```
$ gradle repl --console plain
...
scala>
```

如果之前电脑上已经装有Spark，那么上面命令中的repl需要替换为spark-shell[6]。先导入程序所需的一些类。在 Scala 控制台中输入(下面的代码片段中省略了控制台中的 scala>提示符与响应输出)：

```
import org.apache.spark.{SparkContext, SparkConf}
import SparkContext._
import org.apache.spark.sql._
import functions._
import org.apache.hadoop.io.BytesWritable
```

下一步需要创建一个 SparkConf 实例，用来配置程序运行所需的环境参数，在控制台中复制以下代码：

```
val spark = SparkSession.builder()
  .appName("ShopperAnalysis")
  .master("local")
  .getOrCreate()
```

通过赋值给一个新 SparkContext，在控制台中启动 Spark。

---

6. Spark shell 是一个交互地分析数据的有力工具，详情可访问 https://spark.apache.org/docs/latest/quickstart.html#interactive-analysis-with-the-spark-shell。

```
scala> val sparkContext = spark.sparkContext
...
sparkContext: org.apache.spark.SparkContext =
  org.apache.spark.SparkContext@3d873a97
```

接着加载 Secor 存储在 S3 上的归档事件。假设你已经把文件放在之前提及的
data 子目录下，那么可以使用下面的代码加载数据：

```
scala> val file = sparkContext.
  sequenceFile[Long, BytesWritable]("./data/1_0_00000000000000000000")
...
file:org.apache.spark.rdd.RDD[(Long, org.apache.hadoop.io.BytesWritable)]
 = MapPartitionsRDD[1] at sequenceFile at <console>:23
```

之前提到过，Hadoop SequenceFile 是一种二进制的键值对文件格式：Secor
会使用 Long 型的数据作为键，而将 JSON 格式的事件数据转化为 BytesWritable，
这是一种便于 Hadoop 处理的字节数组类型。file 变量的类型是 RDD[(Long,
BytesWritable)]。其中，RDD 是 Spark 的术语，即 Resilient Distributed Dataset。可
以认为 RDD 是一种在分布式流中表现集合类型数据结构的方式。

RDD[(Long, BytesWritable)]是个不错的开始，但我们真正需要的是人类可读
的 JSON 字符串。这可以通过对 RDD 使用映射函数来完成：

```
scala> val jsons = file.map { case (_, bw) =>
  new String(bw.getBytes, 0, bw.getLength, "UTF-8")
}
jsons: org.apache.spark.rdd.RDD[String] = MapPartitionsRDD[2] at map
 at <console>:21
```

现在返回类型已经是 RDD[String]，这也正是我们所需要的。现在差不多可
以开始编写聚合计算的代码了！Spark 中有个专门的模块，被称为 Spark
SQL(https://spark.apache.org/sql/)，通过这个模块，我们可以分析类似事件流的结
构化数据。Spark SQL 是个有点令人困惑的名字——使用 Spark SQL 并不需要编
写任何 SQL 代码。首先，需要从 SparkContext 创建一个新的 sqlContext：

```
val sqlContext = spark.sqlContext
```

sqlContext 提供了一个方法，可以从特定的 RDD 中创建类 JSON 的数据结构。
看一下下面的代码：

```
scala> val events = sqlContext.read.json(jsons)
18/11/05 07:45:53 INFO FileInputFormat: Total input paths to process : 1
...
18/11/05 07:45:56 INFO DAGScheduler: Job 0 finished: json at <console>:24,
  took 0.376407 s
events: org.apache.spark.sql.DataFrame = [context: struct<timestamp:
  string>, directObject: struct<item: struct<price: double, product: string
  ... 1 more field>, order: struct<id: string, items:
  array<struct<product:string,quantity:bigint>> ... 1 more field>> ... 3
  more fields]
```

有趣的是，Spark SQL 能够很好地处理 RDD[String]中的 JSON 结构，并将它转化为一个包含所有属性字段的数据结构。此外需要注意的是，转化之后输出的对象类型不再是 RDD，而是 DataFrame 了。如果之前用过 R 编程语言或 Python 中的 Pandas 类库，那么应该对 DataFrame 非常熟悉。DataFrame 其实就是一个数据按列名组织起来的集合。虽然 RDD 仍然是 Spark 的核心数据结构，但现在已经开始大量使用 DataFrame。[7]

为让聚合计算的代码有更好的可读性，可在 Scala 代码中使用一些别名：

```
val (shopper, item, order) =
        ("subject.shopper", "directObject.item", "directObject.order")
```

上面的代码中我们给 3 个 JSON 中的实体对象设置了对应的别名。Spark SQL 提供了.操作符访问嵌套在一个属性中的属性(如 subject 中的 shopper 属性)。

下面就是聚合计算的代码：

```
scala> events.
  filter(s"${shopper} is not null").
  groupBy(shopper).
    agg(
      col(shopper),
      sum(s"${item}.quantity"),
      sum(col(s"${item}.quantity") * col(s"${item}.price")),
      count(order),
      sum(s"${order}.value")
    ).collect
18/11/05 08:00:58 INFO CodeGenerator: Code generated in 14.294398 ms
...
18/11/05 08:01:07 INFO DAGScheduler: Job 1 finished: collect at
  <console>:43, took 1.315203 s
res0: Array[org.apache.spark.sql.Row] =
  Array([789,789,13,523.87,1,511.93], [456,456,1,1099.99,0,null],
  [123,123,6,319.94,1,179.97])
```

代码最后的 collect 方法会强制要求 Spark 对 RDD 进行求值，并输出聚合计算的结果。输出结果中包含 3 行数据，对照图 7.12，每一行数据的单元格分别对应于购物者 ID，添加到购物车商品的数量和总金额，订单的总数和订单总金额。

对于聚合计算的代码需要关注以下几点：

- 代码中过滤了没有购物者 ID 的记录。因为 Spark 在加载 SequenceFile 时会读取文件第一行空行，而这并不是合法的 JSON 对象。
- 按照购物者 ID 分组，分组的结果中包含了所有的属性字段。
- 通过使用 Spark SQL 助手函数实现聚合计算的逻辑，其中 col()函数用于获取列名。sum()函数用来累加多行记录的值，count()函数则用于计算行数。

---

7. 更多信息可阅读由 Reynold Xin 等人撰写的 Introducing DataFrames in Apache Spark for Large-Scale Data Science 一文，网址为 https://databricks.com/blog/2015/02/17/introducing-dataframes-in-spark-forlarge-scale-data-science.html。

在 Scala 控制台中我们已经完成了尼罗所需报表的代码编写工作。不难看出,通过使用 Spark SQL,我们为尼罗分析团队构建了完善的报表。但是在控制台运行报表程序并不是个好主意,下一节将介绍如何将程序运行在 Amazon 的 Elastic MapReduce 平台上。

7.4.4　使用 Elastic MapReduce 运行任务

配置与维护一个供批处理使用的集群需要耗费大量精力,而且并不是所有人都需要,也未必有预算能承担长期存在的服务器集群。例如,尼罗只需要每天生成一次购物者消费的分析报告,那么只需要一个临时性集群,在每天的凌晨启动,执行处理任务,将结果写入 Amazon S3 之后就可以关闭了。很多数据处理服务平台提供了类似的功能,包括 Amazon Elastic MapReduce(EMR)、Quobole 与 Databricks Cloud。

我们已经有了一个 AWS 账户,因此本节将使用 EMR 运行批处理任务。在开始运行任务之前,需要将之前 Scala 控制台中的代码汇总放入一个单独的 Scala 文件。将代码清单 7.4 的代码复制到以下目录的文件中:

src/main/scala/nile/ShopperAnalysisJob.scala

ShopperAnalysisJob.scala 中实现的功能与之前在控制台中运行的代码功能类似,主要的不同点在于以下几点:

- 提升了一些代码可读性(例如将格式化 SequenceFile 字节数组的代码放入单独的 toJson 函数)。
- 编写了一个供 Elastic MapReduce 调用的 main 函数,并添加了运行参数,以指定输入文件名与输出结果存放目录。
- SparkConf 也有所不同,这些设置是为了支持在类似 EMR 的分布式环境运行。
- 用 saveAsTextFile 方法替代 collect,将结果存储为文件。

代码清单 7.4　ShopperAnalysisJob.scala

```scala
package nile

import org.apache.spark.{SparkContext, SparkConf}
import SparkContext._
import org.apache.spark.sql._
import functions._
import org.apache.hadoop.io.BytesWritable

object ShopperAnalysisJob {

  def main(args: Array[String]) {                    输入文件与输出文件夹作
                                                     为任务所需的参数
    val (inFile, outFolder) = {  ◄
```

```
    val a = args.toList
    (a(0), a(1))
  }

val sparkConf = new SparkConf()
  .setAppName("ShopperAnalysis")
  .setJars(List(SparkContext.jarOfObject(this).get))
val spark = SparkSession.builder()
  .config(sparkConf)
  .getOrCreate()
val sparkContext = spark.sparkContext

val file = sparkContext.sequenceFile[Long, BytesWritable](inFile)
val jsons = file.map {
  case (_, bw) => toJson(bw)
}

val sqlContext = spark.sqlContext
val events = sqlContext.read.json(jsons)
val (shopper, item, order) =
  ("subject.shopper", "directObject.item", "directObject.order")
val analysis = events
  .filter(s"${shopper} is not null")
  .groupBy(shopper)
  .agg(
    col(shopper),
    sum(s"${item}.quantity"),
    sum(col(s"${item}.quantity") * col(s"${item}.price")),
    count(order),
    sum(s"${order}.value")
  )
  analysis.rdd.saveAsTextFile(outFolder)
}

private def toJson(bytes: BytesWritable): String =
  new String(bytes.getBytes, 0, bytes.getLength, "UTF-8")
}
```

确保 Spark 将包含该任务的 jar 文件发布到每个 worker 节点上

将经过聚合的结果输出到一个文本文件

函数已经可以使用 Secor 的 SequenceFile

现在可以把 Spark 任务打包为 fat jar(实际上,该 jar 并不"胖",因为需要打包的唯一依赖就是 Scala 标准库)。Elastic MapReduce 已经提供了 Spark 的依赖,所以我们只需要在构建中声明这些依赖的范围为 provided。使用下面的命令来打包:

```
$ gradle jar
:compileJava UP-TO-DATE
:compileScala UP-TO-DATE
:processResources UP-TO-DATE
:classes UP-TO-DATE
:jar

BUILD SUCCESSFUL

Total time: 3 mins 40.261 secs
```

在 build 子目录下就可以看到已经打包好的文件:

```
$ file build/libs/spark-0.1.0.jar
build/libs/spark-0.1.0.jar: Zip archive data, at least v1.0 to extract
```

为了在 Elastic MapReduce 上运行该任务，首先要使 fat jar 对 EMP 平台可用。这很简单就能做到，只需要将 jar 上传至现有 S3 bucket 中的一个新文件里。

```
$ aws s3 cp build/libs/spark-0.1.0.jar s3://ulp-ch07-archive-${PET}/jar/ \
 --profile=ulp
upload: build/libs/spark-0.1.0.jar to s3://ulp-ch07-archive-little-
torty/jar/spark-0.1.0.jar
```

接着把 AWS 切换回 root 账户，并赋予 ulp 用户完整的 administrator 权限，因为 ulp 需要非常多的权限才能在 EMR 上运行任务。在 AWS Dashboard 上执行以下操作：

(1) 单击 Identity & Access Management 图标。

(2) 单击左边的导航面板上的 Users。

(3) 单击 ulp 用户。

(4) 单击 Add Permissions 按钮。

(5) 单击 Attach Existing Policies Directly 标签。

(6) 选择 AdministratorAccess policy 然后单击 Next: Review 按钮。

(7) 单击 Add Permissions 按钮。

在运行批处理任务之前，我们还需要创建供 Elastic MapReduce 使用的 EC2 keypair 与 IAM 角色。在你的虚拟机中执行下面的命令：

```
$ aws emr create-default-roles --profile=ulp --region=eu-west-1
$ aws ec2 create-key-pair --key-name=spark-kp --profile=ulp \
  --region=eu-west-1
```

现在已经有了运行批处理所需的角色，执行下面的命令启动批处理任务：

```
$ BUCKET=s3://ulp-ch07-archive-${PET}
$ IN=${BUCKET}/secor_dev/backup/raw-events-
➥ ch07/offset=0/1_0_00000000000000000000
$ OUT=${BUCKET}/out
$ aws emr create-cluster --name Ch07-Spark --ami-version 3.6 \
--instance-type=m3.xlarge --instance-count 3 --applications Name=Hive \
--use-default-roles --ec2-attributes KeyName=spark-kp \
--log-uri ${BUCKET}/log --bootstrap-action \
➥ Name=Spark,Path=s3://support.elasticmapreduce/spark/install-spark,
➥ Args=[-x] --steps Name=ShopperAnalysisJob,Jar=s3://eu-west-1.
➥ elasticmapreduce/libs/script-runner/script-runner.jar,
➥ Args=[/home/hadoop/spark/bin/spark-submit,--deploy-mode,cluster,
➥ --master,yarn-cluster,--class,nile.ShopperAnalysisJob, ${BUCKET}/jar/
spark-0.1.0.jar,${IN},${OUT}] \
--auto-terminate --profile=ulp --region=eu-west-1
{
    "ClusterId": "j-2SIN23GBVJ0VM"
}
```

输出的最后 3 行的 JSON 数据包含了 ClusterId，即集群 Id，提示我们集群已经成功运行了。在深入了解集群之前，让我们分析一下 create-cluster 命令是如何工作的：

(1) 使用默认的 EMR 角色，启动一个名为 Ch07-Spark 的 Elastic MapReduce 集群。

(2) 启动 3 个 m3.xlarge 类型的实例(一个 master，两个 slave)，运行 3.6 版本的 AMI 服务。

(3) 将所有系统日志存放在 bucket 的 log 子目录下。

(4) 在集群上安装 Hive 和 Spark。

(5) 从 bucket 上的 jar/spark-0.1.0.jar 文件中找到 nile.ShopperAnalysisJob，作为批处理唯一的处理步骤。

(6) 将 inFile 和 outFolder 作为运行批处理程序的运行参数。

(7) 当 Spark 任务结束之后停止集群。

现在可以从 Amazon Dashboard 上查看集群的启动状况。

(1) 确认你在页面右上方的 region 选项中选择了 Ireland(或者选择了所创建集群的 region)。

(2) 在 Analytics 部分选择 EMR。

(3) 在 Cluster 列表中选择 Ch07-Spark。

此时你应该看到图 7.13 所示的集群服务器和运行批处理所安装的软件。

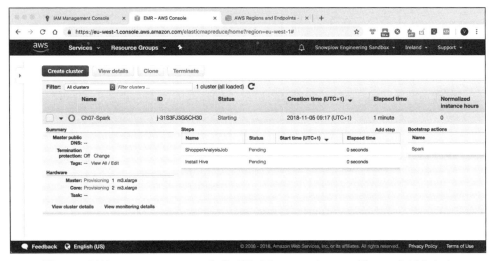

图 7.13　新的 Elastic MapReduce 集群正同时在 master 与 slave(即 core)实例上启动

一会儿之后，你将看到集群的运行状态变为 Running。这时，将页面向下滚动到 Steps 部分并将两者展开，你会看到 Install Hive 和 ShopperAnalysisJob 的运行状态，如图 7.14 所示。

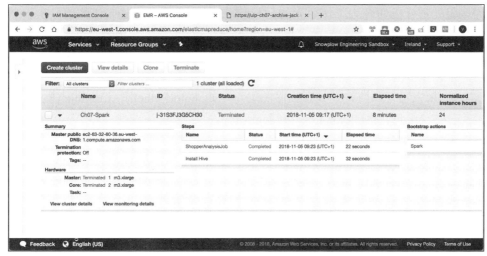

图 7.14　集群已经成功地运行了两个任务：第一个是在集群上安装 Hive，第二个则是运行
Spark 的 ShopperAnalysisJob 任务。该图对于调试运行过程中的异常很有帮助

如果一切顺利，你将看到每一个步骤的状态变为 Completed，然后整个集群
的状态也变为 Terminated。当所有步骤结束后，就会看到以下输出：

```
$ aws s3 ls ${OUT}/ --profile=ulp
2018-11-05 08:22:35                  0 _SUCCESS
2018-11-05 08:22:30                  0 part-00000
...
2018-11-05 08:22:30                 25 part-00017
...
2018-11-05 08:22:31                 23 part-00038
...
2018-11-05 08:22:31                 24 part-00059
...
2018-11-05 08:22:35                  0 part-00199
```

_SUCCESS 是个标识文件，即没有内容的空文件，仅用来通知下游程序当前
处理已经结束，文件目录中不会再添加新的文件。更有趣的是那些以 part-开头的文
件，这些文件是由 Spark 任务生成的输出。让我们下载之后看一下它们的内容：

```
$ aws s3 cp ${OUT}/ ./data/ --recursive --profile=ulp
...
download: s3://ulp-ch09-archive-little-torty/out/_SUCCESS to data/_SUCCESS
...
download: s3://ulp-ch09-archive-little-torty/out/part-00196 to
 data/part-00196
$ cat ./data/part-00*
[789,13,499.99,1,511.93]
[456,1,1099.99,0,null]
[123,6,319.94,1,179.97]
```

可以看到这些就是我们想要的计算结果！不必在意那些空文件，这只是 Spark

用来将处理任务切分为工作单元的。最重要的是我们已将 Spark 任务运行在一个远程的、临时的、完全自动的、使用 Elastic MapReduce 的服务器集群上。

如果尼罗是个真实存在的公司，那么下一步需要做的就是自动化整个批处理的运维，以下是可能需要使用的相关技术：

- 用来运行和监控批处理程序的类库，如 boto(Python)、Elasticity(Ruby)、Spark Plug(Scala)或 Lemur(Clojure)。
- 定时运行批处理任务的工具，如 cron、Jenkins 或 Chronos。

我们将这些留给你练习。而重要的是你已经知道如何在本地使用 Scala 控制台/REPL 开发一个批处理任务，同时将这个程序运行在远程的 Elastic MapReduce 服务器集群上。几乎所有的批处理作业都采用类似的形式。

7.5　本章小结

- Apache Kafka、Amazon Kinesis 这类统一日志系统不能长期保存事件数据。Kinesis 有硬性的限制，事件数据最多能够保存 168 小时，之后就会从流中永久删除。
- 由于 3 个重要的需求(3R)，需要对事件进行归档并长期存储。3R 是指重复处理、弹性和精准。
- 当出现新的分析需求，或现有流处理程序中存在 bug 时，事件的重复处理就很必要。
- 所有原始事件的归档提供了更强大的健壮性。如果流处理程序失败了，也不会丢失任何事件数据。
- 事件归档可用来修正流处理程序。当有延迟到达的事件时，能够提升处理的精准性。出于性能的考量和流式处理框架的限制，可以采用近似值。
- 通过 Pinterest 的 Secor、Snowplow 的 kinesis-s3 或者 Confluent 的 Connect S3，可将事件归档存储在分布式文件系统，如 Hadoop 的 HDFS 和 Amazon S3。
- 将归档数据存放于分布式文件系统后，就可以利用 Apache Hadoop、Apache Spark 这些框架处理归档数据。
- 当使用 Spark 这类框架时，可在 Scala 控制台或 REPL 中交互式地编写、测试事件处理任务。
- 我们能将 Spark 程序打包为 fat jar，并部署到非交互式、托管的批处理平台，如 Amazon Elastic MapReduce(EMR)。

第 *8* 章

轨道式流处理

本章导读：
- 如何处理 UNIX 与 Java 的程序异常，以及如何记录错误日志
- 设计跨多个流的应用程序及异常处理
- 使用 Scalaz Validation 组合处理阶段的多个异常
- 使用 Scala 的 map 和 flatMap 函数在异常发生时立即结束处理

到目前为止，我们关注的都是统一日志中所谓的正常流程，在正常流程上，所有事件都能通过格式校验，输入也不会有 null，很少会发生 Java 程序的异常，因此我们也不必担心程序崩溃和异常退出。

异常是确实存在的；实际情况是，如果实施一个需要跨多个部门或多个公司的统一日志系统，那么异常发生的频率会非常高，因为进入统一日志的事件数量越多，事件处理程序的复杂度就越高。正如 Linus 定律所述："足够多的眼睛，就可让所有问题浮现"[1]；在统一日志上则是"足够多的事件，就可让所有异常浮现"。

在设计流处理系统时，只有将流处理应用程序内不可避免的异常考虑在内，才能构建一个更健壮的统一日志系统，也不会因为一个 NullPointException (YANPE)在凌晨 2 点把我们叫醒。本章讲述如何使用轨道式处理来应对异常。我们自 2013 年开始在 Snowplow 使用这种技术，依靠这种技术我们每天能处理数以亿计的事件且没有宕机。

出于上述原因，本章会深入讨论异常处理的问题，同时这也是我们第一次深度使用 Scala。Scala 是一种强类型的、混合了面向对象与函数式编程风格的、运行在 Java 虚拟机上的编程语言。Scala 提供了很多轨道式编程的特性，而这些特

---

1. 有关 Linus 定律的更多内容，可访问 https://en.wikipedia.org/wiki/Linus%27s_Law。

性是 Java 8 所欠缺的。

现在让我们开始深入探索轨道式处理。

8.1　异常流程

在开始学习轨道式处理之前,让我们先看一下在读者熟悉的两种编程环境 (UNIX 和 Java)中是如何处理异常的,借此分析如今常用的处理错误日志的大致思路。

8.1.1　UNIX 编程中的异常处理

UNIX 的设计是围绕异常展开的。任何在 UNIX shell 中运行的进程在结束时都会返回一个退出码。按照约定,如果运行成功,没有异常,那么退出码应该为 0,否则会用一个大于 0 的整数标识不同的异常情况。

在 UNIX 中,退出码并不是唯一用来标识异常的手段;每个程序都可以访问 3 种标准的流(也称为 I/O 文件描述符):stdin、stdout 与 stderr。表 8.1 展示了这 3 种流的相关属性。

表 8.1　UNIX 程序支持的 3 种标准流

缩　　写	全　　称	文件描述符	描　　述
stdin	标准输入	0	向 UNIX 程序传输数据的输入流
stdout	标准输出	1	当 UNIX 成功运行时对外写数据的输出流
stderr	标准异常	2	当 UNIX 运行失败时对外写数据的输出流

将退出码和 3 个标准流放在一起,就能描绘出 UNIX 程序的正常和异常流程,如图 8.1 所示。

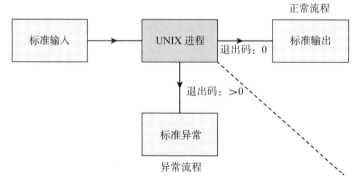

图 8.1　UNIX 程序从标准输入读取数据,能返回不同的退出码,
并按照正常或异常情况来输出流

实际情况可能也不像图 8.1 那样壁垒分明:

- 一个异常退出的 UNIX 进程,退出码可能是个非 0 数字,但是在退出前也可能向标准输出写入异常信息。
- 类似地,UNIX 进程也可在正常结束前向 stderr 输出警告或诊断信息。

那么在 UNIX 中如何将多个程序的异常处理组合起来呢?在这里"组合"的意思是将多个成功或失败的结果合并在一起得到最终结果,而这个结果也应该是正确的。如果手边正好有个 UNIX 终端,那么试一试下面这条命令:

```
$ false | false | true; echo $?
0
```

你可能不熟悉 false 和 true,它们只是很简单的 UNIX 程序,它们的退出码分别为 1(失败)和 0(成功)。在上例中我们把两个 false 和一个 true 的程序通过管道符号(竖线)组合成一个 UNIX 管道。

如你所见,一开始的两个异常并不会导致整个管道的异常,整个管道的输出结果是最后那个程序的结果。

在某些 UNIX shell(ksh、zsh、bash)中,通过内置的 pipefail 选项更好些:

```
$ alias info='>&2 echo'
$ set -o pipefail; info s1 | false | info s3 | true; echo $?
s3
s1
1
```

pipefail 选项会将退出码设置为管道中最后一个异常退出程序的退出码,而如果程序全部正常结束,那么退出码为 0。这是个很大的提升,但是整个管道的执行顺序并不是短路,或者说是失败优先的。这是因为 UNIX 管道连接的是程序的输入和输出,而不是退出码。图 8.2 展示了这种情况。

如果需要失败优先,就要把命令放在 shell 脚本中执行,并使用 set -e 选项。这会让终端在遇到异常退出码时立即终止执行当前脚本。如果执行下面的代码,就会发现代码清单 8.1 所示的脚本中的第二个 echo 并没有被执行。

```
$ ./fail-fast.bash; echo $?
s1
1
```

代码清单 8.1　fail-fast.bash

```
#!/bin/bash
set -e

echo "s1"
false          ┐
echo "s3"  ◄───┘  这一行永远不会运行
```

简而言之,UNIX 程序和 UNIX 管道是强大且易于理解的异常处理工具,但是在组合性上并不能让我们满意。

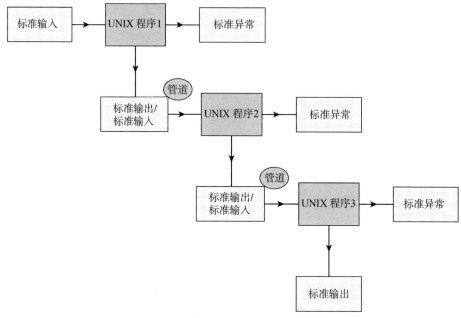

图 8.2 通过将第一个程序的输出作为下一个程序的输入,3 个 UNIX 程序组成了 1 个单
    独的 UNIX 管道。许多 shell 程序都支持将标准输出、标准异常与标准输入通过管
    道连接输入,但这两种情形下程序的退出码都会被忽略

8.1.2 Java 中的异常处理

现在让我们来看一下 Java 是如何处理异常的。Java 严重地依赖于 exception 机制,并且严格区分了两类 exception:

- unchecked exception(非检查型异常)——RuntimeException、Error 以及它们的子类。unchecked exception 代表了代码中的 bug,而调用者无法从中恢复:NullPointException 就是一种典型的 unchecked exception。
- checked exception(检查型异常)——Exception 和它的子类,RuntimeException 除外。每个方法必须抛出未捕获的 checked exception,将异常处理的责任转移给方法的调用者,让调用者决定如何处理异常。

让我们分析 HelloCalculator 程序,其中同时有 unchecked exception 与 checked exception。代码清单 8.2 中标出了这两种不同的异常类型。

代码清单 8.2 HelloCalculator.java

```
package hellocalculator;

import java.util.Arrays;
```

```
public class HelloCalculator {

  public static void main(String[] args) {
    if (args.length < 2) {
      String err = "too few inputs (" + args.length + ")";
      throw new IllegalArgumentException(err);
    } else {
      try {
        Integer sum = sum(args);
        System.out.println("SUM: " + sum);
      } catch (NumberFormatException nfe) {
        String err = "not all inputs parseable to Integers";
        throw new IllegalArgumentException(err);
      }
    }
  }

  static Integer sum(String[] args) throws NumberFormatException {
    return Arrays.asList(args)
      .stream()
      .mapToInt(str -> Integer.parseInt(str))
      .sum();
  }
}
```

NumberFormat Exception 是个 checked exception，所以我们必须捕获它

IllegalArgumentException 是个 unchecked RuntimeException，可能引起程序的异常退出

这个函数可能抛出一个 NumberFormatException，但我们并没有捕获它，因此必须把它作为函数 API 声明的一部分

Integer.parseInt 可能抛出一个 NumberFormatException

Java 内置的异常处理机制主要是围绕以下两种异常情形：

● 我们遇到一个不可恢复的 bug，需要终止程序。

● 我们遇到一个潜在可恢复的问题，但我们想尝试恢复这个问题(或者当无法恢复时需要终止程序)。

如果无法从异常中恢复，又不想终止程序，那该怎么办呢？这听起来似乎有些违反常识：程序如何能在不可恢复的异常下继续执行呢？确切地说，大部分程序是不能继续运行的，但有些特殊程序是可行的，特别是那些由很多小的工作单元组成的程序，例如：

● Web 服务器每分钟需要响应数以千计的请求。每个请求-响应的交互都是一个工作单元。

● 处理统一日志的流处理程序，需要对上百万的单独事件进行扩展。而对每个输入事件的扩展过程都是一个工作单元。

● 网络爬虫会爬取并转换上千个网页，从中获取商品的价格信息。每个网页爬取和转换都是一个工作单元。

对于上述场景，程序员更希望程序遇到不可恢复的异常时执行异常流程，而不是终止整个程序。图 8.3 展示了这种情况。

与其他编程语言类似，Java 并没有提供内置的工具使程序执行异常流程。这种情况下，Java 程序员能做的就是使用日志工具将异常信息记录下来，并跳过这个工作单元。为说明这种情况，让我们看一下更新过的 HelloCalculator 代码：与之前累加所有参数不同，新版本的程序会将所有参数都加一，而对非数字参数记

录异常日志。代码清单 8.3 展示了这种逻辑。

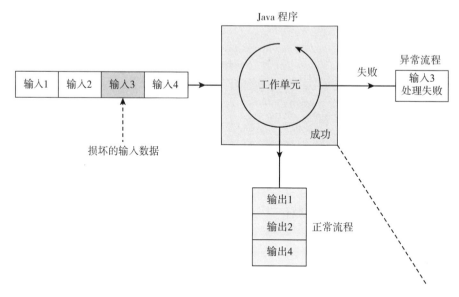

图 8.3　Java 程序正在处理 4 项输入数据，其中一项是损坏的数据。Java 程序对每个输入
　　　　数据都启动一个工作单元进行处理：其中 3 项成功运行，并按照正常流程输出
　　　　结果，而对损坏的数据会抛出一个异常，并在异常流程中结束

代码清单 8.3   HelloIncrementor.java

```
package hellocalculator;
                                        使用内建的 java.util.logging
import java.util.Arrays;                 记录异常日志
import java.util.logging.Logger;

public class HelloIncrementor {

  private final static Logger LOGGER =
    Logger.getLogger(HelloIncrementor.class.getName());

  public static void main(String[] args) {
    Arrays.asList(args)
      .stream()                          循环读取所有的
      .forEach((arg) -> {                命令行参数
        try {
          Integer i = incr(arg);                      如果迭代值增加，则
          System.out.println("INCREMENTED TO: " + i); 显示具体值
        } catch (NumberFormatException nfe) {
          String err = "input not parsable to Integer: " + arg;
          LOGGER.severe(err);           如果迭代值不再增加，则以最
        }                               高级别输出错误日志
      });
  }
```

```
  static Integer incr(String s) throws NumberFormatException {
    return Integer.parseInt(s) + 1;
  }
}
```

将代码清单 8.3 中的代码复制到以下文件中：

hellocalculator/HelloIncrementor.java

然后编译并运行，传入的参数中，3 个是合法数字，而有 1 个是非法的非数字参数：

```
$ javac hellocalculator/HelloIncrementor.java
$ java hellocalculator.HelloIncrementor 23 52 a 1
INCREMENTED TO: 24
INCREMENTED TO: 53
Nov 13, 2018 5:42:30 PM hellocalculator.HelloIncrementor lambda$main$0
GRAVE: input not parseable to Integer: a
INCREMENTED TO: 2
```

你能看到混杂在正常信息中的异常信息吗？我们必须仔细观察才能从输出信息中区分出异常的信息输出。

更糟糕的是程序的异常处理转移给日志框架。可以说异常处理已经越界了：异常处理的逻辑已经不在代码中体现，或者说不再受程序员的控制。有些经验丰富的程序员批评 exception 的概念，因为它在程序的主体流程之外又引入了一个控制流程，这使得难以定位具体的异常。[2]

不管 exceptions 是否合理，错误日志是个更糟糕的解决方案：这不仅在程序员的控制范围之外，更是在程序的控制范围之外。如何处理越界的错误日志是巨大的挑战，但也正是这项挑战推动了整个软件行业的发展，下一节将详细讨论这个问题。

8.1.3　异常与日志

一个有趣的现象是：一个 Java 程序、一个 Node.js 程序和一个 Ruby 程序都"进入"一个 bar，但每个都输出一条错误消息，原因是它们的语言不通。

```
ERROR 2018-11-13 06:50:14,125 [Log_main] "com.acme.Log": Error from Java
Error from node.js
E, [851000 #0] ERROR -- : Error from Ruby
```

令人惊讶的是至今尚未有通用的编程日志格式，不同的编程语言和框架都具有各自的日志等级(error、warning 等)与日志消息格式。不仅如此，实际上日志消息的内容也是用人类自然语言编写的，当需要分析日志文件时，只能依靠简单的文本搜索。

---

2. 详情可参考 Joel Spolsky 撰写的 why exceptions are not always a good thing 一文，网址为 https://www.joelonsoftware.com/2003/10/13/13/。

当我们把异常处理流程转移给日志框架处理时，就需要考虑一些基础支持的问题：

- 如果存放日志文件的服务器存储空间耗尽怎么办？
- 在充满了临时虚拟服务器与容器的世界里，我们如何确保在服务器停止运行前能够收集到日志？
- 在不受控的客户端设备上该如何收集日志？

将这些问题归纳在一起，日志的复杂性由以下这些部分组成：

- 日志框架与对应的包装适配器——Java 中有 Log4j、SLF4J、Logback、java.util.Logging、tinylog 和其他框架。
- 日志收集代理程序与框架——包括 Apache Flume、Logstash、Filebeat，还包括 Facebook 已经关闭的 Scribe 项目与 Fluentd。
- 日志存储和分析工具——Splunk、Elasticsearch、Kibana 以及 Sawmill。
- 异常信息收集服务——Sentry、Airbrake 和 Rollbar。这些服务主要关注于从客户端设备收集异常信息。

即使有了这些工具，在统一日志的场景下我们仍然有未能解决的问题：当异常被修复后，如何重新处理一个工作单元(如一个事件)？

在统一日志场景下，我们有更好的方式来处理异常情况，这也是在下一节需要探索的。

8.2　异常与统一日志

我们一向对尚未发生的事情的有关报道感兴趣，因为这些都是我们已经知道的，即已知的已知。同样还有些是我们知道自己不知道的，即已知的未知。但其实还有一些是我们不知道自己不知道的，也就是未知的未知。

本节中，我们会为统一日志中如何处理正常流程与异常流程设计一个简单的模式。而在处理异常流程的策略中，我们将借鉴来自 8.1 节的一些经验，同时会加入我们新的想法。

8.2.1　针对异常的设计

我们应该如何处理统一日志处理过程中的异常？首先让我们制定一些需要程序终止的规则。在满足下面任一条件时，需要终止程序：

- 在初始化任务的阶段发生了不可恢复的异常。
- 在处理工作单元的过程中遇到了一个意料之外的异常。

意料之外的意思是我们之前从未见过这个异常：即所谓未知的未知。尽管忽略这个异常，继续运行处理任务以减少中断很有诱惑，但是终止整个处理流程能够强迫我们去解决这个意料之外的异常。我们也能判断这种新类型的异常是否需要处理。例如是否需要在不终止工作单元的情况下从程序中恢复？

下一步就是我们如何处理工作单元里那些预料之中，但无法恢复的异常？这个问题是无法绕过的，我们只能将发生异常的工作单元放入异常处理的流程中，但这么做时需要考虑以下几条重要规则：

- 异常处理流程不应该越界。我们不应该使用第三方的日志工具，既然使用了统一日志，那么在异常处理中也使用它。
- 整个异常处理流程中都应该包含发生异常的原因信息，而且这些信息应该是结构化的，无论是人还是机器都能理解。
- 整个异常处理流程中都应包含原始的输入数据(如已经处理过的事件)，只有这样，当 bug 被修复后，这些工作单元才能被重新执行。

图 8.4 中展示了一个具体的流处理程序的例子。

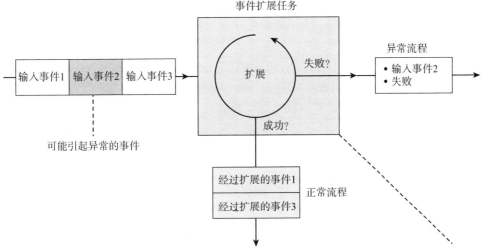

图 8.4　事件扩展的任务从输入事件流中读取事件并执行扩展处理，将扩展后的事件
　　　　按照正常处理流程写入对应的流，为处理失败的事件添加失败原因后按照异
　　　　常流程写入对应的流

图 8.4 看起来是不是有点似曾相识？它借鉴了 UNIX 中 3 种标准流的概念：流处理程序从一个事件流中读取事件，然后将事件写入另两个流中，其中一个是正常的处理流程，而另一个是用来处理异常情况的。与 8.1 节中提及的异常处理技术相比，有了以下这些提升：

- 我们不再使用退出码。那些正常运行完成和异常的工作单元分别进入不同的事件流中。
- 任何输出都是清晰定义的，不存在模糊地带。一个工作单元要么进入正常处理的事件流，要么进入异常处理的事件流，不存在其他情况。

- 我们使用了程序范围内的工具来处理不同状态的工作单元。异常的工作单元会转化为结构化数据进入异常处理的事件流,而正常处理的工作单元也会转化为结构化数据进入其他事件流中。

这是一个不错的开始,但是上面提到的"结构化数据"又是怎么回事呢?让我们继续探索吧。

8.2.2　建立异常事件模型

当流处理任务从输入流中读取一个事件并进行扩展时发生了异常,应该如何描述这个异常呢?可能类似于下面:

```
At 12:24:07 in our production environment, SimpleEnrich v1 failed to enrich
Inbound Event 428 because it failed JSON Schema validation.
```

看上是不是很眼熟?它包含了在第 2 章中提及的 3 个语法元素:

- **主语**——在该例中,主语是流处理任务,Simple Enrich v1,即引发当前事件的实体。
- **谓语**——主语执行的动作,该例中是 failed to enrich(扩展失败)。
- **宾语**——动作作用的对象,即 Inbound Event 428(输入事件 428)。
- **时间状语**——告诉我们异常发生的确切时间。

除了时间状语我们还有一层上下文,即发生异常的环境。最后,我们还有一个原因状语,也就是引发异常的原因。图 8.5 描述了整个语法关系。

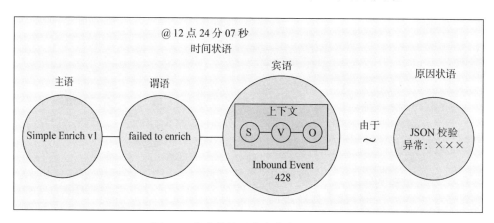

图 8.5　将事件扩展本身作为一个事件

很多人会觉得有些奇怪,异常事件的宾语是另一个事件,这有点像"乌龟驮着乌龟"的故事,特别是当宾语是那个引发异常的事件时。但这种设计非常强大:这意味着异常事件携带了所有用于重新运行工作单元的信息。若没有这种设计,我们只有手动通过异常事件找到对应的原始输入事件,才能重新运行原始事件。

这听上有些理论化，毕竟发生异常的事件处理都是一次性的。为什么需要在未来恢复这些异常呢？事实上有很多原因造成我们不能简单地丢弃异常事件：

- 事件扩展失败可能是由于第三方服务引起的，例如由于拒绝服务(DoS, Denial of Service)攻击，第三方服务暂时不可用但不久后又恢复了。
- 可能由于忘记上传最新的模式文件，导致事件序列化的失败，但很快就更新了最新的模式版本。
- 可能由于上游系统的问题，如上游系统错误地对客户的电子邮件地址进行了 URL 编码。可以编写一个简单流处理程序，对格式不正确的异常事件进行修复，然后再次尝试扩展事件，如图 8.6 所示。

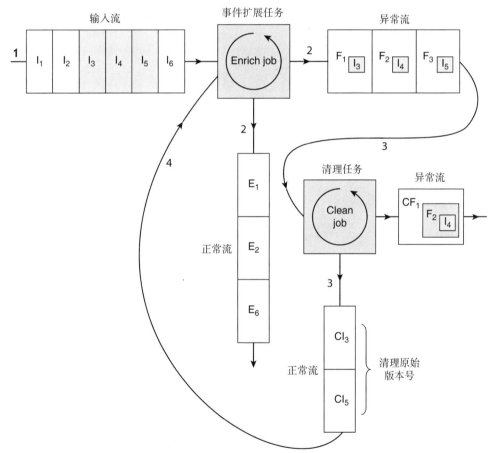

图 8.6　事件扩展任务读取了 6 个输入事件；其中 3 个在扩展中发生异常，写入异常流。我们会将这 3 个异常事件放入一个清理任务中，尝试修复这些数据损坏的事件。清理任务修复两个事件，并重新发送给最初的事件扩展任务

最后一种场景提示了我们这种设计中相当关键的一面：多个事件流可通过组合，进入一个统一日志中，在下一节，我们将看到更具体的应用。

8.2.3　组合多个正常处理流程

假设流处理程序遵循上面提及的架构，我们就可以创建一个由多个流处理任务组成的正常流程，每个流处理任务的输出被用作下一个处理任务的输入。图 8.7 展示了这种设计。

图 8.7 也展示了我们如何处理异常流程。而具体如何处理异常事件，则取决于以下几个因素：

- 未来是否需要从异常中恢复这些事件，以及恢复这些事件的需求有多强烈？
- 我们如何监测发生异常的概率，对于一个处理任务，我们能够接受的异常概率是多少？
- 哪里可以归档异常事件？

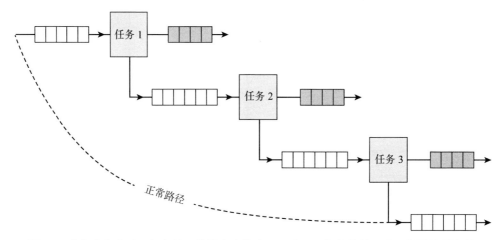

图 8.7　我们将每个处理任务的正常输出流作为下一个处理任务的输入流，这样将所有的流串连起来就组成了完整的正常处理流程

这些问题对于不同的流处理任务可能有不同的答案。例如一个侦测客户欺诈的任务对于异常的要求就比监测接待处显示屏的任务严格得多。如果需要对异常事件建立模型，就需要创建可以高度复用的异常处理任务，因为结构良好的事件能提供巨大价值。

8.3　使用 Scalaz 组合异常

如果你不计划，那么你就计划着失败。

——本杰明·富兰克林

我们已经了解了架构层面对于异常处理的概念，但是如何在流处理任务中实现这种设计呢？现在是时候向统一日志引入新技术了，它们是 Scala 和 Scalaz。

8.3.1 异常的处理计划

假设在线零售网站接受 3 种货币(欧元、美元与英镑)。但所有财务报表都是用欧元计算的，也就是说欧元是基准货币。所有购物者的订单数据都已经在统一日志中，因此经理们希望我们编写一个流处理程序，满足以下需求：

- 从事件流中读取客户的订单数据。
- 将所有客户订单的金额转换为欧元。
- 将更新后的客户订单数据写入另一个新的流中。

货币转换时需要使用最新汇率。为了让示例尽量简单，会调用第三方的 API 获取最新的货币汇率。这个第三方服务是 Open Exchange Rates(https://openexchangerates.org)。

这个工作听起来非常简单，会有什么异常呢？事实上并没有那么简单。

- Open Exchange Rates 的 API 服务可能遭遇意料之外的不可用，或是由于计划内的系统升级而暂时不可用。
- 有可能测试环境中的数据混入生产环境内，使用 3 种货币以外的货币类型。
- 可能有个黑客设法支付了一张订单，而订单的金额并不是个合法数字，他不必付费就能买下一台豪华的平面电视。

有趣的是，如果一个管理顾问看到这些异常，他会说这些异常都违反了 MECE (Mutually Exclusive，Collectively Exhaustive)原则，即互斥性和排他性：

- 异常没有满足互斥性，订单中可能混入 3 种指定货币之外的货币类型；而订单金额类型也可能不是数字。
- 异常也没有满足排他性。我们总会面对意料之外的新异常，而我们能做的就是将每次新遇到的异常加入处理流程中，但下一次我们仍可能遇到新类型的异常。

综上所述，需要对于异常制定一个处理计划。除了将客户订单金额转化为基准货币这个正常流程之外，还需要一个能够报告货币转换过程中发生异常的流程，也就是我们所需的异常处理流程。图 8.8 展示了整体处理流程。

在之前的章节中，我们已经学会了如何从事件流中读取与写入事件，所以本章的主要目的是处理异常，你需要学习如何在任务中组装处理逻辑，并保留所有的异常信息。

接下来会编写一个简单明了的 Scala 程序——只有几个简单函数、单元测试和一个简单的命令行接口。

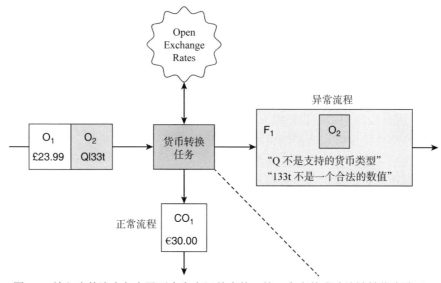

图 8.8   输入事件流中包含了两个客户订单事件。第一个事件成功地被转化为欧元，
并写入正常流。而第二个事件无法正常处理，会被写入异常流。异常事件会
记录发生异常的原因与导致异常的原始事件

8.3.2   配置 Scala 项目

Scala Build Tool(SBT)是应用更广泛的 Scala 构建工具，但是相对而言我们对
Gradle 更熟悉，而且 Gradle 与 Scala 配合很好，所以这次仍然使用 Gradle 构建程序。
首先创建一个名为 forex 的目录，然后进入该目录，执行下面的命令：

```
$ gradle init --type scala-library
...
BUILD SUCCESSFUL
...
```

如同在第 3 章中做过的，删除 Gradle 生成的模板文件：

```
$ rm -rf src/*/scala/*
```

使用代码清单 8.4 中的内容替换 build.gralde 文件。

代码清单 8.4   build.gradle

```
apply plugin: 'scala' ←┐使用 Gradle 的 Scala 插件处理项目中相关的 Scala 代码

  repositories {                          ┐从 Sonatype 获取所需
    mavenCentral()                        │的依赖
    maven {  ←───────────────────────────┘
      url 'http://oss.sonatype.org/content/repositories/releases'
  }
}
```

```
version = '0.1.0'
```

让 Gradle 能基于 Java 8
编译 Scala 代码

```
ScalaCompileOptions.metaClass.daemonServer = true
ScalaCompileOptions.metaClass.fork = true
ScalaCompileOptions.metaClass.useAnt = true
ScalaCompileOptions.metaClass.useCompileDaemon = false

dependencies {
  runtime 'org.scala-lang:scala-compiler:2.12.7'
  compile 'org.scala-lang:scala-library:2.12.7'
  compile 'org.scalaz:scalaz-core_2.12:7.2.27'
  testCompile 'org.specs2:specs2_2.12:3.8.9'
  testCompile 'org.typelevel:scalaz-specs2_2.12:0.5.2'
}

task repl(type:JavaExec) {
    main = "scala.tools.nsc.MainGenericRunner"
    classpath = sourceSets.main.runtimeClasspath
    standardInput System.in
    args '-usejavacp'
}
```

对于运行时，需要依
赖 Scala 与 Scalaz；对
于测试则使用 Specs2

启动 Scala 控制台的任务

执行下面的构建命令，检查配置是否正确。

```
$ gradle build
...
BUILD SUCCESSFUL
...
```

如果一切正常，就可以开始编写 Scala 代码了!

8.3.3　从 Java 到 Scala

我们的工作是检查客户支付订单的货币类型是否属于支持的 3 种货币(欧元、美元和英镑)之一。

如果仍然使用 Java，可能需要编写一个方法，当客户使用的货币不在支持范围内时抛出异常。在代码清单 8.5 中，我们编写了一个方法，转化代表货币类型的字符串:

● 如果是一个系统支持的货币类型，这个方法会返回一个 Java 枚举值。

● 反之会抛出一个类型为 UnsupportedCurrencyException 的 checked exception。

代码清单 8.5　CurrencyValidator.java

```
package forex;

import java.util.Locale;

public class CurrencyValidator {
  public enum Currency {USD, GPB, EUR}

  public static class UnsupportedCurrencyException
```

使用 Java 枚举类型定
义受支持的 3 种货币

```
    extends Exception {
    public UnsupportedCurrencyException(String raw) {
      super("Currency must be USD/EUR/GBP, not " + raw);
    }
  }

  public static Currency validateCurrency(String raw)
    throws UnsupportedCurrencyException {

    String rawUpper = raw.toUpperCase(Locale.ENGLISH);
    try {
      return Currency.valueOf(rawUpper);
    } catch (IllegalArgumentException iae) {
      throw new UnsupportedCurrencyException(raw);
    }
  }
}
```

使用 checked exception
表示货币不受支持

如果不支持输入的
货币, 函数会抛出
checked exception

捕获 unchecked exception 并转化为
自定义的 checked exception

　　Scala 吸引 Java 程序员的一个特点是只需要做很小的语法变动, 就能将已有的 Java 代码转化为 Scala 代码。代码清单 8.6 将 CurrencyConverter 类转化为一个 Scala object。

代码清单 8.6　currency.scala

```
package forex

object Currency extends Enumeration {
  type Currency = Value
  val Usd = Value("USD")
  val Gbp = Value("GBP")
  val Eur = Value("EUR")
}

case class UnsupportedCurrencyException(raw: String)
  extends Exception("Currency must be USD/EUR/GBP, not " + raw)

object CurrencyValidator1 {

  @throws(classOf[UnsupportedCurrencyException])
  def validateCurrency(raw: String): Currency.Value = {

    val rawUpper = raw.toUpperCase(java.util.Locale.ENGLISH)
    try {
      Currency.withName(rawUpper)
    } catch {
      case nsee: NoSuchElementException =>
        throw new UnsupportedCurrencyException(raw)
    }
  }
}
```

使用继承 Enumeration 的 Scala
object 替代之前的 Java 枚举类

使用 Scala case 类替代
之前的 Java 异常类

使用 Scala object 替代 Java 类

位于末尾的表达式语句会自动
返回, 不需要 return 语句

在 Scala 中使用模式匹配
语法捕获异常

　　如果之前完全没有接触过 Scala, 相较于 Java, 有以下几点需要注意:

- 一个单独的 Scala 文件可以包含多个类与 Scala object——源码文件也使用了一个以小写字母开头的，更具描述性的名称。
- 每一行不需要使用分号进行分隔，除非需要将多行代码写在同一行。
- 使用 val 声明变量，可以修改 val 变量的内部状态，但不能将它重新赋值，所以不能执行这样的代码：val a = 0; a = a + 1。
- 如果需要一个具有 static 方法的类，可以使用包含方法的 Scala object。Scala 中的 object 是单例，是一个类的独一无二的实例。
- 方法声明由 def 关键字开头。
- Scala 具有类型推断功能，意味着它可以自动推导出变量类型。

在 validateCurrency 方法中也有些有趣的差异：方法上有了 @throws 注解，用于标记可能抛出的异常类型。Scala 并不区分 checked exception 和 unchecked exception，所以 @throws 并不是必需的，但是当 Java 需要调用这个方法时就可以发挥作用了。

另一个不同于 Java 的方面是交互式控制台，即 Read-Eval-Print Loop(REPL)。现在在 REPL 中尝试运行一些代码。将目录切换到项目的根目录，然后运行以下命令：

```
$ gradle repl --console plain
...
scala>
```

输入下面的代码：

```
scala> forex.CurrencyValidator1.validateCurrency("USD")
res0: forex.Currency.Value = USD
```

第二行显示了 validateCurrency 方法的结果：它返回 Currency 枚举中的 USD 类型。让我们再尝试一下使用小写输入：

```
scala> forex.CurrencyValidator1.validateCurrency("eur")
res1: forex.Currency.Value = EUR
```

该方法也能正常工作。接着让我们看看传入一个不合法的值会发生什么：

```
scala> forex.CurrencyValidator1.validateCurrency("dogecoin") forex.
UnsupportedCurrencyException: Currency must be USD/EUR/GBP, not dogecoin
  at forex.CurrencyValidator1$.validateCurrency(currency.scala:23)
  ... 28 elided
```

结果也符合预期。当校验 dogecoin 时，方法抛出了一个 Unsupported-CurrencyException 异常。我们已将货币类型校验的代码从 Java 移植到 Scala，但只是做了语法上的转换，异常处理上的机制仍然相同。在下个迭代中我们会更进一步。

8.3.4　使用 Scalaz 更好地处理异常

让我们看一下第二版的货币校验方法。在 CurrencyValidator2 中，Currency 的枚举类型并没有修改，但不再使用 UnsupportedCurrency，如代码清单 8.7 所示。

代码清单 8.7　CurrencyValidator2.scala

```
package forex

import scalaz._      ┐导入 Scalaz
import Scalaz._      ┘

object CurrencyValidator2 {
                                          返回类型是 Scalaz 的 Validation 类型，
  def validateCurrency(raw: String):      它包装了一个 String 或 Currency 类
    Validation[String, Currency.Value] = {

    val rawUpper = raw.toUpperCase(java.util.Locale.ENGLISH)
    try {
      Success(Currency.withName(rawUpper))      当处理成功时会返回包装了
    } catch {                                   Currency 的 Validation 对象
      case nsee: NoSuchElementException =>
        Failure("Currency must be USD/EUR/GBP and not " + raw)
    }                                        当处理失败时会返回包装
  }                                          了 String 的 Validation 对象
}
```

对于新代码，需要理解下面这些内容：
- 新代码中只有一个 Scala object，与源码文件的文件名一致。
- 因为我们不再抛出异常，因此不需要@throws 注解。
- Scala 使用[]符号来表示泛型，类似于 Java 中的<>符号。

而最重要的是原先抛出异常改为返回一个代表异常的对象——一个看上去有些复杂的、由 Scalaz 提供的 Validation 对象。可以在 REPL 中查看 Validation 对象具备哪些行为。退出并重启控制台，强制重新编译项目。

```
<Ctrl-D>
$ gradle repl --console plain
...
scala> forex.CurrencyValidator2.validateCurrency("eur")
res0: scalaz.Validation[String,forex.Currency.Value] = Success(EUR)

scala> forex.CurrencyValidator2.validateCurrency("dogecoin")
res1: scalaz.Validation[String,forex.Currency.Value] =
  Failure(Currency must be USD/EUR/GBP and not dogecoin)
```

可将Validation 想象成一个盒子，或一种上下文，能描述存放在里面的是正常 (Scalaz 中称为 Success)或异常(Scalaz 中称为 Failure)的执行结果。简而言之，Validation 盒子中的值对于 Success 和 Failure 可具有不同的数据类型。

```
Validation[String, Currency.Value]
```

第一种类型是 String，用来表示异常结果；第二种类型是 Currency.Value，用来表示正常的处理结果。图 8.9 用流水线上的盒子比喻 Validation 的工作方式。

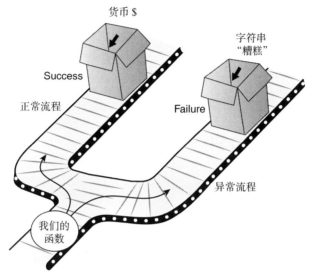

图 8.9　在正常处理流程中，函数会返回一个包装了 Currency 的 Success 对象。而在异常流程中，函数则会返回包装了异常信息字符串的 Failure 对象。Success 与 Failure 是 Scalaz Validation 的两种类别

从抛出异常转换为使用 Validation 表示不同的处理流程，这看上去并非什么巨大变化，但这是我们使用 Scala 构建异常处理的关键。

8.3.5　组合异常

我们的方法能够校验输入的货币是否属于支持的 3 种货币之一，这的确很棒。但还有一种 bug 可能存在于事件流中：

可能有个黑客设法支付了一张订单，而订单的金额并非合法数字，他就能买下一个豪华的平面电视，却不支付任何费用。

对此可创建一个新的 AmountValidator 对象，其中包含另一个校验方法：校验输入能否转化为 Scala Double 类型。代码清单 8.8 展示了这种做法。

代码清单 8.8　AmountValidator.scala

```
package forex

import scalaz._
import Scalaz._


object AmountValidator {
```

```
def validateAmount(raw: String): Validation[String, Double] = {
```
返回类型是个不同的 Validation，
包装了 String 或 Double 类型

```
  try {
    Success(raw.toDouble)
```
当处理成功时，会返回包装了
Double 的 Success 对象
```
  } catch {
    case nfe: NumberFormatException =>
      Failure("Amount must be parseable to Double and not " + raw)
  }
}
}
```
当处理失败时，会返回包装
了 String 的 Failure 对象

代码中使用的模式非常类似：新方法也使用 Validation 表示处理结果是正常 (Success)或异常(Failure)。与之前一样，我们使用不同的类型表示不同的结果，即 Double 和 String。

在 REPL 中快速检查一下新代码：

```
<Ctrl-D>
$ gradle repl --console plain
...
scala> forex.AmountValidator.validateAmount("31.98")
res2: scalaz.Validation[String,Double] = Success(31.98)

scala> forex.AmountValidator.validateAmount("L33T")
res3: scalaz.Validation[String,Double] = Failure(Amount must be
 parseable to Double and not L33T)
```

一切正常，现在我们有了两个校验方法：

● CurrencyValidator2.validateCurrency

● AmountValidator.validateCurrency

每个方法都需要返回一个代表正常流程的 Success 对象，以便可以汇总订单总金额。如果得到一个或两个代表异常流程的 Failure 对象，那么整个程序就应该转向异常流程。让我们编写一个方法，通过运行两个检验方法来试着得出订单总金额，代码清单 8.9 是示例代码。

代码清单 8.9　OrderTotal.scala

```
package forex

import scalaz._
import Scalaz._
```
表示订单总金额的类
```
case class OrderTotal(currency: Currency.Value, amount: Double)

object OrderTotal {

  def parse(rawCurrency: String, rawAmount: String):
    Validation[NonEmptyList[String], OrderTotal] = {
```
转换函数，返回 Scalaz 的 Validation 类型
校验货币，
将结果赋给
一个变量
```
    val c = CurrencyValidator2.validateCurrency(rawCurrency)
```

```
    val a = AmountValidator.validateAmount(rawAmount)  ◄─────── 校验金额，将结果
                                                                赋给一个变量
    (c.toValidationNel |@| a.toValidationNel) {  ◄───────
      OrderTotal(_, )
      }                          将两个校验结果进行组合，将
  }                              组合结果作为函数的返回值
}
```

代码虽然很短，但出现了很多新内容，不过不必担心，之后将详细解释每一点。但在此之前，在 REPL 中运行新代码，看一下 parse 方法是如何工作的。先测试货币类型与金额都通过校验的情况：

```
<Ctrl-D>
$ gradle repl --console plain
...
scala> forex.OrderTotal.parse("eur", "31.98")
res0: scalaz.Validation[scalaz.NonEmptyList[String],forex.OrderTotal]
 = Success(OrderTotal(EUR,31.98))
```

结果与预期相符：因为两个校验都通过了，程序应处于正常流程，OrderTotal 被包装在 Success 对象中也验证了这一点。接着让我们看看部分校验失败，或两个校验都失败的情况：

```
scala> forex.OrderTotal.parse("dogecoin", "31.98")
res2: scalaz.Validation[scalaz.NonEmptyList[String],forex.OrderTotal]
 = Failure(NonEmpty[Currency must be USD/EUR/GBP and not dogecoin])

scala> forex.OrderTotal.parse("eur", "L33T")
res3: scalaz.Validation[scalaz.NonEmptyList[String],forex.OrderTotal]
 = Failure(NonEmpty[Amount must be parseable to Double and not L33T])
```

上述两种情况下，我们都得到一个包含 NonEmptyList 的 Failure 对象。NonEmptyList 中存放了 String 类型的异常信息。NonEmptyList 是 Scalaz 提供的另一种类型，它类似于 Java 标准库与 Scala 中的 List 类，只是 NonEmptyList(有时缩写为 Nel 或是 NEL)不能为空，这也契合了程序的需求；如果得到一个 Failure 对象(说明程序中至少发生了一个异常)，那么含有异常信息的的 list 就不应该为空。

为什么在遇到第一个 Failure 时会需要 NEL 呢？希望下面的例子能够说明原因：

```
scala> forex.OrderTotal.parse("dogecoin", "L33T")
res4: scalaz.Validation[scalaz.NonEmptyList[String],forex.OrderTotal]
 = Failure(NonEmpty[Currency must be USD/EUR/GBP and not dogecoin,
Amount must be parseable to Double and not L33T])
```

虽然返回结果有些冗长，但你能很清晰地看到 Failure 完整地记录了所有异常信息。这种解决方案有点类似于你在网站上填写了一个表单，然后单击 Submit 按钮。网站会显示表单的校验信息(如没有填写手机号码、国家代码等)。

现在让我们回到代码，搞明白方法内到底做了什么。

```
(c.toValidationNel |@| a.toValidationNel) {
  OrderTotal(_, _)
```

```
}
```

这段代码做了什么？那个神奇的符号 |@| 有什么用呢？首先解释一下 toValidationNel 方法。这并没有什么特别的地方：这是由 Scalaz 的 Validation 提供的方法，它会将 Failure 的值变为 NEL。下面是这个方法的简单演示：

```
scala> import scalaz._
import scalaz._

scala> import Scalaz._
import Scalaz._

scala> val failure = Failure("OH NO!")
failure: scalaz.Failure[String] = Failure(OH NO!)

scala> failure.toValidationNel
res8: scalaz.ValidationNel[String,Nothing] = Failure(NonEmpty[OH NO!])
```

可以看到，所有异常信息都放入 NEL。这只会发生在返回 Failure 的情况下。如果返回的是 Success，尽管最终结果的类型发生了变化，但内部值没有改变：

```
scala> val success = Success("WIN!")
success: scalaz.Success[String] = Success(WIN!)

scala> success.toValidationNel
res6: scalaz.ValidationNel[Nothing,String] = Success(WIN!)
```

现在让我们看一下 |@| 操作符。Scalaz 的官方文档并没有提及它，但是我们查看具体代码，就会看到相关的提示：

```
[a] DSL for constructing Applicative expressions
```

撇开这些，|@| 是个相当聪明的操作符，能将两个 Validation 组合为一个新的 Validation。而新的 Validation 结果会按照不同的输入而变化。图 8.10 展示了这种情况。

如你在图 8.10 中所看到的，|@| 操作符可将多个 Validation 作为输入，然后输出一个单独的 Validation。示例中为了尽量保持简单，展示了只有两个输入的情形。如有必要，可以组合 9 个，甚至 20 个 Validation 作为输入，最终输出 1 个 Validation 作为结果。如果组合的是 20 个 Validation，那么只有这 20 个 Validation 结果都为 Success 时，最终输出才是 Success。反之，如果这 20 个 Validation 都是包含 1 条异常信息的 Failure，最终结果就会是包含了 20 条异常信息的 Failure。

你已经看到了如何在单个处理流程中应对异常：我们能够并行执行多个校验，然后将校验结果组合起来，最终得到单个输出结果。但是我们应该如何处理同一个流程中不同阶段的异常呢？答案将在下一节中揭晓。在此之前你不妨喝一杯咖啡缓缓神儿，因为马上就会用到刚学的东西。

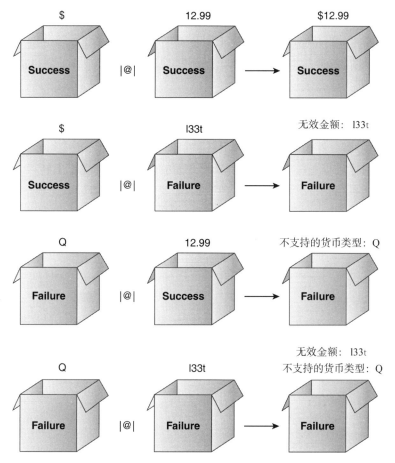

图 8.10　对两个 Scalaz Validation 对象的实例使用|@|操作后，可使用一个表格来展示可能
　　　　　的输出结果。输出结果依赖于两个 Validation 对象是 Success 还是 Failure。需要
　　　　　注意，只有两个输入都是 Success 时，输出结果才是 Success

8.4　实现轨道式编程

只要保持前行，万物皆有终点。

——E. Nesbit，*The Railway Children*

　　本章主要讨论了这样一种模式，当没有异常发生时，程序会一直按照正常流
程执行下去。而当遇到一个或多个异常时，程序会转而执行异常流程。我们不
仅在横跨多个流处理程序这种大规模程序上见过这种模式，也在较小规模的程序上
见过这种模式，例如在一个流处理程序的单个步骤中组合多个异常。现在，让我们
看一下两者之间的中间地带：如何在一个流处理程序的多个步骤中处理异常。

8.4.1   轨道式处理

上一节中介绍的|@|操作符可将多个处理的输出结果组合为一个统一的结果。我们有意将支付币种与金额格式检验的输出结果组合为一个单独的 Validation 对象，那么我们为什么要这么做呢？

回想一下最初的需求，需要获取订单货币与基准货币之间的最新汇率。这也会有异常的问题：可能由于各种原因导致无法获取最新汇率。流处理程序中已经有了好几个步骤，图 8.11 展示了两种不同版本的正常流程：

- **理想化流程**——展示了每个步骤之间的依赖。例如在汇率转换之前，需要一个系统支持的货币类别，但并不需要一个合法的货币金额。
- **实际流程**——只有当货币类别与金额都合法时才能进行汇率转换。

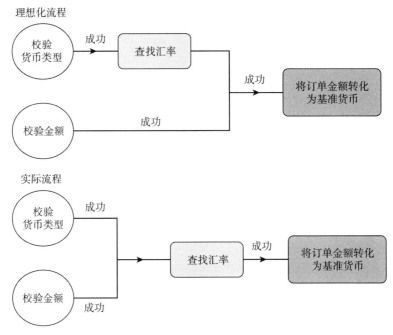

图 8.11   理想化流程与实际流程在处理正常的情况下非常类似，差异在于查找汇率的先后
顺序。在实际流程中，我们尽量执行更多校验后才尝试查找汇率

第二种方式之所以被称为实用化的正常路径，那是因为通过 HTTP 调用第三方服务获取汇率是较为耗费时间和资源的操作。相对地，校验订单金额操作则没有那么耗时。我们可能要对流处理程序中数以百万计的事件执行这些操作，所以一些小小的延迟都会积累起来。我们应该在有异常的情况下快速失败，避免不必要的 API 调用。

图 8.11 展示了上述两种不同版本的正常流程。图 8.12 则更进一步，展示了更多细节。想象一下我们的处理程序就像一条具有两条分叉路径的铁路轨道(或传送带)：

- **正常分支路径**——展示了当货币类型与金额校验通过后(第一个处理步骤),成功获取了最新的货币汇率(第二个处理步骤),最终成功转化了订单的金额。

- **异常分支路径**——任意一个步骤发生异常都会切换到这个分支路径。

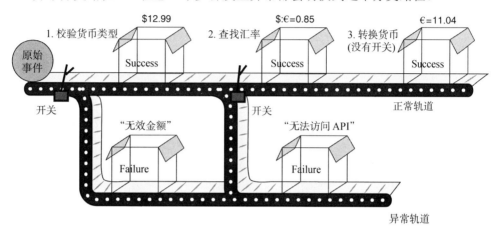

图 8.12 在处理原始事件的正常轨道上可通过开关将发生异常的事件切换到异常轨道。
当处于异常轨道时,会忽略之后正常轨道上的所有处理

这种比喻并不是我发明的,轨道式编程最早是由函数式编程程序员 Scott Wlaschin 在他的同名博客(https://fsharpforfunandprofit.com/posts/recipe-part2/)中提出的。Scott 的博客中使用火车轨道来比喻如何在 F# 中使用组合来处理正常与异常流程。作为另一种函数式编程语言,F#提供了与我们使用的 Scala 加上 Scalaz 类似的机制处理异常。强烈建议你在读完本章之后再完整地阅读一遍 Scott 的博客。下面是 Scott 对轨道式编程的解释:

我们需要将结果是 Success 的输出作为下一个输入,结果是 Failure 时就要跳过下一个方法……,没有比用铁路轨道来比喻更合适的了。铁路轨道上有许多开关,会引导火车驶向不同的路径。可以想象那些 Success/Failure 方法就是轨道上的"开关"……。我们有一系列黑盒方法,横跨在两个轨道上,每个方法处理完数据后会沿着路径把结果传递给下一个方法……。需要注意,一旦我们走到了异常路径,就再也不会回到正常路径。我们将直接跳过剩下的所有方法,到达整个流程的结尾处。

轨道式编程有一些重要特性,最初可能并没有引起人们的注意,但是会对我们的使用造成影响。

- 在流程的单个步骤内,它可以组合多个异常输出。但是在多个处理步骤存在异常的情况下,它是快速失败的。这也是合理的:如果货币代码是非法的,我们仍然可以校验货币金额(在同一步骤内),但不能在错误货币代码

的基础上继续执行操作来获取最新汇率。

- Success 内部的类型是可以变化的。如图 8.12 所示，Success 中最初的类型是 OrderTotal，接着是汇率，而最后又变为 OrderTotal 类型。
- Failure 中的类型应该始终一致。因此需要事先定义记录异常信息的类型，并从头到尾使用这种类型。本章使用的是 NonEmptyList[String]类型，它能满足我们的需求，同时足够简单。

我们已经看了足够多的理论，是时候用 Scala 自行构建铁路轨道了。

8.4.2　构建轨道

首先需要一个获取汇率的方法，而这个方法可能导致异常。由于本章的关注点是异常处理，所以在方法中会硬编码获取汇率的逻辑，并会随机抛出异常。如果想知道如何通过 Open Exchange Rates 获取真实汇率，可从 Github 下载示例项目：https://github.com/snowplow/scala-forex/。

代码清单 8.10 就是获取汇率方法 lookup 的代码，方法中通过一条模式匹配语句返回两种不同类型的结果：

- 在正常处理路径上返回的是包装在 Success 里的 Double 类型。
- 在异常处理路径上返回的是包装在 Failure 里的 String 类型。

代码清单 8.10　ExchangeRateLookup.scala

```
package forex

import util.Random

import scalaz._
import Scalaz._

object ExchangeRateLookup {

  def lookup(currency: Currency.Value):          返回 Failure 包装的 String 类型，或
    Validation[String, Double] = {               Success 包装的 Double 类型(汇率)

                                                 .success 与.failure 都是 Scalaz 对于
                                                 Success()与 Failure()函数的语法糖
    currency match {
      case Currency.Eur        => 1D.success
      case _ if isUnlucky()    => "Network error".failure      当获取 USD 或 GBP
      case Currency.Usd        => 0.85D.success                汇率时模拟网络异常
      case Currency.Gbp        => 1.29D.success
      case _                   => "Unsupported currency".failure
    }
  }                                              可能永远不会执行，但这里需
                                                 要一个排他性模式匹配
  private def isUnlucky(): Boolean =
    Random.nextInt(5) == 4
}
```

如果之前从未见过模式匹配,可以理解成类似 C 或 Java 语言中的 switch 语句,但功能更强大。可以匹配某个特定的货币类别,例如 Currency.Eur 或通配符_。if isUnlucky()被称为"守护"(guard)语句,它保证程序只有符合条件时才能进行后续的匹配。在 isUnlucky 方法中我们模拟了一个网络异常,大约有 20%的概率会返回异常。

_是通配符,能保证模式匹配是完备的,所有其他可能的分支路径都会被它所匹配。

虽然不使用_通配符仍然能够编译代码,但当程序发生以下变更时,就会引发潜在的问题:

(1) Currency 的枚举类增加了一种新的货币类型。

(2) validateCurrency 方法中增加了一种新货币校验逻辑。

(3) 我们忘记在模式匹配中新增针对新类型货币的分支语句。

这种情况下,每当查询汇率时,模式匹配语句会抛出一个运行时 MatchError 异常,进而导致整个流处理程序崩溃。这是需要避免的情况,而_可帮助我们避免这个潜在的 bug。

让我们尝试在 Scala REPL 中运行新代码:

```
<Ctrl-D>
$ gradle repl --console plain
...
scala> import forex.{ExchangeRateLookup, Currency}
import forex.{ExchangeRateLookup, Currency}

scala> ExchangeRateLookup.lookup(Currency.Usd)
res2: scalaz.Validation[String,Double] = Success(0.85)

scala> ExchangeRateLookup.lookup(Currency.Gbp)
res2: scalaz.Validation[String,Double] = Success(1.29)
```

看上去一切正常。如果多次运行程序,有时可看到模拟的网络异常:

```
scala> ExchangeRateLookup.lookup(Currency.Gbp)
res1: scalaz.Validation[String,Double] = Failure(Network error)
```

现在让我们回顾一下 8.3 节中编写的两个方法,下面是这两个方法的签名:

- OrderTotal.parse(rawCurrency: String, rawAmount: String): Validation [NonEmptyList [String], OrderTotal]

- ExchangeRateLookup.lookup(currency: Currency.Value): Validation[String, Double]

值得注意的是在异常分支路径上返回的类型是 NonEmptyList 包装的 String 类型,而不是单纯的 String 类型。理论上这违反了之前提及的原则:"每个 Failure 结果应该包含相同的数据类型"。但在实践中,可以很容易地将 String 转换为 NonEmptyList 包装的 String。

还有就是需要先计算整个订单的金额，然后进行汇率的转换。所以让我们创建一个新方法，OrderTotalConverter1.convert，下面是方法签名：

```
convert(rawCurrency: String, rawAmount: String): ValidationNel[String,
    OrderTotal]
```

之前你应该没见过 ValidationNel[A, B]。这是 Scalaz 中对 Validation[NonEmptyList [A], B]的缩写。总体而言需要计算输入订单的总价，并将货币转化为基准货币，最终返回的对象是OrderTotal。如果在过程中遇到异常，那么返回结果应该是包装了异常信息字符串的 NonEmptyList 对象。现在让我们看一下实现代码，如代码清单 8.11 所示。

代码清单 8.11   OrderTotalConverter1.scala

```
package forex

import scalaz._
import Scalaz._                      ◀── 使用别名让函
                                         数更具可读性
import forex.{OrderTotal => OT}  ◀──
import forex.{ExchangeRateLookup => ERL}

object OrderTotalConverter1 {

  def convert(rawCurrency: String, rawAmount: String):
    ValidationNel[String, OrderTotal] = {  ◀──
                                将最初的货币类型与金        将汇率查找的结
    for {                       额转化为 Validation 对象     果放入 Validation
      total <- OT.parse(rawCurrency, rawAmount)  ◀──        对象
      rate <- ERL.lookup(total.currency).toValidationNel◀──
      base = OT(Currency.Eur, total.amount * rate)  ◀──
    } yield base                                基于基准货币计
  }                                              算订单的总额
}
```

上面的代码中展示了一些有趣的新语法；例如 for {} yield 的代码就不是我们以往用的那种老式 for 循环。在深入细节之前，让我们最后一次运行 Scala REPL，运行上面的代码。看一下正常流程的结果是否如我们预期的那样：

```
<Ctrl-D>
$ gradle repl --console plain
...
scala> forex.OrderTotalConverter1.convert("usd", "12.99")
res1: scalaz.ValidationNel[String,forex.OrderTotal]
 = Success(OrderTotal(EUR,11.0415))

scala> forex.OrderTotalConverter1.convert("EUR", "28.98")
res2: scalaz.ValidationNel[String,forex.OrderTotal]
 = Success(OrderTotal(EUR,28.98))
```

接着再看一下异常流程：

```
scala> forex.OrderTotalConverter1.convert("yen", "l33t")
res3: scalaz.ValidationNel[String,forex.OrderTotal]
 = Failure(NonEmptyList(Currency must be USD/EUR/GBP and not yen,
 Amount must be parseable to Double and not l33t))
scala> forex.OrderTotalConverter1.convert("gbp", "49.99")
res56: scalaz.ValidationNel[String,forex.OrderTotal]
 = Failure(NonEmptyList(Network error))
```

反复运行几次上面的代码，就可以看到模拟的网络异常信息。只有当货币类型与金额都合法时你才能看到网络异常的信息，因为代码中已经做了快速失败，如果货币类型或金额不合法，就不会执行汇率查询的操作。

看起来 convert()方法已经正常工作，但它又是如何工作的呢？其中的关键是理解 for {} yield 的作用。每当你在 Scala 代码中看到 for 关键字时，可以理解这是 Scala 中的一个语法糖，组合了一系列 Scala 方法调用：foreach、map、flatMap、filter 或 withFilter。[3]它背后的概念来自于纯函数式编程语言 Haskell 中的 do 语句。

Scala 会将 for {} yield 转化为一系列 flatMap 与 map 的调用，如代码清单 8.12 所示。OrderTotalConverter2 方法的功能与之前的 OrderTotal Converter1 相同。可在 Scala REPL 中进行测试。

```
<Ctrl-D>
$ gradle repl --console plain
...
scala> forex.OrderTotalConverter2.convert("yen", "l33t")
res3: scalaz.ValidationNel[String,forex.OrderTotal]
 = Failure(NonEmpty[Currency must be USD/EUR/GBP and not yen,
 Amount must be parseable to Double and not l33t])
```

代码清单 8.12　OrderTotalConverter2.scala

```
package forex

import scalaz._
import Scalaz._
import scalaz.Validation.FlatMap._

import forex.{OrderTotal => OT}
import forex.{ExchangeRateLookup => ERL}

object OrderTotalConverter2 {

  def convert(rawCurrency: String, rawAmount: String):        使用.flatMap 替换
    ValidationNel[String, OrderTotal] = {                     第一个<-

    OT.parse(rawCurrency, rawAmount).flatMap(total =>
      ERL.lookup(total.currency).toValidationNel.map((rate: Double) =>
        OT(Currency.Eur, total.amount * rate)))
  }                                                           使用.map 替换第二个<-
}                              不再需要中间变量 base
```

---

3. 有关 Scala yield 关键字的更多信息可访问 https://docs.scala-lang.org/tutorials/ FAQ/yield.html。

比较两者，OrderTotalConverter1 的可读性更好一些，但是 OrderTotalConverter2 给了我们一个更好的起点去理解如何在多个步骤的流处理程序中实现快速失败。这也是整个轨道式处理中的最后一部分。

还有就是 OrderTotalConverter1 只能在 Scala 2.11 的版本下编译，Scala 2.12 中强化了类型检查，导致 for 中的类型推断变得更严格了。

本章中需要掌握的最后两种工具是 map 和 flatMap，所以让我们深入了解其中的细节。先从比较容易理解的 map 开始。下面是一个 Validation[F, S]上 map 方法的简单定义：

```
def map(aFunc: S => T): Validation[F, T] = self match {
  case Success(aValue) => Success(aFunc(aValue))
  case Failure(fValue) => Failure(fValue)
}
```

在 Scala 中我们只需要用一个单独的模式匹配就可以完成 map 方法的定义。aFunc: S => T 是方法定义，接收一个 S 类型参数，返回一个 T 类型的结果。如果 Validation 的结果是 Success，就会在 Success 内部包含的数据上应用 map 方法，获得一个新值，类型也可能与原来不一样，但仍然会被 Validation 包装起来。换种方法描述就是：如果初始状态是 Success[S]，然后应用的方法是 S => T，那么最终结果就是 Success[T]。另一方面，如果 Validation 的结果是 Failure，则不会做任何变动，结果保持一致。

图 8.13 展示了对于 Success 和 Failure 的不同效果。

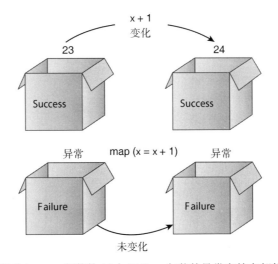

图 8.13　假如我们对 Success 包装的 23 与 Failure 包装的异常字符串都使用 map 映射了一个简单函数(对于数字加 1)，Failure 包装的对象不会发生任何变化，而 Success 包装的数字变为 24

接着让我们看一下 flatMap。与 map 类似，flatMap 接收一个方法作为参数，把它应用在 Validation[F, S]上，返回一个 Validation[F, T]。不同之处在于作为 flatMap 参数的那个方法签名为 S => Validation[F, T]。换言之，flatMap 接收一个值，然后创建一个新值，并用 Validation 包装起来。你可能需要停下来思考一下，为什么 flatMap 与 map 一样，返回的是这样的结果：

```
Validation[F, T]
```

而不是：

```
Validation[F, Validation[F, T]], given the supplied function
```

答案在于 flatMap 名称中的 flat：flatMap 将两个 Validation "扁平化"之后组成一个新对象。而这也是轨道化设计的核心所在：flatMap 能让我们把流处理中的各个步骤衔接起来，同时不需要引入包装 Validation 的额外代码。图 8.14 展示了没有 flatMap 的情形。

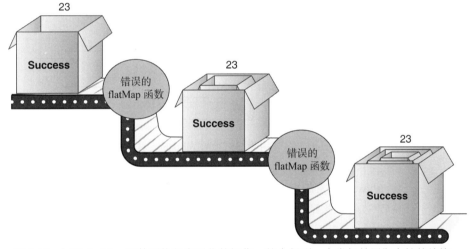

图 8.14　如果 flatMap 函数不执行扁平化的操作，就会得到一个类似俄罗斯套娃的结构，Validation 中又嵌套了一个 Validation。这种结构非常难处理且易出错

Validation[F, S]上 flatMap 的定义(名为 self)与 map 类似：

```
def flatMap(aFunc: S => Validation[F, T]): Validation[F, T] = self match {
  case Success(aValue) => aFunc(aValue)
  case Failure(fValue) => Failure(fValue)
}
```

而不同之处在于以下两点：

- 传递给 flatMap 的方法返回类型是 Validation[F, T]，而不是 T。
- 在处理 Success 的分支上，我们移除了 Success 的包装容器，转而把决定权交给 aFunc 方法，由它决定 T 是 Success 还是 Failure。

图 8.15 展示了 convert 方法完整的工作流程。

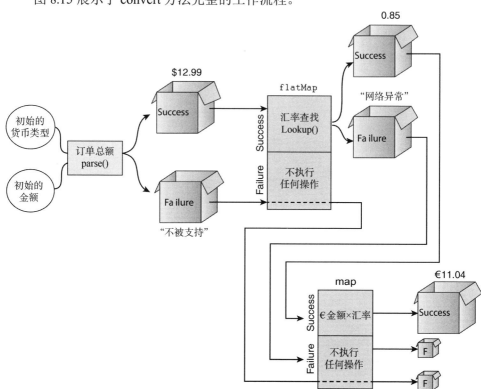

图 8.15　图中展示了 convert 函数使用我们熟悉的 Validation 对象通过 flatMap 与 map
　　　　函数进行转化。flatMap 可将多个执行步骤中发生的异常连接起来，而不是
　　　　将 Validation 嵌套起来。flatMap 与 map 都支持快速失败的需求，当发生异
　　　　常后不会继续执行后续操作

这里需要理解 flatMap 与 map 是如何支持跨多个步骤的轨道式处理：

- 可使用 8.3 节介绍的|@|操作符将统一处理步骤内的 Validation 组合
  起来。
- 可使用 flatMap 与 map 将多个处理步骤的结果连接起来。
- 如果程序从头至尾都能正常运行，那么安全包装在 Success 内部的数据类
  型和值也随着步骤依次发生变化。
- 相应地，如果遇到异常，就是执行快速失败的流程，将当前的异常结果作
  为最终的返回结果。

以上就是在统一日志中处理异常的完整流程。深吸一口气，回头看看在之前
章节所做的一切，你会发现可用"组合-快速失败-组合"　模式来描述，具体解释
如下：

- **大范围的组合**——将多个具有正常输出流与异常输出流的事件流处理任务组合为一个复杂的事件处理工作流。
- **将快速失败作为处理的核心**——如果流处理程序中有多个前后依赖的处理步骤，当在某个步骤中遇到异常时，应该立即转入异常的处理流程。Scala 中的 map 与 flatMap 可以帮助我们做到这点。
- **小范围的组合**——如果在单个处理步骤内有多个独立的处理任务，可使用 Scalaz 的|@|操作符将这些任务组合成一个包含 Success 或 Failure 的向量。

8.5 本章小结

- 在流处理程序中可借鉴 UNIX 中 3 个标准流的设计理念。
- Java 中使用 exception 的概念处理异常的终止与恢复。但缺少合适的工具来在工作单元层面定义异常。许多程序员使用日志工具弥补这一点，却引来了更大的复杂度。
- 在统一日志中可使用事件对异常进行建模。这些异常事件中应该包含引起异常的具体原因与原始的事件信息，方便之后对这些事件重新处理。
- 流处理任务可以借鉴 UNIX 的做法，将正常结果输出到一条流中，而将异常结果输出到另一条流中。这可以使我们将多个处理任务组合成复杂的处理工作流。
- 作为一种强类型的函数式编程语言，Scala 提供了诸如 flatMap、map 与 for {} yield 语法糖的工具将异常处理流程集成到代码中，而不是直接抛出异常，或使用日志处理工具记录异常信息。
- Scalaz 中的 Validation 是一种可以表示成功或失败的容器，它能包含 Success 或 Failure 对应的不同类型。而且可同时处理正常与异常流程。
- |@|操作符可将多个 Validation 组成一个 Validation 输出，可将单个处理步骤内的多个处理任务的结果组合成一个向量，里面包含了处理结果。
- 当处理任务中有多个步骤时，我们希望遇到异常时执行快速失败的流程，不再执行后续工作。对 Validation 应用 Scala 的 map 与 flatMap 方法可以帮助我们做到这一点。而 for {} yield 则能使代码的可读性变得更好。
- 如果深入思考，可把整个解决方案称为"组合-快速失败-组合"，即组合多个不同的流处理任务，对同一任务内的处理进行快速失败的操作，最后将任务内的多个处理结果进行组合。

第 *9* 章

命　　令

本章导读：
- 理解统一日志中的命令
- 对命令进行建模
- 使用 Apache Avro 为命令定义模式
- 处理统一日志中的命令

到目前为止，我们所做的一切都是有关事件的。我们已经在第 1 章中解释过，事件是在某个时间点离散发生的。整本书中，我们创建事件，向统一日志写入事件，从统一日志读取事件，校验事件以及扩展事件，我们几乎做了所有与事件有关的事情。

但统一日志中还存在一种工作单元：命令。命令是一种需要在之后执行某种特定行为的指令，而每个命令执行时都会产生另一个事件。在本章，我们将看到命令这一模式在统一日志的事件流中所展示出的强大功能。

我们会从定义一个简单的命令开始，然后演示决策支持系统如何对统一日志中的事件执行操作，并通过命令发出决策。由于灵活性与功能性的要求，命令的建模看起来更像是门艺术，而这也是我们将在示例中要讨论的。

在 Plum 公司的示例中将使用命令发出警报，通知 Plum 公司的机械维护工程师工厂中有哪些机器运转过热。我们仍然会使用 Apache Avro 对命令建模，然后使用第 2 章中的 Kafka Producer 脚本向统一日志发送警报命令。

接着，我们会使用 Kafka Java 客户端编写一个命令执行器。执行器会读取包含警报命令的 Kafka topic，然后针对每个警报发送一封电子邮件给相应的维护工程师。我们将使用 Rackspace 的 Mailgun 电子邮件服务来发送邮件。

最终在为公司的统一日志引入命令之前，会讨论一些设计问题。例如如何在 Kafka 或 Kinesis 中设计命令的 topic，同时会介绍命令层级的概念。

让我们开始吧！

9.1   命令与统一日志

命令究竟是什么？它在统一日志中又意味着什么？作为事件的补充，本节中将引入命令，讨论如何构建一个决策支持系统并生成命令，这也是统一日志的核心部分。

9.1.1   事件与命令

命令是一种需要在之后执行某种特定行为的指令，以下是一些命令的例子：
- "爸爸，订一份披萨"
- "告诉老板，我不干了"
- "杰克，我的家庭保险需要续保"

如果说事件是用来记录过去发生的某件事，那么命令就是描述了未来将发生的一件事。
- 我的爸爸订了一份披萨
- 我辞职了
- 杰克的家庭保险续保了。

图 9.1 描述了第一个示例中的行为流程：决策(我需要一个披萨)生成了一个命令("爸爸，订一份披萨")，当命令执行后，就可以通过记录一个事件来表明已经发生(我的爸爸订了一份披萨)。从语法的角度看，事件是一个带有陈述语气动词的过去式，而命令则是个带有祈使语气的动词。

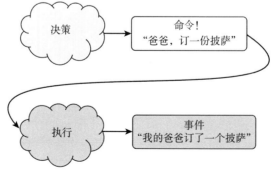

图 9.1   一个决策会产生一个命令——一个要求做某件特定事的指令或指示。如果这个命令被执行了，我们就可以记录一个事件，表示这件事已发生

命令与事件之间存在共生关系。严格地说，如果没有命令，也就没有事件。

9.1.2 隐式命令与显式命令

既然每个事件背后都有一个命令，那为什么直到第 9 章我们都没有遇到一个命令呢？答案就是几乎所有软件都依赖于所谓的隐式命令——决策做某事之后总是紧跟着决策的执行，所有代码都是如此。下面是一些简单的伪代码示例：

```
function decide_and_act(obj):
    if obj is an apple:
        eat the apple
        emit_event(we ate the apple)
    else if obj is a song:
        sing the song
        emit_event(we sang the song)
    else if obj is a beer:
        drink the beer
        emit_event(we drank the beer)
    else:
        emit_event(we don't recognize the obj)
```

这些代码中都没有显式命令。相反，我们的代码中混杂了决策的制定和决策的执行。如果使用显式命令，代码又怎样呢？可参考下面的代码示例：

```
function make_decision(obj):
    if obj is an apple:
        return command(eat the apple)
    else if obj is a song:
        return command(sing the song)
    else if obj is a beer:
        return command(drink the beer)
    else:
        return command(complain we don't recognize the obj)
```

当然这个版本的代码在功能上与之前版本的代码并不相同。在这个版本中我们只是基于决策返回了一个命令，并没有执行命令。因此需要有另一段下游代码执行这些命令，参考如下：

```
function execute_command(cmd):
    if cmd is eat the apple:
        eat the apple
        emit_event(we ate the apple)
    else if cmd is sing the song:
        sing the song
        emit_event(we sang the song)
    else if cmd is drink the beer:
        drink the beer
        emit_event(we drank the beer)
    else if cmd is complain we don't recognize the obj
        emit_event(we don't recognize the obj)
```

看上去我们把一些原本简单的事情(做出决策然后执行该决策)变得复杂(做出

决策，发布命令，然后执行该命令)。支持我们这么做的原因是关注点分离[1]。将命令转为显式，并提升为第一等级的实体会带来以下这些优势：

- 决策定义的代码更简单。make_decision(obj)需要做的就是发出命令，而不需要知道如何吃苹果与唱歌。同样不需要知道如何追踪事件。
- 决策定义的代码更容易测试。我们只需要测试决策定义的代码，测试它们是否做出了正确决策，而不需要关心决策是否被正确执行。
- 决策流程更容易审计。由决策引发的所有命令都可以被检查。相反在 decide_and_act(obj)中只能通过检查每个动作所产生的结果才能了解做出了什么决策。
- 决策执行的代码更符合 DRY(don't repeat yourself)原则，即避免重复。我们只需要实现一次吃苹果的代码，而其他执行相同命令的代码都能复用它。
- 决策执行的代码更灵活。如果命令是"向 Jenny 发送电子邮件"，可以非常方便地替换邮件服务供应商。例如从 Mandrill 换成 Mailgun 或 SendGrid。
- 决策执行代码是可重复执行的。当需要时可按相同的顺序重放一系列命令。

解除决策定义与命令执行之间的耦合关系带来的益处非常明显，而把这些应用在统一日志上会带来更大益处。

9.1.3   在统一日志中使用命令

在上一节中，我们将函数 decide_and_act(obj)分离成两个独立函数：

- make_decision(obj)：根据输入参数 obj 做出决策，返回一个可以执行的命令对象。
- execute_command(cmd)：执行命令对象 cmd，并发出一个用于记录执行过程的事件。

在统一日志中，这两个函数不需要在同一个应用中。可创建一个名为 commands 的流，然后将 make_decision(obj)的输出结果写入这个流中。然后我们可编写另一个流处理程序，从 commands 流中获取命令，并调用 execute_command(cmd)。图 9.2 展示了上述流程。

在这种架构下，我们彻底解除了决策定义与命令执行之间的耦合关系。流中的命令也成为系统层面的头等公民：任何需要执行命令(或只是需要观察命令)的应用程序都可与命令进行关联。

下一节我们将把命令加入统一日志中。

---

1. 更多信息可访问 https://en.wikipedia.org/wiki/Separation_of_concerns。

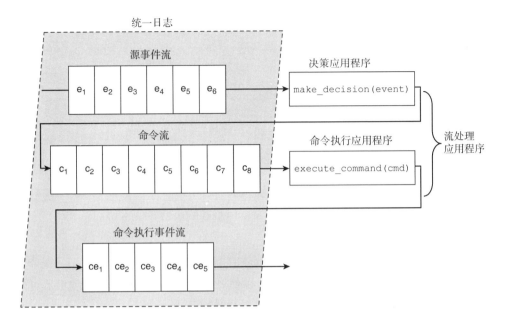

图 9.2　在统一日志系统中，源事件流将驱动一个决策系统给第二个流发送命令。而命令执行程序则会从这个流中读取命令并执行，然后发送给另一个流来记录事件已经被执行

9.2　决策

只有产生决策后才会产生命令，因此本节将继续使用在第 7 章引入的虚拟的 Plum 公司作为示例。在示例中会向统一日志写入完成的决策命令。

9.2.1　Plum 公司中的命令

Plum 公司是一家全球性电子消费品制造商，假设我们是 Plum 公司的商业智能团队，而 Plum 公司正在实施统一日志系统。由于某些无关紧要的原因，统一日志系统混合使用了 Amazon Kinesis 和 Apache Kafka。在现实情况中 Kinesis 和 Kafka 并用可能比较少见，但在本节中我们可以两种都用。

Plum 公司的核心生产线是用来生产笔记本电脑金属外壳的 NCX-10 机器。Plum 公司有 10 个工厂，每个工厂有 1000 台 NCX-10，每台机器每隔 5 分钟会向 Kafka 发送一条有关质检的关键指标，如图 9.3 所示。

Plum 公司的机器维护团队希望通过质检数据保持 NCX-10 的正常运行。维护团队最希望首先帮助他们处理的是：当机器运行过热时能够立即给维护工程师发送警报信息，以便立即修复机器冷却系统中可能存在的问题。

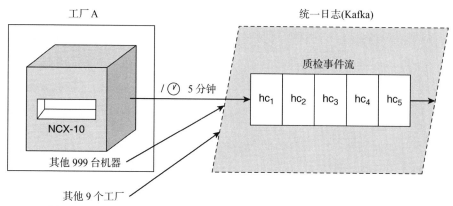

图9.3   Plum 公司工厂内的所有 NCX-10 机器每隔 5 分钟向 Kafka topic
发送一个标准的质检事件

为满足这个需求，需要编写两个流处理任务：

- **决策**——通过 NCX-10 的质检事件侦测机器是否过热。如果发现机器过热
则会发出一个命令，以向维护工程师发出警报。
- **命令执行**——从事件流中读取命令，并向维护工程师发送警报。

图9.4 描绘了对应的流处理程序与 Kafka 流。

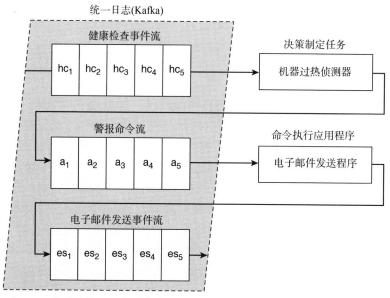

图9.4   在 Plum 公司的统一日志系统中，决策定义系统会从健康检查事件流中读取事件，
侦测是否有过热的机器，并向另一个流发送警报命令。命令执行程序会从这个流
中读取命令并给那些运维工程师发送警报邮件

决策制定任务看上去非常熟悉，它与第 I 部分中的有状态的流式处理任务非

常类似。因为这章中主要关注命令，所以我们省略了实现决策制定任务的部分，而直接进入命令定义的部分。

9.2.2 对命令进行建模

当某台 NCX-10 出现过热征兆时，决策制定任务会发出一个命令，以发出警报给维护工程师。对命令进行正确的建模是非常重要的：它代表着决策制定任务 (发出命令)与命令执行任务(读取命令)之间的一种契约。

我们知道命令需要向维护工程师发出警报，但是在命令中需要放置哪些字段呢？一个好的命令就像一块美味的松饼，具备如下这些特征：

- **包装紧密**——命令中应该有执行命令需要的所有信息。执行器不需要额外查找执行所需的信息。
- **烘焙成熟**——命令中应该定义需要执行的动作。但我们不应该在命令中添加任何业务逻辑。

这里是一个命令的反面示例：

```
{ "command": "alert_overheating_machine",
  "recipient": "Suzie Smith",
  "machine": "cz1-123",
  "createdAt": 1539576669992
}
```

让我们试想一下，应该如何执行这个命令，下面是伪代码：

```
function execute_command(cmd):
    if cmd.type == "alert_overheating_machine":
        email_address = lookup_email_address(cmd.recipient)
        subject = "Overheating machine"
        message = "Machine {{cmd.machine}} may be overheating!"
        send_email(email_address, subject, message)
        emit_event(alerted_the_maintenance_engineer)
```

很显然这违反了一个好命令的原则：

- 命令的执行器需要额外查找维护工程师的电子邮件这一关键信息。
- 命令的执行器包含了业务逻辑，将命令类型与机器编号拼装成一个可用的警报信息。

下面是一个稍好些的版本：

```
{ "command" : "alert",
  "notification": {
  "summary": "Overheating machine",
  "detail": "Machine cz1-123 may be overheating!",
  "urgency": "MEDIUM"
  },
  "recipient": {
  "name": "Suzie Smith",
  "phone": "(541) 754-3010",
```

```
    "email": "s.smith@plum.com"
  },
  "createdAt": 1539576669992
}
```

执行这个命令的代码变得更简洁：

```
function execute_command(cmd):
    if cmd.command == "alert":
      send_email(cmd.recipient.email, cmd.notification.summary,
          cmd.notification.detail)
      emit_event(alerted_the_maintenance_engineer)
```

对于新版本的命令，执行器需要做的事情更少：执行器只需要发送邮件，并记录事件即可。执行器并不需要知道具体是哪台机器发生了过热问题。完整的业务逻辑已经在决策制定任务中完成了。这使得执行器成为更通用的程序，不存在强耦合关系。Plum 公司可编写另一个决策制定任务，并在不做任何修改的情况下，复用现有执行器的代码。

另一个需要注意的是，我们创建的命令是有具体定义的，但没有限制。如果需要，可以更新执行器的代码，添加警报优先级的功能：

```
function execute_command(cmd):
    if cmd.command == "alert":
      if cmd.urgency == "HIGH":
        send_sms(cmd.recipient.phone, cmd.notification.detail)
      else:
        send_email(cmd.recipient.email, cmd.notification.summary,
            cmd.notification.detail)
      emit_event(alerted_the_maintenance_engineer)
```

如果将命令放入统一日志中，将使得功能可行：

● 可以只更改执行器的代码，添加优先级的功能，而不需要修改决策制定任务的代码。
● 可通过重放旧的命令来测试新执行器的功能。
● 可通过开关，逐渐将命令从旧执行器转发给新执行器。

9.2.3 编写警报的模式

现在我们准备为警报命令创建模式，使用的依然是 Apache Avro (https://avro.apache.org)。第 6 章中解释过，Avro 可使用普通的 JSON 文件定义模式，因此需要将模式文件保存某处，我们不妨将它添加到 command-executor 程序中。下面创建这个程序。

command-executor 程序名为 ExecutorApp，用 Java 编写，用 Gradle 构建。先创建一个名为 plum 的目录，然后进入该目录执行下面的命令：

```
$ gradle init --type java-library
...
```

```
BUILD SUCCESSFUL
...
```

Gradle 会在该目录下创建项目的框架，并生成模板文件 Library.java 与 LibraryTest.java。删除这两个文件，不久后我们就会编写自己的代码。

下一步编辑 build.gradle 文件，复制代码清单 9.1 所示的代码。

代码清单 9.1　build.gradle

```
plugins {
    id "java"                          使用 Gradle 插件从 Apache
    id "application"                   Avro 模式文件生成 Java 代码
    id "com.commercehub.gradle.plugin.avro" version "0.8.0"
}

sourceCompatibility = '1.8'

mainClassName = 'plum.ExecutorApp'

repositories {
  mavenCentral()
}

version = '0.1.0'          添加 Kafka 与 Avro 的依赖库

dependencies {
  compile 'org.apache.kafka:kafka-clients:2.0.0'
  compile 'org.apache.avro:avro:1.8.2'
  compile 'net.sargue:mailgun:1.9.0'
  compile 'org.slf4j:slf4j-api:1.7.25'
}

jar {
  manifest {
    attributes 'Main-Class': mainClassName
  }

  from {
    configurations.compile.collect {
      it.isDirectory() ? it : zipTree(it)
    }
  } {
    exclude "META-INF/*.SF"
    exclude "META-INF/*.DSA"
    exclude "META-INF/*.RSA"
  }
}
```

执行下面的命令构建项目：

```
$ gradle compileJava
...
BUILD SUCCESSFUL
...
```

如果一切正常我们就可以编写命令的模式文件了。

9.2.4　定义警报的模式

按照以下目录创建模式文件：

src/main/resources/avro/alert.avsc

将代码清单 9.2 的内容复制到模式文件。

代码清单 9.2　alert.avsc

```
{ "name": "Alert",
  "namespace": "plum.avro",
  "type": "record",
  "fields": [
    { "name": "command", "type": "string" },
    { "name": "notification",
      "type": {
        "name": "Notification",
        "namespace": "plum.avro",
        "type": "record",
        "fields": [
          { "name": "summary", "type": "string" },
          { "name": "detail", "type": "string" },
          { "name": "urgency",
            "type": {
              "type": "enum",
              "name": "Urgency",
              "namespace": "plum.avro",
              "symbols": ["HIGH", "MEDIUM", "LOW"]
            }
          }
        ]
      }
    },
    { "name": "recipient",
      "type": {
        "type": "record",
        "name": "Recipient",
        "namespace": "plum.avro",
        "fields": [
          { "name": "name", "type": "string" },
          { "name": "phone", "type": "string" },
          { "name": "email", "type": "string" }
        ]
      }
    },
    { "name": "createdAt", "type": "long" }
  ]
}
```

让我们逐一分析下这个模式文件：

● 顶层实体是名为 Alert 的记录，属于 plum.avro 命名空间(其他实体也位于这个命名空间)。

- Alert 由 type 字段、Notification 子记录、recipient 子记录、createdAt 时间戳组成。
- Notification 记录由 summary、detail、urgency 三个字段组成，其中 urgency 是一个具有 3 个选项的枚举类型。
- recipient 包含 name、phone 和 email 三个字段。

还需要把 resources/avro 子目录做一个软链接，让 Gradle 的 Avro 插件能够发现它。执行下面的命令完成这一操作：

```
$ cd src/main && ln -s resources/avro .
```

有了模式文件后，就可以使用 Gradle 的 Avro 插件生成对应的 Java 代码。

```
$ gradle generateAvroJava
:generateAvroProtocol UP-TO-DATE
:generateAvroJava

BUILD SUCCESSFUL

Total time: 8.234 secs
...
```

你应该看到 Gradle 已经在项目目录下生成了源码文件：

```
$ ls build/generated-main-avro-java/plum/avro/
Alert.java  Notification.java  Recipient.java  Urgency.java
```

这些代码内容冗长，但是当你用文本编辑器打开这些文件，应该可以看到源码中对应这三种记录类型的 Java 对象和枚举类型。

我们已经有了命令的模式文件和源码，下一步就可以开始构建命令执行器了。

9.3 消费命令

假设 Plum 公司把机器警报的命令都存放在 Kafka 的 topic 中，并且都以 Apache Avro 的格式存储。现在需要编写一个能够消费并执行这些命令的执行器。首先需要确保能够正确读取，并反序列化这些命令。

9.3.1 合适的工具

有许多不同的流式处理框架可以用来执行命令，但是牢记执行器只需要完成以下两个任务：

(1) 从流中读取命令并执行它。

(2) 发出一个用于标识命令已被执行的事件。

图 9.5 展示了这两个任务。

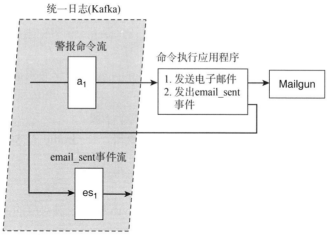

图 9.5　Plum 公司的命令执行应用程序会使用 Mailgun 的服务向运维工程师发送电子邮件，
然后发出一个 email_sent 事件，记录这次警报已被执行

这两个任务每次都作用在一个命令上；没必要考虑一次同时处理多个任务的情况。命令执行的逻辑与第 2 章介绍的单事件处理的逻辑相同。而作为一个单事件处理的程序，只需要一个简单的流式处理框架就能执行命令。Kafka 的 Java 客户端就是一个能够满足我们需求的不错选择。

9.3.2　读取命令

作为第一步，需要从名为 commands 的 Kafka topic 中读取命令。与第 2 章相同，我们称其为 consumer。本章中将使用 Kafka 的 Java 客户端库来编写我们自己的 consumer。

先在 scr/main/java/plum 目录下创建一个 Java 文件：Consumer.java。复制代码清单 9.3 中的内容，这原本是第 2 章中 consumer 的代码，但做了一些小的修改。

- 新的 package 包名为 plum。
- 代码中将每个消费的记录传递给执行器，而不是原本的 producer。

代码清单 9.3　Consumer.java

```
package plum;                            ← 使用 plum 作为包名

import java.util.*;

import org.apache.kafka.clients.consumer.*;
public class Consumer {

  private final KafkaConsumer<String, String> consumer;
  private final String topic;
```

```
  public Consumer(String servers, String groupId, String topic) {
    this.consumer = new KafkaConsumer<String, String>(
      createConfig(servers, groupId));
    this.topic = topic;
  }

  public void run(IExecutor executor) {
    this.consumer.subscribe(Arrays.asList(this.topic));
    while (true) {
      ConsumerRecords<String, String> records = consumer.poll(100);
      for (ConsumerRecord<String, String> record : records) {
        executor.execute(record.value());

      }
    }
  }

  private static Properties createConfig(
    String servers, String groupId) {

Properties props = new Properties();
    props.put("bootstrap.servers", servers);
    props.put("group.id", groupId);
    props.put("enable.auto.commit", "true");
    props.put("auto.commit.interval.ms", "1000");
    props.put("auto.offset.reset", "earliest");
    props.put("session.timeout.ms", "30000");
    props.put("key.deserializer",
      "org.apache.kafka.common.serialization.StringDeserializer");
    props.put("value.deserializer",
      "org.apache.kafka.common.serialization.StringDeserializer");
    return props;
  }
}
```

使用 executor
替代之前的
producer

现在我们已经定义了一个 consumer，它会从 Kafka topic 中读取记录，然后把读取的记录作为参数来调用 execute 方法。下一步我们就会实现 execute 的初始版本。它并不会真正执行命令，而是展示我们是否成功地将 Avro 格式的数据转换为 Java 对象。

9.3.3　转换命令

那么 consumer 是如何使用 IExecutor.execute()方法处理每一个传入的命令呢？为了让程序保持灵活，本章中的两个执行器都实现了 IExecutor 接口，让我们依次完成具体功能。首先在 src/main/java/plum/IExecutor.java 中定义接口，将代码清单 9.4 中的代码复制到文件中。

代码清单 9.4　IExecutor.java

```
package plum;

import java.util.Properties;
```

```java
import org.apache.kafka.clients.producer.*;

public interface IExecutor {

  public void execute(String message);

  public static void write(KafkaProducer<String, String> producer,
    String topic, String message) {
    ProducerRecord<String, String> pr = new ProducerRecord(
      topic, message);
    producer.send(pr);
  }

  public static Properties createConfig(String servers) {
    Properties props = new Properties();
    props.put("bootstrap.servers", servers);
    props.put("acks", "all");
    props.put("retries", 0);
    props.put("batch.size", 1000);
    props.put("linger.ms", 1);
    props.put("key.serializer",
    "org.apache.kafka.common.serialization.StringSerializer");
    props.put("value.serializer",
      "org.apache.kafka.common.serialization.StringSerializer");
    return props;
  }
}
```

抽象的 execute 函数，由 IExecutor 的具体实现进行实例化

上面的代码与第 2 章中 IProducer 的代码非常相似。IProducer 中包含一些静态的助手方法用于配置 Kafka producer 以及向 Kafka 写入事件。执行器在执行命令时同样需要这部分功能：向 Kafka 发送的一个事件记录命令已被成功执行。

接着可以编写第一个 IExecutor 的具体实现。目前我们并不需要真正执行命令，而是要检查是否成功地将传入的命令执行了转化。新建文件 src/main/java/plum/EchoExecutor.java，复制代码清单 9.5 中的内容。

代码清单 9.5   EchoExecutor.java

```java
package plum;

import java.io.*;

import org.apache.kafka.clients.producer.*;

import org.apache.avro.*;
import org.apache.avro.io.*;
import org.apache.avro.generic.GenericData;
import org.apache.avro.specific.SpecificDatumReader;

import plum.avro.Alert;

public class EchoExecutor implements IExecutor {
```

使用 Gradle Avro 插件从绑定的模式文件中自动生成 Alert 类的代码

```
private final KafkaProducer<String, String> producer;
private final String eventsTopic;

private static Schema schema;                      从绑定的模式文件中静
static {                                           态初始化 Schema 对象
  try {
    schema = new Schema.Parser()
      .parse(EchoExecutor.class.getResourceAsStream("/avro/alert.avsc"));
  } catch (IOException ioe) {
    throw new ExceptionInInitializerError(ioe);
  }
}

public EchoExecutor(String servers, String eventsTopic) {

  this.producer = new KafkaProducer(IExecutor.createConfig(servers));
  this.eventsTopic = eventsTopic;
}

public void execute(String command) {

  InputStream is = new ByteArrayInputStream(command.getBytes());
  DataInputStream din = new DataInputStream(is);

  try {
    Decoder decoder = DecoderFactory.get().jsonDecoder(schema, din);
    DatumReader<Alert> reader = new SpecificDatumReader<Alert>(schema);

    Alert alert = reader.read(null, decoder);       将警报命令反序列化为 Alert 类
    System.out.println("Alert " + alert.recipient.name + " about " +
      alert.notification.summary);                  打印警报信息
  } catch (IOException | AvroTypeException e) {
    System.out.println("Error executing command:" + e.getMessage());
  }
}
}
```

EchoExecutor 的代码很简单,每次 execute 方法被调用时都会接收一个序列化的命令作为参数, 然后执行以下操作:

(1) 尝试将传入的命令反序列化为 Alert 的普通 Java 对象。Alter 是之前由 Gradle Avro 插件从 alert.avsc 文件生成的。

(2) 如果反序列化成功, 就将详细的警报信息输出到标准输出(stdout)。

9.3.4　连接各个程序

现在可通过新 ExecutorApp 类中的 main 方法将之前的三个源码文件连接起来。创建新文件 src/main/java/plum/ExecutorApp.java, 并复制代码清单 9.6 中的代码。

代码清单 9.6　ExecutorApp.java

```
package plum;
```

```
public class ExecutorApp {

  public static void main(String[] args){
    String servers        = args[0];
    String groupId        = args[1];
    String commandsTopic   = args[2];
    String eventsTopic     = args[3];

    Consumer consumer = new Consumer(servers, groupId, commandsTopic);
    EchoExecutor executor = new EchoExecutor(servers, eventsTopic);
    consumer.run(executor);
  }
}
```

通过命令行将以下 4 个参数传递给 StreamApp：

- servers 定义了 Kafka 的服务器地址和端口。
- groupId 定义了代码所属的 Kafka consumer group。
- commandsTopic 定义了从 Kafka 的哪个 topic 读取命令。
- eventsTopic 定义了向 Kafka 的哪个 topic 写入事件。

现在可以执行下面的命令，编译项目：

```
$ gradle jar
...
BUILD SUCCESSFUL

Total time: 25.532 secs
```

如果一切正常，接着就可以测试程序了。

9.3.5　测试

为了测试程序，总共需要打开 5 个终端窗口。图 9.6 列出了每个终端窗口的作用。

前三个终端窗口中需要从 Kafka 安装目录下执行命令：

```
$ cd ~/kafka_2.12-2.0.0
```

图 9.6　需要使用 5 个终端窗口来测试执行命令的应用程序，包括 ZooKeeper、Kafka、一个生
　　　成命令的 producer、执行命令的应用程序和一个消费命令执行程序所发出事件的 consumer

在第一个终端窗口中需要启动 ZooKeeper：

```
$ bin/zookeeper-server-start.sh config/zookeeper.properties
```

在第二个终端窗口中需要启动 Kafka：

```
$ bin/kafka-server-start.sh config/server.properties
```

在第三个终端窗口中则需要运行一个脚本，向 Kafka 的 alerts topic 发送命令：

```
$ bin/kafka-console-producer.sh --topic alerts \
  --broker-list localhost:9092
```

现在，可以给这个 producer 发送一个警报命令。将下面的文本复制到相同的终端，确认命令后面用换行符分隔以将它发送至 Kafka topic：

```
{ "command" : "alert", "notification": { "summary": "Overheating machine",
"detail": "Machine cz1-123 may be overheating!", "urgency": "MEDIUM" },
"recipient": { "name": "Suzie Smith", "phone": "(541) 754-3010", "email":
"s.smith@plum.com" }, "createdAt": 1539576669992 }
```

最后运行新的命令执行器程序。在第四个终端窗口中，将目录切换到项目的根目录，运行下面的命令：

```
$ cd ~/plum
$ java -jar ./build/libs/plum-0.1.0.jar localhost:9092 ulp-ch09 \
  alerts events
```

这将启动程序，读取 alerts 中的所有命令并执行。稍等几秒之后就会看到如下输出：

```
Alert Suzie Smith about Overheating machine
```

太棒了，简单的 EchoExecutor 工作正常。现在可以开始下一个更复杂的版本，执行警报并发送邮件。按下 Ctrl+Z 快捷键，并执行 kill %%关闭程序，但是确保不要关闭其他终端窗口中的程序，因为下一节中我们还将使用它们。

9.4　执行命令

现在我们已经成功地把警报命令从 Avro 格式的 JSON 转化为普通的 Java 对象，接着就可以着手执行这个命令。本节将集成一个第三方邮件服务，用于发送警报信息，最后会发送一个事件，记录警报邮件已经被成功发送。让我们马上开始吧。

9.4.1　使用 MailGun

Plum 公司的管理者希望使用电子邮件将 NCX-10 的警报信息发送给维护工程师们，所以需要在程序中集成某种发送电子邮件的功能。有许多类似的服务可供选择，这次我们选择了一个托管的事务级电子邮件服务 Mailgun(www.mailgun.com)。

Mailgun 允许用户创建新账户后就能发送邮件，而不需要花费任何费用，这非常适合做一些实验性工作。如果愿意，也可以选择其他服务方，例如 Amazon Simple Email Service(SES)、SendGrid 或者自行部署的邮件服务器(如 Postfix)。如果选择了其他电子邮件服务，那么需要修改后续代码中的相关配置。

首先打开 Mailgun 登录页面：https://singup.mailgun.com/new/signup。

接着输入详细信息，但不需要提供与支付相关的信息。单击 Create Account 按钮，在下一个页面就会看到一段用来发送邮件的 Java 代码，如图 9.7 所示。在发送邮件之前，还需要做两件事：

(1) 激活 Mailgun 账户。Mailgun 会向你的注册邮箱发送一封确认邮件。单击邮件中的链接，按照指引完成账户认证。

(2) 添加认证凭证。需要单击图 9.7 下方的链接，添加一个用于测试的邮件凭证。如果没有第二个邮件地址，可以在现有的邮件地址后添加类似+ulp 的后缀(如 alex+ulp@foo.com)。同样需要通过确认邮件来认证这个邮箱。

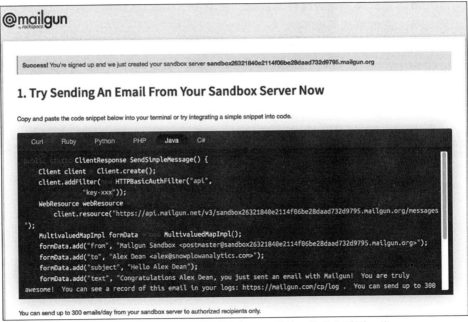

图 9.7　在 Mailgun 的 get-started 页面单击 Java 页签，你将会看到一些
用来发送 Email 的基础 Java 代码

9.4.2　完成 executor

上述步骤完成后，可以开始更新执行器代码，添加发送电子邮件的功能了。

首先需要对 Mailgun 发送电子邮件的方法做一个简单的封装：创建文件 src/main/java/plum/Emailer.java，然后添加代码清单 9.1 中的内容。

代码清单 9.7   Emailer.java

```
package plum;

import net.sargue.mailgun.*;

import plum.avro.Alert;

public final class Emailer {

  static final String MAILGUN_KEY =
    "XXX";
  static final String MAILGUN_SANDBOX =
    "sandboxYYY.mailgun.org";

  private static final Configuration configuration = new Configuration()
    .domain(MAILGUN_SANDBOX)
    .apiKey(MAILGUN_KEY)
    .from("Test account", "postmaster@" + MAILGUN_SANDBOX);

  public static void send(Alert alert) {
    Mail.using(configuration)
    .to(alert.recipient.email.toString())
    .subject(alert.notification.summary.toString())
    .text(alert.notification.detail.toString())
    .build()
    .send();
  }
}
```

使用你的 Mailgun API key 替代代码中的 XXX

使用 Mailgun sandbox 服务器替代代码中的 YYY

Emailer.java 中对我们使用的 Mailgun email 类库做了简单封装。请确保已按照你的 Mailgun 账户中的 API key 与 sandbox 服务器的详细信息更新了代码中的常量。

完成上述步骤后，可以开始编写完整的执行器代码了。与 EchoExecutor 一样，这次也需要实现 IExecutor 接口。不同的是 FullExecutor 将通过 Mailgun 发送电子邮件，同时向 Kafka 的 topic 中发送日志事件。将代码清单 9.8 中的代码复制到文件 src/main/java/plum/FullExecutor.java 中。

代码清单 9.8   FullExecutor.java

```
package plum;

import java.io.*;

import org.apache.kafka.clients.producer.*;

import org.apache.avro.*;
import org.apache.avro.io.*;
import org.apache.avro.generic.GenericData;
import org.apache.avro.specific.SpecificDatumReader;

import plum.avro.Alert;

public class FullExecutor implements IExecutor {
```

```
private final KafkaProducer<String, String> producer;
private final String eventsTopic;

private static Schema schema;
static {
  try {
    schema = new Schema.Parser()
      .parse(EchoExecutor.class.getResourceAsStream("/avro/alert.avsc"));
  } catch (IOException ioe) {
    throw new ExceptionInInitializerError(ioe);
  }
}

public FullExecutor(String servers, String eventsTopic) {

  this.producer = new KafkaProducer(IExecutor.createConfig(servers));
  this.eventsTopic = eventsTopic;
}

public void execute(String command) {
  InputStream is = new ByteArrayInputStream(command.getBytes());
  DataInputStream din = new DataInputStream(is);

  try {
    Decoder decoder = DecoderFactory.get().jsonDecoder(schema, din);
    DatumReader<Alert> reader = new SpecificDatumReader<Alert>(schema);
    Alert alert = reader.read(null, decoder);
    Emailer.send(alert);                                            ← 使用 Mailgun 发送电子邮件
    IExecutor.write(this.producer, this.eventsTopic,
      "{ \"event\": \"email_sent\" }");              ←
  } catch (IOException | AvroTypeException e) {
    System.out.println("Error executing command:" + e.getMessage());
  }
}                                                                      发出一个事件用来
}                                                                      记录邮件已经发送
```

FullExecutor 与早前的 EchoExecutor 类似，但额外增加了两项功能：

● 可以通过新的 Emailer 类，向维护工程师发送邮件。

● 在成功发送电子邮件后，会向 Kafka 写入包含基础事件的日志事件。

然后需要修改程序的入口方法，替换为我们新的执行器代码。编辑 src/main/java/plum/ExecutorApp.java 文件，复制代码清单 9.9 中的内容。

代码清单 9.9   ExecutorApp.java

```
package plum;

import java.util.Properties;

public class ExecutorApp {

  public static void main(String[] args){
    String servers      = args[0];
```

```
    String groupId       = args[1];
    String commandsTopic = args[2];
    String eventsTopic   = args[3];

    Consumer consumer = new Consumer(servers, groupId, commandsTopic);
    FullExecutor executor = new FullExecutor(servers, eventsTopic);
    consumer.run(executor);
  }
}
```

使用 FullExecutor 替代原
来的 EchoExecutor

切换到项目的根目录，重新编译项目：

```
$ gradle jar
...
BUILD SUCCESSFUL

Total time: 25.532 secs
```

现在可以重新运行执行器程序了。

9.4.3　最后的测试

如果之前运行执行器的终端窗口仍在运行，按下 Ctrl+C 快捷键终止进程，然
后重新运行：

```
$ java -jar ./build/libs/plum-0.1.0.jar localhost:9092 ulp-ch09 \
  alerts events
```

保持 ZooKeeper 与 Kafka 继续运行。启动第四与第五个终端窗口，查看 Kafka
topic 中的事件：

```
$ bin/kafka-console-consumer.sh --topic events --from-beginning \
  --bootstrap-server localhost:9092
```

回到连接 alerts topic 的 producer 终端窗口。更新之前警报的命令，添加电子
邮件地址，这样 Mailgun 就能发送邮件了，在终端中粘贴下面的代码：

```
$ bin/kafka-console-producer.sh --topic alerts \
  --broker-list localhost:9092
{ "command" : "alert", "notification": { "summary": "Overheating machine",
 "detail": "Machine cz1-123 may be overheating!", "urgency": "MEDIUM" },
 "recipient": { "name": "Suzie Smith", "phone": "(541) 754-3010", "email":
 "alex+test@snowplowanalytics.com" }, "createdAt": 1543392786232 }
```

为了能够正常发送邮件，必须在 Mailgun 中更新你自己认证的电子邮件地址。
此时在 Kafka topic 的终端窗口中你应该看到如下输出：

```
$ bin/kafka-console-consumer.sh --topic events --from-beginning \
  --zookeeper localhost:2181
{ "event": "email_sent" }
```

这说明执行器已经向我们发送了邮件。查看一下你自己的电子邮箱，应该看到图9.8所示的一封邮件：

图 9.8   命令执行程序现在可通过 Mailgun 发送警报邮件

太棒了！我们已经实现了一个命令执行器，从收到的命令中获取警报信息，并向维护工程师们发送警报邮件。而且能发送 email_sent 事件，用来跟踪命令是否被执行。

9.5   扩展命令

本章中我们通过一个简单的示例实践了如何执行命令以发出预警，并将已执行事件发送至Plum 公司的统一日志系统。到目前为止，这些都符合我们的要求，但是如何将其扩展到一个真实可用，具有成百上千条命令的场景呢？本节会给你一些启发。

9.5.1   单条流还是多条？

本章中传递命令的流名为 alerts，是基于它只包含了警报命令，而且命令执行器将所有收到的命令都作为警报处理。如果想要扩展程序，以支持更多种类的命令，我们有如下几种选择：

- 每条流(Kafka 中称为 topic)对应一种命令，换言之可能会有成千上百条流。
- 让命令能够自我描述，对应 3 至 5 条流；每条流对应不同优先级的命令。
- 同样让命令能够自我描述，但只对应到一条流。在每条记录头部加入有关命令类型的数据，让执行器能辨别这是什么类型的命令。

图 9.9 展示了这三种不同的解决方案。

当选择其中一种解决方案时，需要在负担多条流还是开发命令的自我描述功能之间进行权衡。对于当命令执行失败时，这几种解决方案不同的处理方式的理解也很重要。

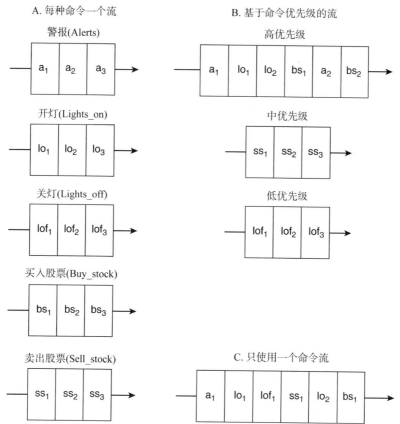

图 9.9　我们能为每种命令类型定义一条流(选项 A)，或结合命令的优先级定义
相应的流(选项 B)，也可使用一条单独的流承载所有命令(选项 C)

9.5.2　处理命令执行的异常

假设 Mailgun 发生了服务中断(无论是计划内还是计划外)，可能持续数个小时。当发生这种情况时命令执行器会发生什么？回顾一下，命令执行器是进行单事件处理的，因此它无法知晓 Mailgun 这样的外部系统引发的异常。在处理每条警报命令时，Mailgun 发送邮件的代码可能在 30 秒之后引起超时。这种情况下我们可能会将一个邮件发送失败的事件发送到 Kafka 的某个 topic。

假设命令执行器需要从流中读取上百种命令。每一个邮件发送失败的异常都需要花费 30 秒，而决策系统生成新命令的速率大于执行器执行的速率，那么执行器处理的速度会更慢。同时其他高优先级需要处理的命令也会遭遇更大的延迟。

注意，Kafka 和 Kinesis 的分片机制并不会帮到你：假设引发异常的命令类型分布在各个分片上，处理每个分片的程序同样会变得很慢，图 9.10 说明了这种情况。

将命令按照不同的优先级放入不同的流中也无法解决这个问题：高优先级的命令引起的异常同样会影响其他高优先级命令的处理速度，从图 9.10 中也能看到这一点。

对于这个问题有两种潜在的解决方案供参考：

- 为中高优先级的命令单独配置执行器，这样每个命令执行器的运行或是异常都是独立的，不会影响其他命令。
- 将所有命令复制到另一个单独的"发布-订阅"模式的队列中，例如 NSQ(参考第 1 章)或 SQS，同时配备一个可伸缩的工作池去执行命令。这个队列与 Kafka 和 Kinesis 不同，并不是按照顺序执行的，所以不会因为命令执行异常而阻塞整个队列。

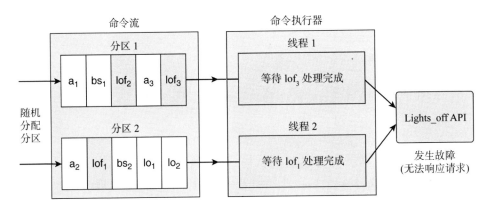

图 9.10　命令流中包含了两个分区，一个引发故障的命令可导致卡住所有执行命令的线程。这里的 Lights_off 命令无法正常执行，因为调用的外部 API 发生了故障，无法正常使用

9.5.3　命令层级

前面曾经讨论过，命令应该是"包装紧密""烘焙成熟"的。命令执行器应该关心如何更好地执行命令，而不应该关心如何查找额外的数据或具体的业务逻辑。遵循这种设计原则，我们设计了使用 Mailgun 发送邮件的警报命令。

而当执行器在解析命令时，首先是把它解析为发送邮件的命令，然后进一步解析为使用 Mailgun 发送邮件的命令。在统一日志系统中，你往往希望能从更高层次对命令进行建模，这样执行器就能更精确或更灵活地执行命令。图 9.11 展示了命令层级这个概念。

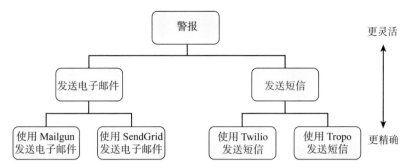

图 9.11　在具有层级结构的命令中，每一层的命令比上一层更精确。在警报命令下，可在电子邮件警报与短信警报之间进行选择，再向下可使用更精确的命令来决定发送服务的提供者

9.6　本章小结

- 命令是一个要求未来执行某个动作的指令或指导，每个命令被执行后就会产生一个对应的事件。
- 大部分软件都使用隐式的决策模型，但在统一日志的程序架构中，可通过向统一日志的流中发出命令来实现显式的决策。
- 可通过单一事件流处理程序执行统一日志流中的命令。
- 命令应该是精心设计的，它们应该是"包装紧密""烘焙成熟"的。这样才能保证决策与命令执行之间的松耦合，并且具有清晰的关注点分离。
- 命令可以使用 Apache Avro 或其他模式工具进行建模(参考第 6 章)。
- 命令执行器可以在 Java 中通过简单的 Kafka consumer 与 producer 实现。
- 当命令成功执行后需要发送一个对应的事件，记录命令已被成功执行。
- 在统一日志系统中对命令的实现进行扩展时，要考虑命令种类的数量，以及执行过程中异常的处理，同时要考虑是否采用命令层级的设计方法。

第III部分

事 件 分 析

　　在本书的最后部分，将介绍两种广为人知的、应用于事件流分析的技术：写入时分析与读取时分析。我们会通过示例说明在不同场景中应该使用何种技术。

第 *10* 章

读取时分析

本章导读：
- 读取时分析与写入时分析的对比
- 支持水平扩展的列式数据库：Amazon Redshift
- Redshift 如何存储、扩展事件
- 读取时分析查询的示例

本书到目前为止关注的都是如何操作统一日志。而需要对事件流进行分析时，我们会采用 Apache Spark 或 Samza 这样的技术，关注统一日志的相关应用场景。

本书第Ⅲ部分则换一个视角，首先讨论用于统一日志分析的两种主要方法论，然后使用不同的数据库与流处理技术对事件流进行分析。

统一日志分析意味着什么呢？简而言之就是通过检视一条或多条统一日志中的事件流来驱动商业价值。它的覆盖面非常广，包括侦测客户欺诈，通过数据仪表盘展示业务现状，预测车船或是机械故障等。通常使用这些分析结果的是人员，但并非是绝对的，统一日志分析能够很方便地驱动"机械对机械"的自动化响应。

由于统一日志分析的覆盖面如此广，需要进一步细分这一话题。一种比较合理的划分是分为读取时分析与写入时分析。10.1 节将解释两者之间的区别，然后深入讲解一个完整的读取时分析的例子。这个示例中引入另一个虚构的公司 OOPS——一家主要负责递送包裹的快递公司。

我们的示例会构建在 Amazon Redshift 数据库之上。Redshift 是个完全托管(由 Amazon Web Services 管理)的分析型数据库，它使用列存储数据，并支持 PostgreSQL

的查询语句。我们会使用 Redshift 完成 OOPS 所需的各种分析型查询的需求。

让我们赶快开始吧！

10.1　读取时分析与写入时分析

如果需要了解事件流中发生了什么，应该从何处开始呢？大数据生态中充满了各种数据库、批/流式处理框架、可视化工具与查询语言。应该选择哪些工具用于我们的分析工作呢？

关键在于明白，其实那么多技术无非是帮助我们实现对统一日志的读取时分析与写入时分析而已。如果能理解这两种不同的解决方案，就能使用这些工具交付更高质量的分析结果。

10.1.1　读取时分析

OOPS 是一家国际化快递公司，假设我们在该公司的 BI 部门工作。OOPS 已经使用 Amazon Kinesis 实现了统一日志系统，用于跟踪运送包裹的货车与驾车司机。

作为 BI 部门，我们的工作是通过各种方式对 OOPS 的事件流进行分析。对于创建分析报表我们有很多想法，但我们对数据的了解越深入，这些想法才越有可能实现。那么，如何才能更深入地了解事件流中的数据呢？这就是读取时分析的用武之地。

简单而言，读取时分析是由以下两步组成的流处理：

(1) 将所有事件写入事件存储中。

(2) 从事件存储中读取事件，并进行分析。

换言之，要先存储，后分析。这听起来是不是有点似曾相识？在第 7 章就已做过类似的事。我们将所有事件在 Amazon S3 中进行了归档，稍后通过 Spark 对这些事件做了简单分析。这就是典型的读取时分析：先将事件写入某种存储(S3)中，稍后需要进行分析时，Spark 才会从 S3 的归档中读取所有事件。

实现一个读取时分析的程序，有 3 个关键部分。

(1) **存储机制**：用来存储所有事件数据。这里使用了存储而不是数据库，是因为这样的描述更通用。

(2) **模式、编码或格式**：用于在存储中保存事件。

(3) **查询引擎或数据处理框架**：可从存储中读取事件并分析。

图 10.1 描述了工作方式。

将数据存储在数据库中，便于后续其他程序的读取是很常见的做法。而在统一日志中这只是分析所涉及的一部分，剩下的那部分被称为写入时分析。

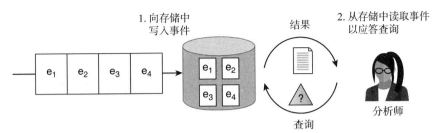

图 10.1　在读取时分析中，我们首先将事件以某种事先定义好的格式写入存储中。
当遇到有关事件流的查询时，可以对存储目标执行查询以获得结果

10.1.2　写入时分析

假设作为 OOPS 的 BI 团队，我们已经完成了对于货运卡车与司机事件的读取时分析。在实现中使用了什么具体技术并不重要，为了能够更方便地理解示例，假定使用的都是熟悉的技术：将事件以 JSON 格式存储在 Amazon S3 上，同时写了多个不同的 Apache Spark 任务对归档事件进行分析。

不考虑具体技术，重要的是统一日志已满足我们团队的需求，而公司范围内的其他团队也希望统一日志能够满足他们的需求：

- 执行团队希望能有一个展示 KPI 的数据仪表盘，数据来源于事件流中最近 5 分钟的事件。
- 市场团队希望在网页上添加一个包裹追踪功能，通过事件流展示客户当前包裹所处的位置，以及何时到达。
- 物流维护团队则希望通过一个简单算法(例如最近一天的油价变化)来决定是否需要中途转运。

也许你的第一个念头是读取时分析能满足这些用户场景；你的同事可能会编写一个 Spark 任务，从 Amazon S3 上读取归档事件从而满足这些需求。但是在把这 3 个报表部署到生产环境之前需要优先考虑 3 个方面的要求：

- **极低的延迟性**——数据仪表盘与报表的数据需要尽可能实时地从事件流中读取。报表所展示数据的延迟应该低于 5 分钟。
- **支持上千个用户的同时访问**——可能有大量客户会同时在网页上跟踪包裹的位置。
- **高可用**——公司员工与客户都高度依赖于这些数据仪表盘与报表，因此系统在面对升级、错误事件等特殊情况时仍应保持可用。

这些需求引出了更具灵活性的分析能力——而这正是写入时分析所能提供的。写入时分析由以下 4 步组成：

(1) 从事件流中读取事件。

(2) 使用流式处理框架对事件进行分析。

(3) 将分析结果写入存储中。

(4) 基于分析结果生成实时数据仪表盘与报表。

我们称其为写入时分析，是因为是在写入存储之前对事件进行分析。也可以把这种做法称为早期、饥渴分析，而把读取时分析称为延后、惰性分析。同样，这种做法我们也很熟悉，因为在本书的第 Ⅰ 部分中，我们使用 Samza 实现了某种形式的写入时分析。

图 10.2 展示了一个简单的、使用键-值存储的写入时分析示例。

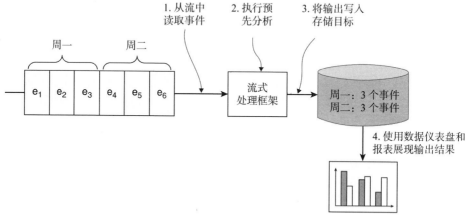

图 10.2　写入时分析会在流中进行，通常接近于实时，输出结果会被写入存储目标。
这些输出结果可以数据仪表盘与报表的形式展现

10.1.3　选择一种解决方案

作为 OOPS 的 BI 团队，在读取时分析与写入时分析之间应该如何选择呢？严格地说，我们并不需要做出选择。如图 10.3 所示，可以连接多个分析应用系统，既有读取，也有写入，而对象都是 OOPS 统一日志中的事件流。

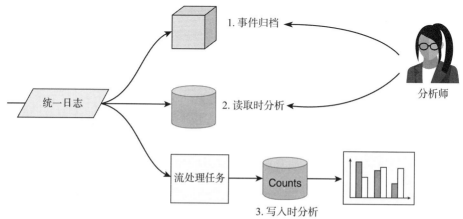

图 10.3　统一日志系统会向 3 个不同的系统提供数据：事件归档系统、
读取时分析系统和写入时分析系统

大部分公司会从读取时分析开始。读取时分析能够让你从一种比较灵活的方式开始探索事件数据：由于保存了所有的事件数据，而且随时可以使用查询语言执行查询，所以别人提出的任何问题你几乎都能给予解答。特定的写入时分析需求会在之后讨论，作为最初的分析，这已经能让你逐渐加深对业务的了解。

在第 11 章中，我们会更深入地了解写入时分析，更好地了解何时使用它。表 10.1 列出了这两者的不同。

表 10.1　读取时分析和写入时分析对比

写入时分析	读取时分析
预先定义存储格式	预先定义存储格式
查询类型非常灵活	预先定义查询类型
高延迟	低延迟
支持 10～100 用户同时使用	支持 10 000 以上的用户同时使用
支持较为简单(如 HDFS)或复杂(如 HP Vertica)的存储机制	一般使用简单的存储机制(如键-值存储)
复杂的查询引擎或批处理框架	支持简单(如 AWS Lambda)或复杂(如 Apache Samza)的流式处理框架

10.2　OOPS 的事件流

作为 OOPS BI 部门的新人，需要熟悉 OOPS 内部由货车与司机产生的各种不同类型的事件，让我们现在就开始吧！

10.2.1　货车事件与实体

我们快速了解一下与货车相关的 3 种类型的事件：
- 货车在某时驶离某地点
- 货车在某时到达某地点
- 机修工在某时为货车更换机油

新同事告诉我们，有 3 种实体与事件相关：货车、地点和员工。新同事还告诉我们保存这些实体时要保存哪些属性。图 10.4 展示了这些属性。

值得注意的是图中只列出了很少的实体属性。如果需要了解有关货车，或是员工给货车更换的更多信息该怎么办呢？BI 部门的同事告诉我们这些都可以办到：访问 OOPS 的车辆数据库和人力资源管理系统，通过车辆编号(VIN)与员工编号在这些系统中查询所需的数据。我们马上就会用到这些数据。

货车　　　　　　　　　地点　　　　　　　　　员工

- VIN(车辆编号)
- 行驶里程(车辆已经
  行驶的距离)

- 经度
- 纬度
- 海拔

- 员工 ID
- 工作角色

图 10.4　图中展示了与货车事件相关的 3 种实体，包括货车、地点与员工。
实体包含了分析所需的最少属性——能够标识唯一的实体

10.2.2　货车司机事件与实体

现在让我们看一下与货车司机相关的事件，有两种事件：

- 货车司机在某地某时将包裹送达客户。
- 货车司机在某地某时无法找到客户。

除了之前提到的员工与地点两个实体，这些事件中还涉及两种新的实体：包裹与客户。仍是 BI 部门的同事告知我们这两个新实体在 OOPS 事件流中的属性。可以在图 10.5 中看到这些属性，这已经足够我们区别不同的包裹与客户。

包裹　　　　　　　　　客户

- 包裹 ID

- 客户 ID
- 是否为 VIP

图 10.5　货车司机产生的事件还涉及额外的两个实体：包裹与客户。
该 OOPS 事件模型同样只包含这两个实体最少的属性

10.2.3　OOPS 的事件模型

OOPS 的事件模型与书中第 I、第 II 部分中所使用的有些细微差异。每个 OOPS 的事件同样可用 JSON 格式表示，并且具有以下额外属性：

- 一个用来描述事件的简短标签(如 TRUCK_DEPART 或 DRIVER_MISSES_
  CUSTOMER)。
- 一个用来标识事件发生的时间戳。
- 一个专有的数据项用来存放所有与该事件相关的实体。

以下是一个货车在某时驶离某地点事件的示例：

```
{ "event": "TRUCK_DEPARTS", "timestamp": "2018-11-29T14:48:35Z",
 "vehicle": { "vin": "1HGCM82633A004352", "mileage": 67065 }, "location":
```

```
{ "longitude": 39.9217860, "latitude": -83.3899969, "elevation": 987 } }
```

BI 团队已经将之前提及的 5 种事件以 JSON 格式记录在文档中。回顾一下，我们已经在第 6 章中介绍过 JSON 格式的模式，代码清单 10.1 中所示就是货车在某时驶离某地点事件的 JSON 模式代码。

代码清单 10.1　truck_departs.json

```json
{
  "type": "object",
  "properties": {
    "event": {
      "enum": [ "TRUCK_DEPARTS" ]
    },
    "timestamp": {
      "type": "string",
      "format": "date-time"
    },
    "vehicle": {
      "type": "object",
      "properties": {
        "vin": {
         "type": "string",
         "minLength": 17,
         "maxLength": 17
        },
        "mileage": {
          "type": "integer",
          "minimum": 0,
          "maximum": 2147483647
        }
      },
      "required": [ "vin", "mileage" ],
      "additionalProperties": false
    },
    "location": {
      "type": "object",
      "properties": {
        "latitude": {
          "type": "number"
        },
        "longitude": {
          "type": "number"
        },
        "elevation": {
          "type": "integer",
          "minimum": -32768,
          "maximum": 32767
        }
      },
      "required": [ "longitude", "latitude", "elevation" ],
      "additionalProperties": false
    }
  },
  "required": [ "event", "timestamp", "vehicle", "location" ],
```

```
   "additionalProperties": false
}
```

10.2.4　OOPS 的事件归档

在我们加入 OOPS 的 BI 团队之前，统一日志系统已经运行了几个月。BI 团队实现了一个将所有货车与司机的事件进行归档的处理程序。整个归档的解决方案与第 7 章中所提到的非常类似：

(1) 货车与司机所携带的计算机发送的事件会被一个事件收集器接收(可能就是一个简单的 Web 服务器)。

(2) 事件收集器会把事件都写入 Amazon Kinesis 的流中。

(3) 流处理程序从流中读取原始事件，按照 JSON 定义的模式对事件格式进行校验。

(4) 将无法通过校验的事件写入另一个名为 bad stream 的 Kinesis 流中，等待后续排查。

(5) 对于通过校验的事件，把它们按照事件类型写入 Amazon S3 的不同文件目录下。

你可能觉得这些事情都与我们无关，因为这些处理步骤都位于分析程序的上游。但是作为一个合格的分析师或数据科学家，应该花些时间了解整个事件流从源头到末尾的状况。我们当然也是如此！图 10.6 展示了事件归档的 5 个步骤。

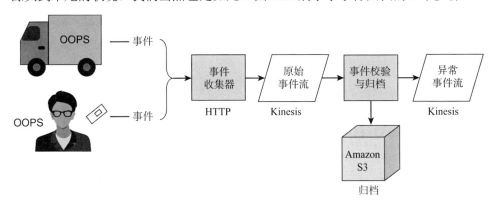

图10.6　事件收集器会收集由货车与司机生成的所有事件，并将它们写入 Kinesis 中的原
　　　　始事件流中。另一个流处理任务会从流中读取事件，进行校验并将事件在
　　　　Amazon S3 归档。异常的错误事件则会写入另一条流

在继续之前还有些值得注意的事：

● 事件格式校验这一步非常重要，因为它确保在 Amazon S3 中归档保存的事件是符合 JSON 模式文件的、格式完整的 JSON 文件。

- 本章中不再关注异常流程的处理，可在第 8 章中了解如何处理正常流程与异常流程。
- 事件数据在 Amazon S3 中以未压缩的普通文件格式存储，每个事件的 JSON 字符串之间通过换行符分隔，这被称为换行符分隔的 JSON(http://ndjson.org)。

可以从 Amazon S3 中下载文件，以核实事件的格式：

```
$ aws s3 cp s3://ulp-assets-2019/ch10/data/ . --recursive --profile=ulp
download: s3://ulp-assets-2019/ch10/data/events.ndjson to ./events.ndjson
$ head -3 events.ndjson
{"event":"TRUCK_DEPARTS", "location":{"elevation":7, "latitude":51.522834,
 "longitude": -0.081813}, "timestamp":"2018-11-01T01:21:00Z", "vehicle":
 {"mileage":32342, "vin":"1HGCM82633A004352"}}
{"event":"TRUCK_ARRIVES", "location":{"elevation":4, "latitude":51.486504,
 "longitude": -0.0639602}, "timestamp":"2018-11-01T05:35:00Z", "vehicle":
 {"mileage":32372, "vin":"1HGCM82633A004352"}}
{"employee":{"id":"f6381390-32be-44d5-9f9b-e05ba810c1b7", "jobRole":
 "JNR_MECHANIC"}, "event":"MECHANIC_CHANGES_OIL", "timestamp":
 "2018-11-01T08:34:00Z", "vehicle": {"mileage":32372, "vin":
 "1HGCM82633A004352"}}
```

这些事件看起来似乎是一辆货车驶入车库更换机油的路线。事件的格式也符合之前同事所告诉我们的。现在可以把这些事件放入 Redshift 了。

10.3 使用 Amazon Redshift

BI 部门的同事使用 Amazon Redshift 存储分析结果。本节中会帮助你在开始设计事件模型以存储多种不同类型的事件之前熟悉 Redshift 的使用。

10.3.1 Redshift 介绍

Amazon Redshift 是一款由 Amazon Web Services 提供，面向列存储的数据库，它被越来越广泛地应用于事件分析领域。Redshift 是完全托管的，且只能在 AWS 上使用。它所使用的技术基于另一款列式数据库 ParAccel(现在是 Actian 的一部分)，而 ParAccel 则基于 PostgreSQL。所以可使用与 PostgreSQL 兼容的工具或驱动连接 Redshift。

Redshift 自 2013 年诞生以来已经发生了很大变化，有了许多独特的特性。即使你对 PostgreSQL 或 ParAccel 很熟悉，依然建议你阅读 Redshift 的官方文档：https://docs.aws.amazon.com/redshift/。

Redshift 使用了大规模并行处理技术，这使得你能够在事件数量不断增长的情况下，通过增加集群内的节点数量进行水平扩展。每个 Redshift 节点中都拥有一个 leader 节点和至少一个 compute 节点。leader 节点负责接收来自客户端的查询，创建查询的执行计划，并将查询计划提交给 compute 节点。compute 节点则负责执行查询的执行计划，然后将查询结果返回给 leader 节点。此时 leader 节点会将来自各个 compute 节点的查询结果进行汇总，将最终结果返回给客户端。图 10.7 展示了对应的数据流。

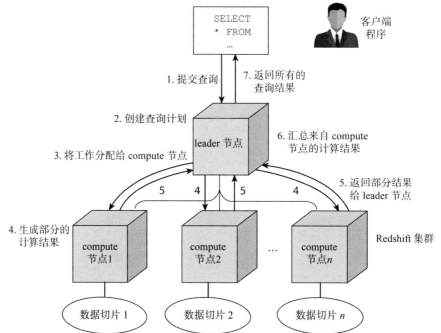

图 10.7　Redshift 集群由一个 leader 节点与至少一个 compute 节点组成。
来自客户端的查询会经 leader 节点传递到各个 compute 节点；
leader 节点会将来自 compute 节点的查询结果进行汇总后返回给客户端

　　Redshift 的很多特性使它非常适用于读取时分析。而其中最吸引人的特性就是它支持 PostgreSQL 风格的 SQL 语句，能在数以亿计的事件数据上进行表之间的关联查询，以及使用各种窗口函数。但是要知道仍要在设计上做出取舍。因为某些设计会让一些需求非常容易完成，而另一些需求可能难以完成。表 10.2 列出了 Redshift 的优势与缺陷。

表 10.2　Redshift 的优势与缺陷

优　　势	缺　　陷
通过水平扩展能够存储数以亿计的事件数据	对于简单查询的响应延迟也可能很高
面向列的存储能为数据建模与报表提供高效的聚合计算	以行为单位获取记录(如 SELECT * FROM …)较慢
从 Amazon S3 或 DynamoDB 中加载只可追加的数据非常迅速	更新已有记录会非常麻烦
可通过 WLM 调整重要查询与用户的优先级	针对少量用户而不是成千上百的用户

BI 团队的同事让我们搭建一个崭新的 Redshift 环境，用于测试读取时分析的解决方案，让我们赶快开始把！

10.3.2　配置 Redshift

同事没有提供 OOPS 的 AWS 账户，所以我们只能使用自己的 AWS 账户搭建 Redshift 集群。让我们先研究一下如何选择一个最小且最便宜的 Redshift 集群，必须牢记，在集群使用完毕之后应立即关闭它。

表 10.3 列出了本书撰写期间可用于 Redshift 集群的 Amazon Elastic Compute Cloud(EC2)实例类型，总共为 4 种。

表 10.3　可用于 Redshift 集群的 4 种 EC2 实例类型[1]

实 例 类 型	存　　储	CPU	内　　存	是否支持单一实例
dc2.large	160GB SSD	7 EC2 CUs	15 GB	是
dc2.8xlarge	2.56TB SSD	99 EC2 CUs	244 GB	否
ds2.xlarge	2TB HDD	14 EC2 CUs	31 GB	是
ds2.8xlarge	16TB HDD	116 EC2 CUs	244 GB	否

一个集群只能使用一种类型的实例，不能混合使用多种不同类型的实例。有些类型的实例只需要一个单独实例即可支持集群的搭建，而有的类型则需要至少两个实例才能搭建集群。令人疑惑的是，AWS 将其称为单节点与多节点——之所以令人疑惑，是因为单节点集群中仍然有一个 leader 节点和一个 compute 节点，但是它们都位于同一个 EC2 的实例中。而在多节点的集群中，leader 节点与 compute 节点位于不同的 EC2 实例。

目前，AWS 提供了两个月的 Amazon Redshift 免费使用期限(假设你以前没注册过)，同时你会获得一个免费 dc2.large 类型的 EC2 实例，我们会在 AWS CLI 中使用它们。如果你仍在使用本书提供的 Vagrant 虚拟机，同时你的 ulp 账户仍然有效，则只需要执行以下命令：

```
$ aws redshift create-cluster --cluster-identifier ulp-ch10 \
--node-type dc2.large --db-name ulp --master-username ulp \
--master-user-password Unif1edLP --cluster-type single-node \
--region us-east-1 --profile ulp
```

如你所见，很容易就创建了一个新的集群。此外，还创建了一个集群的主用户和相关密码，并创建了一个名为 ulp 的数据库。按下 Enter 键，你会在 AWS 命令行工具中看到如下 JSON 信息，告诉我们新集群的详细信息。

---

1. 表 10.3 中，"实例类型"列中的 dc 和 ds 分别是 dense compute 和 dense storage 的首字母缩写，"CPU"列中的 CUs 是 Computer Units 的缩写。

```
{
    "Cluster": {
        "ClusterVersion": "1.0",
        "NumberOfNodes": 1,
        "VpcId": "vpc-3064fb55",
        "NodeType": "dc1.large",
        ...
    }
}
```

现在可以登录到 AWS 的管理页面，检查 Redshift 集群：

(1) 在 AWS 的数据仪表盘页面顶部的右方，检查 region 选项是否为 N.Virginia(这一点非常重要，具体原因将在 10.3 节中解释)。

(2) 在 Database 部分单击 Redshift。

(3) 单击集群 ulp-ch10。

几分钟之后，集群的状态会从 Creating 变为 Available。集群的细节与图 10.8 所示的非常类似。

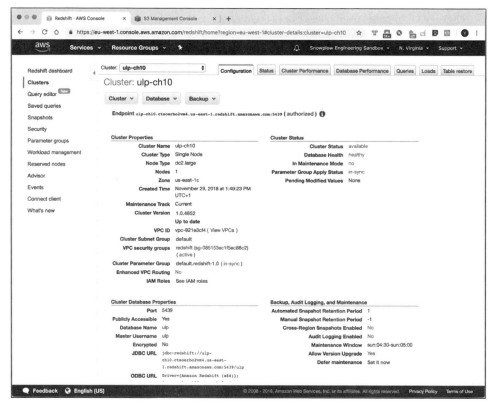

图 10.8　Redshift 集群用户界面中的 Configuration 选项卡能够提供新集群的
所有元数据，包括状态信息、JDBC URL 以及 ODBC URL

数据库已经准备就绪，但在连接它之前，需要将 IP 地址放入白名单。为此需要先创建一个安全组：

```
$ aws ec2 create-security-group --group-name redshift \
--description
{
    "GroupId": "sg-5b81453c"
}
```

现在就可以对 IP 授权了。确保以下代码中的 **group_id** 与你之前命令返回结果中的一致：

```
$ group_id=sg-5b81453c
$ public_ip=$(dig +short myip.opendns.com @resolver1.opendns.com)
$ aws ec2 authorize-security-group-ingress --group-id ${group_id} \
--port 5439 --cidr ${public_ip}/32 --protocol tcp --region us-east-1 \
--profile ulp
```

接着更新集群的安全组信息，同样确保下面命令中的 **group_id** 与你自己的一致：

```
$ aws redshift modify-cluster --cluster-identifier ulp-ch10 \

{
    "Cluster": {
        "PubliclyAccessible": true,
        "MasterUsername": "ulp",
        "VpcSecurityGroups": [
            {
                "Status": "adding",
                "VpcSecurityGroupId": "sg-5b81453c"
            }
        ],
        ...
```

返回结果中的 JSON 数据告诉我们已经成功添加了安全组。这些都完成后，就可以连接 Redshift 执行 SQL 查询。我们会使用标准的 PostgreSQL 客户端连接 Redshift。如果使用的是本书提供的 Vagrant 虚拟机，那么上面已经安装了命令行的 psql 客户端，可以直接使用。当然也可以使用自己熟悉的图形化客户端。

首先我们检查一下能否成功地连接到集群。将下面代码第一行集群的 URI 替换为你自己账户下 Redshift 的 URI，可在 Redshift 管理界面下的 Configuration 页面上找到该信息。

```
$ host=ulp-ch10.ccxvdpz01xnr.us-east-1.redshift.amazonaws.com
$ export PGPASSWORD=Unif1edLP
$ psql ulp --host ${host} --port 5439 --username ulp
psql (8.4.22, server 8.0.2)
WARNING: psql version 8.4, server version 8.0.
        Some psql features might not work.
SSL connection (cipher: ECDHE-RSA-AES256-SHA, bits: 256)
Type "help" for help.

ulp=#
```

连接成功！让我们尝试执行一个简单的 SQL，显示数据库中的前 3 张表：

```
ulp=# SELECT DISTINCT tablename FROM pg_table_def LIMIT 3;
            tablename
------------------------
padb_config_harvest
pg_aggregate
pg_aggregate_fnoid_index
(3 rows)
```

Redshift 集群已经成功启动并运行，我们也能从自己的电脑访问并执行 SQL 查询。现在可以着手设计 OOPS 的事件数据仓库以支持读取时分析了。

10.3.3 设计事件数据仓库

OOPS 中有 5 种事件类型，每一种都用于追踪 OOPS 中不同的业务实体：货车、地点、员工、包裹和客户。需要将这 5 种事件存放在 Amazon Redshift 中，并且尽量保持灵活性，便于日后进行读取时分析。

1. 每种事件类型对应一张表

我们该如何在 Redshift 中保存事件呢？一种简单的做法就是为 5 种事件类型各自创建一张表。图 10.9 展示了这种设计。

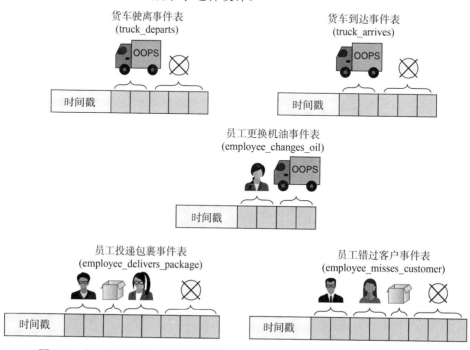

图 10.9 按照每种事件一张表的方案，我们需要创建 5 张表。需要注意的是，表中每条记录中会重复出现相同实体的信息

　　图中也展示这种设计的一个显著问题：如果某个分析需要横跨这 5 种事件类型，就必须使用 SQL 的 UNION 命令将 5 个 SELECT 查询连接起来。假设我们有 30 种或 300 种事件类型——即使仅计算每小时发生的事件数量，这种解决方案也会让我们十分痛苦。

　　还存在着第二个问题：5 个业务实体在多个事件表中都重复出现。例如，员工的数据项在 3 张表中都有重复；而地理位置的数据项在 5 张表中的 4 张都有重复。这会引起以下问题：

- 假设 OOPS 要给所有的地点都添加邮编信息，就需要对这 4 张表都进行修改，添加额外的邮编数据项。
- 假设在 Redshift 中有一张用于存放员工详细信息表，我们希望通过 JOIN 进行关联查询，就必须对 3 张表各自进行 JOIN 连接。
- 如果想对业务对象进行分析，而不是对事件进行分析(例如哪个地点在周二发生的事件最多？)，将发现所需的数据都散落在多个不同的表中。

　　如果每种事件类型对应一张表的方案不可行，那么有什么其他的可选方案吗？一般而言，还有其他两种选择：宽表与碎片化实体。

2. 宽表

宽表(fat table)就是将所有事件放在一张表里，而这张表由以下部分组成：

- 一个用来描述事件的简短标签(如 TRUCK_DEPARTS、DRIVER_MISSES_CUSTOMER)。
- 用来标识事件何时发生的时间戳。
- 与事件有关的实体的各列。

　　如果表中某条记录很多列都是空的，意味着这个事件没有牵涉任何实体。图 10.10 展示了这种解决方案。

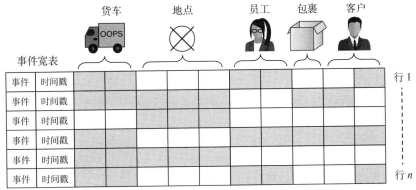

　　图 10.10　事件宽表会将所有类型的事件都记录在一张表上，事件相关的每种实体都会记录在表中的各列。这种宽表的数据会显得非常稀疏，因为事件未记录其相应信息的实体列都为空

对于像 OOPS 这样简单的事件模型而言,宽表这种解决方案是个不错的选择:直接明了,方便查询,也较容易维护。但是为了展示它的不足,我们不妨把事件设计得更复杂些,例如:

- 如果需要跟踪两个员工之间的事件(例如货车司机交接班),我们不得不将另一个员工的信息也加入表中吗?
- 当需要支持一个事件能够关联一组实体时又该如何?例如,一个员工将一组物品打包到一个包裹中。

尽管如此,大部分情况下你仍可在诸如 Redshift 的数据库,以宽表形式存放事件数据。这种解决方案简单、快速,能让我们集中精力进行分析,而不是将大量时间花在表结构的设计上。在使用下一个部分所介绍的解决方案之前的两年,Snowplow 一直都使用宽表解决方案。

3. 碎片化实体

在经历了一系列尝试与错误之后,Snowplow 发现了第三种解决方案,我们称之为碎片化实体。我们仍然有一张事件主表,但这次它非常"瘦",只拥有以下列:

- 一个用来描述事件的简短标签(如 TRUCK_DEPARTS)。
- 用来标识事件何时发生的时间戳。
- 一个用来标识唯一事件的 event ID(UUID4 就足够了)。

与这张主表相关,对于每个实体都有一张单独的表;在 OOPS 的示例中,我们有另外 5 张表,分别对应货车、地点、员工、包裹和客户。每一张实体表都包含了对应实体的所有属性,但最关键的是它们都有一个 eventID 列,指向所关联的事件。这样的关系结构允许分析人员通过 JOIN 从实体上找到对应的事件。图10.11 展示了这种解决方案。

这种解决方案有以下优点:

- 事件可关联多个相同类型的实体,例如两个员工或一组货品。
- 对实体的分析变得非常简单:某种类型实体的数据全部存放在一张表中。
- 如果实体信息需要发生变更(例如对于地点添加邮编),只需要更新对应的那张表,而不需要变更主表。

尽管这种解决方案十分强大,但要实现是非常复杂的(事实上在 Snowplow 的内部项目中也是如此)。OOPS 的同事们并没有那么多耐心,所以本章中还采用宽表这一解决方案,让我们现在就开始吧!

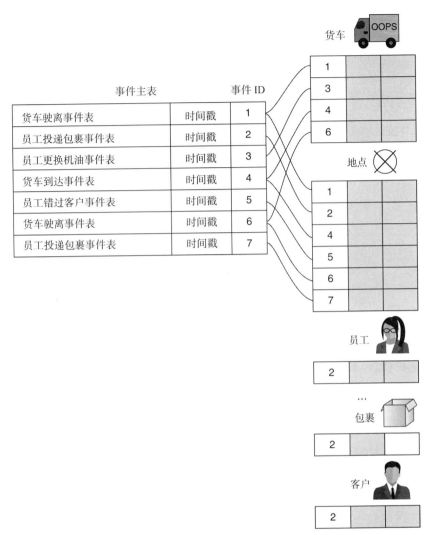

图 10.11 在碎片化实体的方案中，我们会拥有一个"瘦"的事件主表，通过事件 ID 与其他各个实体表相关联。这种方案的名称来自于事件信息被碎片化地分散到不同表中

10.3.4 创建事件宽表

图 10.10 已经展示了宽表的结构设计。需要编写 SQL 风格的 DDL 才能在 Amazon Redshift 上创建表。更确切地说，需要为宽表编写一条专门的 CREATE TABLE 语句。

手工编写表定义语句是一项很繁杂的工作，特别是 OOPS 的同事们已经为所有事件类型编写了 JSON 格式的模式文件。幸运的是，还有一种方式完成这项工作：Snowplow 开源了一个名为 Schema Guru 的命令行工具，可从 JSON 格式的模

式文件中生成用于 Redshift 的表定义语句。让我们先从本书的 GitHub 仓库中下载
这 5 种事件的 JSON 模式文件：

```
$ git clone https://github.com/alexanderdean/Unified-Log-Processing.git
$ cd Unified-Log-Processing/ch10/10.2 && ls schemas
driver_delivers_package.json mechanic_changes_oil.json truck_departs.json
driver_misses_customer.json  truck_arrives.json
```

接着安装 Schema Guru：

```
$ ZIPFILE=schema_guru_0.6.2.zip
$ cd .. && wget http://dl.bintray.com/snowplow/snowplow-generic/${ZIPFILE}
$ unzip ${ZIPFILE}
```

然后可以使用 Schema Guru 的 DDL 生成模式：

```
$ ./schema-guru-0.6.2 ddl -raw-mode ./schemas
File [Unified-Log-Processing/ch10/10.2/./sql/./driver_delivers_package.sql]
  was written successfully!
File [Unified-Log-Processing/ch10/10.2/./sql/./driver_misses_customer.sql]
  was written successfully!
File [Unified-Log-Processing/ch10/10.2/./sql/./mechanic_changes_oil.sql]
  was written successfully!
File [Unified-Log-Processing/ch10/10.2/./sql/./truck_arrives.sql]
  was written successfully!
File [Unified-Log-Processing/ch10/10.2/./sql/./truck_departs.sql]
  was written successfully!
```

运行上面命令之后应该有一个类似代码清单 10.2 所示的表结构定义。

代码清单 10.2　events.sql

```
CREATE TABLE IF NOT EXISTS events (
    "event"                 VARCHAR(23) NOT NULL,
    "timestamp"             TIMESTAMP NOT NULL,
    "customer.id"           CHAR(36),
    "customer.is_vip"       BOOLEAN,
    "employee.id"           CHAR(36),
    "employee.job_role"     VARCHAR(12),
    "location.elevation"    SMALLINT,
    "location.latitude"     DOUBLE PRECISION,
    "location.longitude"    DOUBLE PRECISION,
    "package.id"            CHAR(36),
    "vehicle.mileage"       INT,
    "vehicle.vin"           CHAR(17)
);
```

为帮你节省一些打字的时间，事件表的定义语句可从 GitHub 直接下载。运行
下面的命令可在 Redshift 集群上创建所需的表。

```
ulp=# \i /vagrant/ch10/10.2/sql/events.sql
CREATE TABLE
```

至此，Redshift 上已经有了我们所需的表。

10.4　ETL 和 ELT

我们的事件宽表在 Amazon Redshift 上已准备就绪,随时可以写入 OOPS 的归档事件。本节将通过一个简单的手工流程将 OOPS 的事件加载到表中。

这种类型的处理流程一般被称为 ETL,这是一个传统的数据仓库术语:抽取(Extract)、转换(Transform)、加载(Load)。当类似 Redshift 这类 MPP 数据库越来越流行后,缩写变为 ELT,即意味着数据在进行转化前要先加载到数据库。

10.4.1　加载事件

如果曾经使用过 PostgreSQL、SQL Server 或 Oracle 这类数据库,你可能会对 COPY 命令很熟悉,该命令会将一个或多个由逗号或 Tab 符号分隔的数据加载到指定的表中。图 10.12 展示了这种做法。

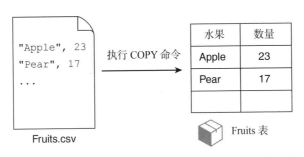

图 10.12　Redshift 的 COPY 命令可让你从一个或多个 csv 文件中加载数据。
文件中每个"列"的数据类型必须与表中相应列的数据类型兼容

与普通 COPY 命令相比,Amazon Redshift 支持一些额外特性:COPY from JSON 语句可用于从由换行符分隔的 JSON 文件中将数据加载到指定的表[2]。这个过程需要一个特定文件,称为 JSON 路径文件,它提供了 JSON 结构到表结构之间的映射关系。JSON 路径文件是经过精心设计的。它由一个字符串数组组成,每个字符串都是一个 JSON 路径表达式,将 JSON 的属性字段对应到数据库表的某列。图 10.13 描述了整个映射过程。

也可以理解成:这样 COPY from JSON 命令首先依照 JSON 文件中的数据创建一个 CSV 或 TSV 临时文件。然后执行 COPY 命令将这个临时文件内的数据加载到数据表中。

---

2. 有关如何将 JSON 文件加载到 Redshift 表的详细内容可访问 https://docs.aws.amazon.com/redshift/latest/dg/copy-usage_notes-copy-from-json.html。

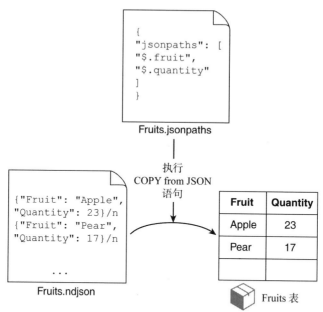

图 10.13　COPY from JSON 命令能够按照 JOSN 路径文件中的配置将由换行符分隔
　　　　　的 JSON 数据加载到 Redshift 中。JSON 路径文件中的数组需要通过一个
　　　　　标记来对应 Redshift 表中的每列

　　本章中需要编写一个处理程序，将 JSON 格式的 OOPS 事件加载到 Redshift，该过程应尽可能简洁。我们想避免编写不需要的代码(非 SQL 代码)。幸运的是，Redshift 的 COPY from JSON 命令可让我们直接将 OOPS 的归档事件加载到 Redshift 的宽表中。更值得庆幸的是，我们只需要一个 JSON 路径文件就可以将 5 种类型的事件都加载到表中。这是因为 OOPS 的 5 种事件共享同一个数据结构 (5 个不同的实体)，而 COPY from JSON 允许 JSON 文件中不包含某个 JSON 路径的映射信息(对应的数据库表中的列会被设置为 null)。

　　让我们现在开始编写 JSON 路径文件。尽管 Schema Guru 能自动生成这些文件，但是手工完成这些工作也十分简单：我们只需要遵循 JSON 路径文件的语法，并确保数组中包含了所有对应事件宽表中列的项即可。代码清单 10.3 中的代码包含了完整的 JSON 路径文件的内容。

代码清单 10.3　events.jsonpaths

```
{
  "jsonpaths": [
    "$.event",
    "$.timestamp",
    "$.customer.id",
    "$.customer.isVip",
    "$.employee.id",
```

所有事件共用的标准字段

JSON 路径文件会标明每个实体的
属性如何对应到表中的列

```
    "$.employee.jobRole",
    "$.location.elevation",
    "$.location.latitude",
    "$.location.longitude",
    "$.package.id",
    "$.vehicle.mileage",
    "$.vehicle.vin"
  ]
}
```

Redshift 的 COPY from JSON 命令需要一个存放在 Amazon S3 上的可用的 JSON 路径文件，所以我们先将 event.jsonpaths 文件按下面的路径上传至 Amazon S3：

```
s3://ulp-assets-2019/ch10/jsonpaths/event.jsonpaths
```

现在，已经可以将所有 OOPS 的归档事件加载到 Redshift 中了！如果将来"读取时分析"工作的确卓有成效，那么 OOPS 的同事们可将事件加载的程序配置为定期任务，每晚或每小时执行一次，但现在我们只需要手工执行一次加载程序就行了。假如你的 psql 连接关闭了，就重新打开它：

```
$ psql ulp --host ${host} --port 5439 --username ulp
...
ulp=#
```

现在就可执行 COPY from JSON 命令了，确保将下面命令中的 AWS access key ID 与 secret access key (XXX 部分)替换为你自己账户的信息：

```
ulp=# COPY events FROM 's3://ulp-assets-2019/ch10/jsonpaths/data/' \
 CREDENTIALS 'aws_access_key_id=XXX;aws_secret_access_key=XXX' JSON \
's3://ulp-assets-2019/ch10/jsonpaths/event.jsonpaths' \
REGION 'us-east-1' TIMEFORMAT 'auto';
INFO:  Load into table 'events' completed, 140 record(s) loaded successfully.
COPY
```

下面是对一些陌生语法的解释：

- AWS CREDENTIALS 是用来访问 S3 上的数据与 JSON 路径文件的。
- REGION 参数定义了数据与 JSON 路径文件所归属的区域。如果遇到一个类似 S3ServiceException: The bucket you are attempting to access must be addressed using the specified end point 的错误，那意味着你的 Redshift 集群与 S3 bucket 位于不同区域。它们必须位于同一个区域，COPY from JSON 命令才能成功执行。
- TIMEFORMAT 'auto' 允许 COPY from JSON 命令自动检测输入数据的时间戳格式。

让我们执行一个简单查询看看事件是否已经被成功加载：

```
ulp=# SELECT event, COUNT(*) FROM events GROUP BY 1 ORDER BY 2 desc;
          event                 | count
------------------------------+------
```

```
TRUCK_DEPARTS                 |    52
TRUCK_ARRIVES                 |    52
MECHANIC_CHANGES_OIL          |    19
DRIVER_DELIVERS_PACKAGE       |     5
DRIVER_MISSES_CUSTOMER        |     2
(5 rows)
```

太棒了！OOPS 的货运事件已经成功地载入 Redshift 中了。

10.4.2　维度扩展

OOPS 的归档事件已被加载到 Redshift 中，我们的同事会为此感到十分高兴，但是先让我们选择一条事件的数据看一下：

```
\x on
Expanded display is on.
ulp=# SELECT * FROM events WHERE event='DRIVER_MISSES_CUSTOMER' LIMIT 1;
-[ RECORD 1 ]----- ---+----------------------------------
event               | DRIVER_MISSES_CUSTOMER
timestamp           | 2018-11-11 12:27:00
customer.id         | 4594f1a1-a7a2-4718-bfca-6e51e73cc3e7
customer.is_vip     | f
employee.id         | 54997a47-252d-499f-a54e-1522ac49fa48
employee.job_role   | JNR_DRIVER
location.elevation  | 102
location.latitude   | 51.4972997
location.longitude  | -0.0955459
package.id          | 14a714cf-5a89-417e-9c00-f2dba0d1844d
vehicle.mileage     |
vehicle.vin         |
```

这看上去有些不对劲，似乎只展示了很少的信息？事件中包含了很多标识，却没有具体数据：VIN 是 OOPS 用来追踪货车的唯一标识，但这无法告知我们货车已经使用了多少年，或货车的制造商与类型。理想的做法是通过一个参照表，将额外的实体信息写入事件中。用分析术语来说这叫维度扩展，因为我们现在需要将一个维度的事件数据拓展为拥有更多额外数据。

假设我们求助于同事，他们提供了一个兼容 Redshift 的 SQL 文件，其中包含了 OOPS 的实体参照数据。这个 SQL 文件会创建 4 张表，表中包含了事件所需的实体数据：车辆、员工、客户和包裹。OOPS 并没有地点的参照数据，但这没有什么关系，经纬度和海拔提供了更详尽有用的信息。4 张实体表中都有一个 ID 列，通过该列可与事件表进行关联。图 10.14 展示了表与表之间的关系。

代码清单 10.4 包含了关联实体的 4 张表以及对应的数据。表中的数据量已经大大精简了。对于类似 OOPS 的企业，在现实中会有海量的实体参照数据，而将这些数据同步到事件数据仓库以支持读取时分析，这本身就是一个非常重要的 ELT 项目。

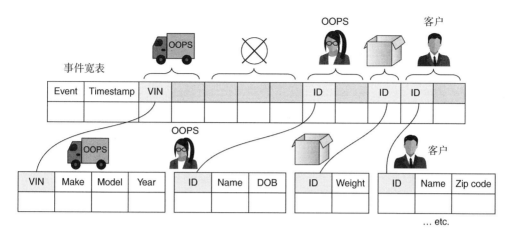

图 10.14　可通过事件宽表中的实体标识与其他实体表关联从而获得
更多实体信息，以便进行分析

代码清单 10.4　reference.sql

```sql
CREATE TABLE vehicles(
 vin CHAR(17) NOT NULL,
 make VARCHAR(32) NOT NULL,
 model VARCHAR(32) NOT NULL,
 year SMALLINT);
INSERT INTO vehicles VALUES
 ('1HGCM82633A004352', 'Ford', 'Transit', 2005),
 ('JH4TB2H26CC000000', 'VW', 'Caddy', 2010),
 ('19UYA31581L000000', 'GMC', 'Savana', 2011);

CREATE TABLE employees(
 id CHAR(36) NOT NULL,
 name VARCHAR(32) NOT NULL,
 dob DATE NOT NULL);
INSERT INTO employees VALUES
 ('f2caa6a0-2ce8-49d6-b793-b987f13cfad9', 'Amanda', '1992-01-08'),
 ('f6381390-32be-44d5-9f9b-e05ba810c1b7', 'Rohan', '1983-05-17'),
 ('3b99f162-6a36-49a4-ba2a-375e8a170928', 'Louise', '1978-11-25'),
 ('54997a47-252d-499f-a54e-1522ac49fa48', 'Carlos', '1985-10-27'),
 ('c4b843f2-0ef6-4666-8f8d-91ac2e366571', 'Andreas', '1994-03-13');

CREATE TABLE packages(
 id CHAR(36) NOT NULL,
 weight INT NOT NULL);
INSERT INTO packages VALUES
 ('c09e4ee4-52a7-4cdb-bfbf-6025b60a9144', 564),
 ('ec99793d-94e7-455f-8787-1f8ebd76ef61', 1300),
 ('14a714cf-5a89-417e-9c00-f2dba0d1844d', 894),
 ('834bc3e0-595f-4a6f-a827-5580f3d346f7', 3200),
 ('79fee326-aaeb-4cc6-aa4f-f2f98f443271', 2367);

CREATE TABLE customers(
```

```
 id CHAR(36) NOT NULL,
 name VARCHAR(32) NOT NULL,
 zip_code VARCHAR(10) NOT NULL);
INSERT INTO customers VALUES
 ('b39a2b30-049b-436a-a45d-46d290df65d3', 'Karl', '99501'),
 ('4594f1a1-a7a2-4718-bfca-6e51e73cc3e7', 'Maria', '72217-2517'),
 ('b1e5d874-963b-4992-a232-4679438261ab', 'Amit', '90089');
```

为了能让你省下一些打字的时间，可以从本书的 GitHub 仓库中下载上面的参照数据，然后用以下命令将数据导入 Redshift 集群：

```
ulp=# \i /vagrant/ch10/10.4/sql/reference.sql
CREATE TABLE
INSERT 0 3
CREATE TABLE
INSERT 0 5
CREATE TABLE
INSERT 0 5
CREATE TABLE
INSERT 0 3
```

现在在事件表上通过 LEFT JOIN 关联 vehicles 表：

```
ulp=# SELECT e.event, e.timestamp, e."vehicle.vin", v.* FROM events e \
 LEFT JOIN vehicles v ON e."vehicle.vin" = v.vin LIMIT 1;
-[ RECORD 1 ]--------------------
Event        | TRUCK_ARRIVES
timestamp    | 2018-11-01 03:37:00
vehicle.vin  | 1HGCM82633A004352
vin          | 1HGCM82633A004352
make         | Ford
model        | Transit
year         | 2005
```

当事件与车辆实体有关时，就会展示所有车辆实体表(v.*)的列。这虽然不错，但我们不想每次查询都手工用 JOIN 进行关联。因此将创建一个单独的 Redshift 视图，将所有实体参照数据通过 JOIN 关联到事件宽表上，进而创建一张更宽的表，代码清单 10.5 列出了相关语句。

代码清单 10.5　widened.sql

```
CREATE VIEW widened AS
  SELECT
    ev."event"              AS "event",
    ev."timestamp"          AS "timestamp",
    ev."customer.id"        AS "customer.id",
    ev."customer.is_vip"    AS "customer.is_vip",
    c."name"                AS "customer.name",
    c."zip_code"            AS "customer.zip_code",
    ev."employee.id"        AS "employee.id",
    ev."employee.job_role"  AS "employee.job_role",
    e."name"                AS "employee.name",
    e."dob"                 AS "employee.dob",
    ev."location.latitude"  AS "location.latitude",
```

```
      ev."location.longitude"   AS "location.longitude",
      ev."location.elevation"   AS "location.elevation",
      ev."package.id"           AS "package.id",
      p."weight"                AS "package.weight",
      ev."vehicle.vin"          AS "vehicle.vin",
      ev."vehicle.mileage"      AS "vehicle.mileage",
      v."make"                  AS "vehicle.make",
      v."model"                 AS "vehicle.model",
      v."year"                  AS "vehicle.year"
  FROM events ev
    LEFT JOIN vehicles v     ON ev."vehicle.vin"  = v.vin
    LEFT JOIN employees e    ON ev."employee.id"  = e.id
    LEFT JOIN packages p     ON ev."package.id"   = p.id
    LEFT JOIN customers c    ON ev."customer.id"  = c.id;
```

同样，也可直接从 **GitHub** 仓库下载该文件，并用下面的命令执行：

```
ulp=# \i /vagrant/ch10/10.4/sql/widened.sql
CREATE VIEW
```

现在，让我们从视图中读取事件：

```
ulp=# SELECT * FROM widened WHERE event='DRIVER_MISSES_CUSTOMER' LIMIT 1;
-[ RECORD 1 ]---------+------------------------------------
event                 | DRIVER_MISSES_CUSTOMER
timestamp             | 2018-11-11 12:27:00
customer.id           | 4594f1a1-a7a2-4718-bfca-6e51e73cc3e7
customer.is_vi        | f
customer.name         | Maria
customer.zip_code     | 72217-2517
employee.id           | 54997a47-252d-499f-a54e-1522ac49fa48
employee.job_role     | JNR_DRIVER
employee.name         | Carlos
employee.dob          | 1985-10-27
location.latitude     | 51.4972997
location.longitude    | -0.0955459
location.elevation    | 102
package.id            | 14a714cf-5a89-417e-9c00-f2dba0d1844d
package.weight        | 894
vehicle.vin           |
vehicle.mileage       |
vehicle.make          |
vehicle.model         |
vehicle.year          |
```

这看上去就好多了！经过维度扩展的事件拥有了更多有用的数据。需要注意的是，我们的视图并不是物理视图，这意味着每次访问视图都会执行上面的查询。当然也可将视图的数据写入到一张真正的表中：

```
ulp=# CREATE TABLE events_w AS SELECT * FROM widened;
SELECT
```

在 events_w 表上执行查询比 widened 视图上更快些。

10.4.3 数据易变性

到这一步你可能有些迷惑，为什么有些实体数据会与事件放在同一张表中(如货车的行驶里程)，而有些单独存放在一张表中，通过 JOIN 与事件(如货车的注册年份)关联呢？可以将第一种与事件存放在一起的数据称为早期或主动关联数据，而第二种数据称为滞后或延迟关联数据。当我们来到 OOPS 之前，我们的同事已经做好了如何区分这两种数据的决定，那么他们又是依照什么标准区分的呢？

答案来自于数据的易变性(Volatility)，或称为可变性。可将数据的易变性宽泛地分为 3 个层次：

- **稳定的数据**——例如货车的注册年份，或货车司机的出生日期。
- **缓慢或不经常发生变化的数据**——例如客户的 VIP 状态、货车司机的工作角色或客户的姓名。
- **易变的数据**——货车的当前行驶里程。

数据的易变性并不是一成不变的：客户的姓可能在婚后发生变化，货车在车库更换机油时行驶里程不会发生变化。但那些能预料到的数据易变性为我们追踪输入数据提供了参照标准：对于易变的数据应该主动关联到事件表中。对于不会变动的数据则可在统一日志中延迟关联。而对于缓慢发生变动的数据，则需要按照实际情况做出选择，有些需要主动关联，而有些则可以延迟关联。图 10.15 展示了以上解决方案。

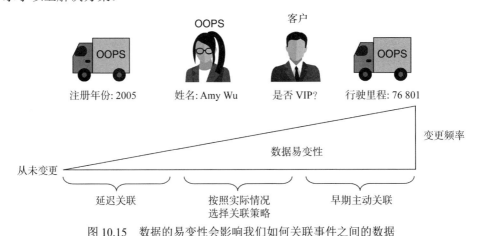

图 10.15　数据的易变性会影响我们如何关联事件之间的数据

10.5　分析

你可能已经注意到，到目前为止我们还没有做过与读取时分析有关的工作。我们更多地将注意力集中在调整数据处理的流程与相关工具上，进而让你或其他团队成员(可能是 BI 团队)更高效地进行读取时分析。但也不能让 Redshift 和 SQL 技能白白浪费。

10.5.1 分析 1：谁更换机油的次数最多？

从参照数据中可以知道，OOPS 拥有两名专职机修工，那么他们更换机油的工作量是否相同呢？

```
ulp=# \x off
Expanded display is off.
ulp=# SELECT "employee.id", "employee.name", COUNT(*) FROM events_w
 WHERE event='MECHANIC_CHANGES_OIL' GROUP BY 1, 2;

            employee.id                | employee.name | count
---------------------------------------+---------------+-------
 f6381390-32be-44d5-9f9b-e05ba810c1b7  | Rohan         |   15
 f2caa6a0-2ce8-49d6-b793-b987f13cfad9  | Amanda        |    4
(2 rows)
```

结果非常有趣！Rohan 的工作量是 Amanda 的 3 倍。这很可能和工作经验有关，让我们再重复一次查询，但这次会带上机修工的职级信息：

```
ulp=# SELECT "employee.id", "employee.name" AS name, "employee.job_role"
 AS job, COUNT(*) FROM events_w WHERE event='MECHANIC_CHANGES_OIL'
            employee.id                | name   |     job      | count
---------------------------------------+--------+--------------+-------
 f6381390-32be-44d5-9f9b-e05ba810c1b7  | Rohan  | SNR_MECHANIC | 6
 f2caa6a0-2ce8-49d6-b793-b987f13cfad9  | Amanda | SNR_MECHANIC | 4
 f6381390-32be-44d5-9f9b-e05ba810c1b7  | Rohan  | JNR_MECHANIC | 9
(3 rows)
```

从事件流中可以看出 Rohan 在中途晋升为高级机修工。很可能这是因为他很好地完成了所有更换机油的工作。那么 Rohan 晋升的确切日期是哪天呢？很遗憾，OOPS 的人力资源管理系统并没有接入统一日志系统内，但可得到一个大约的日期：

```
ulp=# SELECT MIN(timestamp) AS range FROM events_w WHERE
  "employee.name" = 'Rohan' AND "employee.job_role" = 'SNR_MECHANIC'
  UNION SELECT MAX(timestamp) AS range FROM events_w WHERE
  "employee.name" = 'Rohan' AND "employee.job_role" = 'JNR_MECHANIC';
        range
 --------------------
  2018-12-05 01:11:00
  2018-12-05 10:58:00
(2 rows)
```

Rohan 大约是在 2018 年的 12 月 5 日得到晋升的。

10.5.2 分析 2：谁是最不可靠的客户？

如果货车司机错过了一个客户，那么包裹只能被送回发货站，等待下一次的递送。那么 OOPS 的客户是否比其他客户更不可靠呢？是否当他们承诺在家时却总是外出呢？让我们看一下：

```
ulp=# SELECT "customer.name", SUM(CASE WHEN event LIKE '%_DELIVERS_%'
  THEN 1 ELSE 0 END) AS "delivers", SUM(CASE WHEN event LIKE '%_MISSES_%'
  THEN 1 ELSE 0 END) AS "misses" FROM events_w WHERE event LIKE 'DRIVER_%'
  GROUP BY "customer.name";

  customer.name   | delivers  | misses
------------------+-----------+--------
  Karl            |     2     |    0
  Maria           |     2     |    2
  Amit            |     1     |    0
(3 rows)
```

这样的答案显得有些粗糙，让我们通过子查询让结果变得更精确些：

```
ulp=# SELECT "customer.name", 100 * misses/count AS "miss_pct" FROM
  (SELECT "customer.name", COUNT(*) AS count, SUM(CASE WHEN event LIKE
  '%_MISSES_%' THEN 1 ELSE 0 END) AS "misses" FROM events_w WHERE event
  LIKE 'DRIVER_%' GROUP BY "customer.name");
  customer.name | miss_pct
---------------+----------
  Karl          |     0
  Maria         |    50
  Amit          |     0
(3 rows)
```

Maria 有 50%的错失率！希望她不是 OOPS 的 VIP 客户：

```
ulp=# SELECT COUNT(*) FROM events_w WHERE "customer.name" = 'Maria'
 AND "customer.is_vip" IS true;
 count
-------
     0
(1 row)
```

她确实不是 VIP 客户。让我们再看看谁是那个不幸运的，向 Maria 递送货物的司机：

```
ulp=# SELECT "timestamp", "employee.name", "employee.job_role" FROM
 events_w WHERE event LIKE 'DRIVER_MISSES_CUSTOMER';
      timestamp        | employee.name | employee.job_role
----------------------+---------------+-------------------
 2018-01-11 12:27:00  | Carlos        | JNR_DRIVER
 2018-01-10 21:53:00  | Andreas       | JNR_DRIVER
(2 rows)
```

看起来 Carlos 和 Andreas 都各自有过一次错过 Maria 的经历。上面这些是读取时分析的一些小示例，如果已对 OOPS 的事件数据产生了兴趣，我们鼓励你继续向下探索。可从下面的链接获得完整的 Redshift SQL 参考文档：https://docs.aws.amazon.com/redshift/latest/dg/cm_chap_SQLCommandRef.html，这会让你的工作变得更简单。

在第 11 章中将探索写入时分析。

10.6　本章小结

- 事件流分析可分为读取时分析与写入时分析

- 读取时分析意味着"先存储数据，再进行分析"。我们的目标是以一种便于执行的格式将事件存储在一个或多个地点，之后进行更全面的分析。

- 写入时分析则在事件写入事件流之前进行实时分析。它非常适用于数据仪表盘、运营性报表或其他有低延迟要求的场合。

- Amazon Redshift 是一款完全托管的、列式存储的数据库，它提供了水平扩展以及完全兼容 PostgreSQL 语法的功能。

- 在列式数据库中对事件流建模有几种方式。每种事件类型对应一张表，使用一张宽表存储所有事件，或一张事件主表存放事件数据，每个业务实体对应一张独立的子表。

- 使用 Redshift 的 COPY from JSON 命令与包含 JSON 路径语句的文件可将 JSON 格式的数据加载到 Redshift。Schema Guru 则可以帮助我们从事件的 JOSN 模式文件自动生成创建数据库表的语句。

- 当事件数据加载完成后，在 Redshift 中可通过共享的实体 ID 与对应的事件进行关联，这被称为维度扩展。

- 在事件数据完成加载与扩展后，BI 部门的同事就可使用 SQL 执行各种所需的分析了。

第*11*章

写入时分析

本章导读：
- 简单的写入时分析算法
- 使用 AWS DynamoDB 对运营报表建模
- 使用 AWS Lambda function 实现写入时分析
- 部署与测试 AWS Lambda function

在第 10 章中，我们使用 Amazon Redshift 为虚构的快递公司 OOPS 实现了一套读取时分析的策略。其中的关注点在于将事件流以某种形式存储在 Redshift 中，支持分析师们进行事后分析。我们设计了一张宽表用于存放事件数据，并扩展了它的维度，通过事件 ID 关联了其他实体信息，包括司机与货车。最后使用 SQL 对数据做了一些分析。

本章中，我们假设经过一段时间后，OOPS 的 BI 团队已经习惯使用 SQL 对 Redshift 中的事件流数据进行分析。然而，来自于 OOPS 其他部门的分析需求越来越多，但是 Redshift 并不适用于这些分析。例如这些部门主要对以下两点感兴趣：

- **低延迟的运营性报表**——数据来自于读入的事件流，需要尽可能地接近实时。
- **能够同时支持上千个用户的数据仪表盘**——例如支持 OOPS 的客户在网站上跟踪包裹的运送状况。

本章将探索一些适用上述分析的技术，即写入时分析。写入时分析会带来一些前期成本：必须决定执行何种分析，并在写入事件流之前完成分析。作为回报，我们也将收获以下这些益处：查询的延迟会非常低，能够支持大量用户的同时访问，且易于操作。

为了在 OOPS 实现写入时分析，需要一个用来存放聚合数据的数据库，以及一个流式处理框架对事件进行聚合操作。Amazon DynamoDB 是一个完全托管的、具备高扩展性的键值存储数据库，提供了简单易用的查询 API，我们会将它用作分析程序的数据库。这次将使用 AWS Lambda 作为分析程序的流式处理框架，这是一个用于单事件处理的崭新平台，　它也是完全托管在 Amazon Web Services 上。

让我们开始吧！

11.1　回到 OOPS

本章中我们还是回到 OOPS 公司，在成功实现了读取时分析后，这次需要完成写入时分析。在我们开始之前需要设置 Kinesis，并弄清楚 OOPS 的管理者们需要分析的到底是什么。

11.1.1　配置 Kinesis

在第 10 章中，我们处理的是 OOPS 通过统一日志在 Amazon S3 中归档的事件数据。归档中包含 5 种类型的 OOPS 事件，存储格式为 JSON，如图 11.1 所示。这些事件归档非常适合进行读取时分析，但对于写入时分析则需要更"新鲜"的数据：需要实时访问写入 Amazon Kinesis 的 OOPS 事件流。

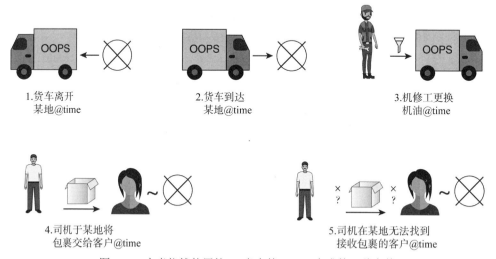

图 11.1　本章依然使用第 10 章中的 OOPS 生成的 5 种事件

同事没有给 OOPS 在 Kinesis 的事件数据实时接口，但给了我们一个用来测试的 Python 脚本，可生成合法的 OOPS 事件，并写入 Kinesis。可在 GitHub 仓库的以下目录中找到它。

```
ch11/11.1/generate.py
```

在使用这个脚本之前，需要配置一个新的 Kinesis stream 用于写入数据。如同第 4 章中的一样，可使用 AW CLI 完成这项工作：

```
$ aws kinesis create-stream --stream-name oops-events \
  --shard-count 2 --region=us-east-1 --profile=ulp
```

上面的命令不会有响应信息，所以可用下面的命令确认新的 stream 是否被成功创建：

```
$ aws kinesis describe-stream --stream-name oops-events \
  --region=us-east-1 --profile=ulp
{
  "StreamDescription": {
    "StreamStatus": "ACTIVE",
    "StreamName": "oops-events",
    "StreamARN": "arn:aws:kinesis:us-east-1:719197435995:stream/
➥ oops-events",
...
```

之后会用到 stream 的 ARN 参数，现在先把它添加到环境变量中：

```
$ stream_arn=arn:aws:kinesis:us-east-1:719197435995:stream/oops-events
```

现在可以尝试生成一些事件：

```
$ /vagrant/ch11/11.1/generate.py
Wrote TruckArrivesEvent with timestamp 2018-01-01 00:14:00
Wrote DriverMissesCustomer with timestamp 2018-01-01 02:14:00
Wrote DriverDeliversPackage with timestamp 2018-01-01 04:03:00
```

看来已经成功生成事件，并写入 Kinesis stream。按下 Ctrl+C 快捷键可以终止程序，停止生成事件。

11.1.2　需求收集

对于读取时分析，我们所关注的是设计一种灵活的存储方式，将事件流存储在 Redshift 中，以便执行事后的分析工作。存储结构应该足够灵活，着眼于未来的需求，而不是仅满足眼前的分析。

对于写入时分析则恰恰相反。我们必须了解什么才是 OOPS 需要的分析，这样我们才能在 Kinesis 的事件流上构建近实时的分析程序。而且理想情况下，我们应该一次性把这项工作做对。回顾一下，Kinesis stream 只能保存 24 小时的事件数据(这是个可配置的参数，最多可保存 1 周的数据)，在到达期限之后，所有事件都会被移除。如果写入时分析的程序有任何错误，在最好的情况下我们也只能重新运行 24 小时(或 1 周)之内的数据。图 11.2 说明了这种情况。

这意味着我们必须坐下来，与 OOPS 的高层们面对面交流，了解他们究竟想通过准实时分析得到什么。在沟通过程中，我们得知最高优先级的任务是关于货车的运营性报表。OOPS 高层特别希望通过准实时的数据分析获得以下两项信息。

- 每辆货车的位置。
- 每辆货车在更换完机油之后的行驶里程数。

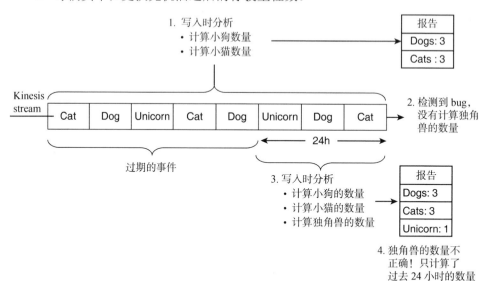

图 11.2 由于写入时分析的实现中有 bug，因此我们必须修复 bug 并重新部署程序。最理想的情况下能恢复过去 24 小时内丢失的数据。而在最坏的情况下输出结果数据是破损的，我们只能从头运行写入时分析程序，重新计算所有结果

这看上去是非常直接明了的分析需求。表 11.1 展示了对于这个需求所设计的表结构的草图。

表 11.1　OOPS 的货车的状态

货车 VIN	纬　度	经　度	更换机油后的行驶里程
1HGCM82633A004352	51.5208046	−0.1592323	35
JH4TB2H26CC000000	51.4972997	−0.0955459	167
19UYA31581L000000	51.4704679	−0.1176902	78

现在 5 种不同类型的事件已经写入 Kinesis，我们也了解了 OOPS 的分析需求。下一节让我们设计写入时分析的具体算法，将这一切衔接起来。

11.1.3　写入时分析算法

需要创建一种算法，从 OOPS 的事件流中读取数据，写入到表中的 4 个列中，并保持数据是最新的。简而言之，这个算法需要依次执行以下操作：

(1) 从 Kinesis 中读取事件。

(2) 如果事件与货车有关，则使用当前的行驶里程数更新最近一次更换机油

以来的行驶里程数。

(3) 如果事件是更换机油事件，重置最近一次更换机油以来的行驶里程数。

(4) 如果事件与货车的某个地点有关，更新表中该货车对应的经纬度列。

我们的解决方案与第 5 章中有状态的事件处理非常类似。这次场景中我们不再关心一次处理多个事件，而是需要确保每次都能将货车最新的位置更新到表中。如果算法在读取了一个新事件后又读取了另一个较早的数据，就会有覆盖"最新"位置的风险。图 11.3 说明了这种情况。

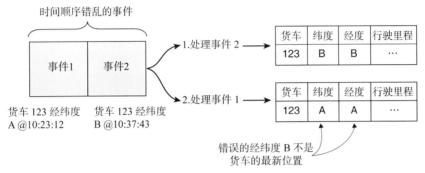

图 11.3　如果一个早先的事件在最新事件之后才被处理，那么算法可能使用
这个较早事件中的位置作为货车的"当前"位置

为避免这种情况，可在表中添加一个额外字段，如表 11.2 所示。这个新的列名为"位置时间戳(Location timestamp)"，它会记录从事件中获取货车经纬度的时间戳。从 Kinesis 读取包含货车位置的事件时，将检查事件的时间戳与表中已存在的位置时间戳。只有当事件的时间戳大于已存在的时间戳时(意味着事件的时间更新)，我们才会更新货车的经纬度。

表 11.2　将位置时间戳列添加到表中

货车 VIN	纬　　度	经　　度	位置时间戳	更换机油后的行驶里程
1HGCM8...	51.5208046	−0.1592323	2018-08-02T21:50:49Z	35
JH4TB2...	51.4972997	−0.0955459	2018-08-01T22:46:12Z	167
19UYA3...	51.4704679	−0.1176902	2018-08-02T18:14:45Z	78

另一个分析指标是"更换机油后的行驶里程(Miles since oil change)"。这个指标的计算稍显复杂。其中的关键点在于我们无法对这项指标排序。我们只能对下面两项输入数据排序，然后计算这项指标。

● 当前(最近)的行驶里程

● 最近一次更换机油时的行驶里程

将上面两项数据存放在表中，我们就能计算"更换机油后的行驶里程"，公式如下：

更换机油后的行驶里程＝当前行驶里程-最近一次更换机油时的行驶里程

表 11.3 展示了最终版本的表结构。

表 11.3   最终的表结构

货车 VIN	纬 度	经 度	位置时间戳	行驶里程	更换机油后的行驶里程
1HGCM8...	51.5...	−0.15...	2018-08-02T21:50:49Z	12453	12418
JH4TB2...	51.4...	−0.09...	2018-08-01T22:46:12Z	19090	18923
19UYA3...	51.4...	−0.11...	2018-08-02T18:14:45Z	8407	8329

为保持表中数据的精确性，需要记录货车最新的行驶里程与最近一次更换机油时的行驶里程。同样，如何防止收到过期事件呢？这次可利用行驶里程的单调递增特性。图 11.4 展示了同一辆货车的两个行驶里程的数据，较高的那个总是更新的，可使用这个规则丢弃那些过期的、老的事件。

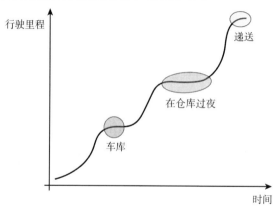

图 11.4   一辆货车的行驶里程随着时间的推移而增长。可以看到虽然
行驶里程的增长不是那么快速，但从来不会减少

现在我们就可以使用伪代码将这些整合在一起，实现写入时分析的算法。首先，所有分析都与货车有关，因此我们先将所有不包含货车信息的事件过滤掉：

```
let e = event to process
if e.event not in ("TRUCK_ARRIVES", "TRUCK_DEPARTS",
  "MECHANIC_CHANGES_OIL") then
  skip event
end if
```

现在处理货车的行驶里程：

```
let vin = e.vehicle.vin
let event_mi = e.vehicle.mileage
let current_mi = table[vin].mileage
if current_mi is null or current_mi < event_mi then
    set table[vin].mileage = event_mi
end if
```

上述伪代码中的大部分都易于理解，唯一的难点在于 table[vin].mileage 语法，它的作用是获取表中某辆货车的某列的值。其中的关键在于理解只有当输入事件包含一个比现有表中更高的行驶里程时，我们才会更新表中的数据。

现在可处理货车位置的相关数据了，我们只需要关心货车到达和离开的事件：

```
if e.event == "TRUCK_ARRIVES" or "TRUCK_DEPARTS" then
    let ts = e.timestamp
    if ts > table[vin].location_timestamp then
        set table[vin].location_timestamp = ts
        set table[vin].latitude = e.location.latitude
        set table[vin].longitude = e.location.longitude
    end if
end if
```

上面伪代码的逻辑也十分简单。同样，通过 if 语句限制只有当事件的时间戳比表中已有的时间戳更新时才会更新货车的地点信息。这确保了表中的数据不会被过期的位置信息所覆盖。

最后需要处理更换机油事件：

```
if e.event == "MECHANIC_CHANGES_OIL" then
    let current_maoc = table[vin].mileage_at_oil_change
    if current_maoc is null or event_mi > current_maoc then
        set table[vin].mileage_at_oil_change = event_mi
    end if
end if
```

我们依然使用 if 语句确保只有当更换机油事件比当前表中的事件更新时才会更新"更换机油后的行驶里程"列。纵观整个程序，会发现这种偏重防御性的解决方案在事件顺序错乱的情况下依然非常安全，例如更换机油事件在货车离开事件之后处理。图 11.5 展示了这种情况。

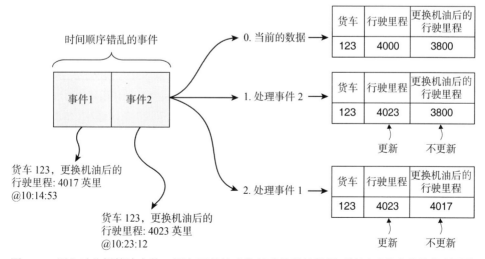

图 11.5　写入时分析算法中的 if 语句可保护当前行驶里程的数据不被过时的事件数据所覆盖

如果 OOPS 是家真实的公司，那么上述算法需要经过严格的检查与签字认可才能开发实现。如果在读取时分析中存在一个查询错误，我们只需要终止分析程序，重新运行修复后的分析程序即可。但是如果写入时分析的算法中存在错误，就只能从头开始重新运行程序。示例中没有那么严格，让我们马上开始实现算法吧！

11.2　构建 Lambda 函数

我们已经对理论与伪代码有了足够的了解，本节将使用 AWS Lambda 实现写入时分析算法，并将货车的状态数据写入 DynamoDB 的表中。让我们开始吧。

11.2.1　配置 DynamoDB

我们将编写一个流处理任务，读取 OOPS 的事件数据，与数据库中的数据进行交叉检验，然后更新表中的数据。图 11.6 描述了这个流程。

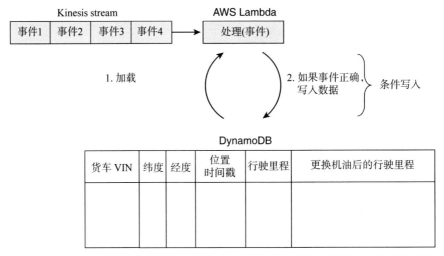

图 11.6　AWS Lambda 函数会从 OOPS 逐个读取事件，检查是否应该使用事件的数据更新 DynamoDB。这种解决方案使用了 DynamoDB 中所谓的"条件写入"特性

我们已经知道如何实现算法，但在开始编写代码之前，还是先回到将要写入数据的表。这张表会创建在 Amazon 的 DynamoDB 数据库上，DynamoDB 是一个托管在 AWS 上、具备高扩展性的键值存储数据库，非常适合写入时分析。使用 AWS CLI 在 DynamoDB 上创建表，命令如下：

```
$ aws dynamodb create-table --table-name oops-trucks \
  --provisioned-throughput ReadCapacityUnits=5,WriteCapacityUnits=5 \
  --attribute-definitions AttributeName=vin,AttributeType=S \
```

```
  --key-schema AttributeName=vin,KeyType=HASH --profile=ulp \
  --region=us-east-1
{
  "TableDescription": {
    "TableArn": "arn:aws:dynamodb:us-east-1:719197435995:table/
➥ oops-trucks",
...
```

创建 DynamoDB 的表时，我们只需要事先定义很少的参数：

● --provisioned-throughput 参数告知了 AWS 对于这张表所预计的读取与写入的吞吐量。在本章的示例中只需要很低的值即可。

● --attribute-definitions 定义了一个字符串类型的 vin 属性，用来辨识车辆。

● --key-schema 定义了 vin 属性作为表的主键。

现在表已经成功创建，接下来就可以编写 AWS Lambda 函数了。

11.2.2　AWS Lambda

AWS Lambda 核心理念在于开发人员应该编写函数，而不是服务器。通过 Lambda，我们只需要编写用于处理事件的独立函数，并将它发布到 Lambda 上运行即可，并不需要关心开发、部署以及管理服务器。相应地，Lambda 会处理当输入事件数量增长时，对函数进行水平扩展的问题。Lambda 也需要运行在服务器之上，但是这些服务器对于开发人员是抽象、不可见的。

现阶段，编写的 Lambda 函数可运行在 Node.js 与 JVM 平台上。函数定义类似以下的伪代码：

```
def recordHandler(events: List[Event])
```

函数签名中有如下这些值得注意的特性：

● 函数处理的是列表或数组形式的多个事件，而非单独的事件。Lambda 在调用函数之前，会执行一个微型批处理程序用于收集函数需要的事件。

● 函数是没有返回值的。它存在的作用就是产生副作用(side effects)，例如向 DynamoDB 写入数据或创建新的 Kinesis 事件。

图 11.7 展示了 Lambda 函数的这两个特性。

这个函数看起来是不是很眼熟？在第 5 章中我们使用 Apache Samza 编写了用于事件处理的 API，函数签名是这样的：

```
public void process(IncomingMessageEnvelope envelope,
    MessageCollector collector, TaskCoordinator coordinator)
```

在上述两个场景中，我们都实现了一个用于处理多个事件(或 Samza 例子中的单个事件)的副作用函数。不同之处只在于 Lambda 运行在 AWS Lambda 上，而 Samza 运行在 Apache YARN 上。Lambda 与 YARN 都可以称为函数的运行环境。表 11.4 列出了 Lambda 与 Samza 的相似点与不同点，而它们相似之处可能比我们想象得更多。

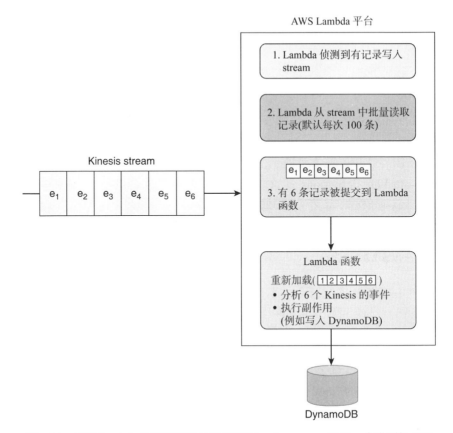

图 11.7   AWS Lambda 侦测到有记录发送到 Kinesis stream，运行一个微型批处理
获取这些记录，然后运行特定的 Lambda 函数处理这些记录

表 11.4   Apache Samza 与 AWS Lambda 特性的比较

特　　性	Apache Samza	AWS Lambda
触发函数调用	单个事件	一个微型批处理中包含的事件
运行平台	Apache YARN(开源)	AWS Lambda(专有)
事件来源	Apache Kafka	Kafka、Kinesis、S3、DynamoDB、SNS 通知
编程语言	Java	JavaScript、Java 8、Scala(至今)
存储	本地或远程	远程

现在开始使用 Scala 编写 Lambda 函数。

11.2.3   配置 Lambda 与事件建模

需要构建一个包含了所有 Lambda 函数所需依赖的 fat jar 文件，并上传到 Lambda 服务。与之前一样，我们将使用 Scala Build Tool 与 sbt-assembly 插件构建 fat jar。让我们先在 Vagrant 虚拟机中创建一个文件夹。

```
$ mkdir ~/aow-lambda
```

然后在该文件夹的根目录中添加一个文件，名为 build.sbt，并添加代码清单 11.1 所示的内容。

代码清单 11.1　build.sbt

```
javacOptions ++= Seq("-source", "1.8", "-target", "1.8", "-Xlint")

lazy val root = (project in file(".")).
  settings(
    name := "aow-lambda",
    version := "0.1.0",
    scalaVersion := "2.12.7",
    retrieveManaged := true,
    libraryDependencies += "com.amazonaws" % "aws-lambda-java-core" %
➥ "1.2.0",
    libraryDependencies += "com.amazonaws" % "aws-lambda-java-events" %
➥ "2.2.4",
    libraryDependencies += "com.amazonaws" % "aws-java-sdk" % "1.11.473"
➥ % "provided",
    libraryDependencies += "com.amazonaws" % "aws-java-sdk-core" %
➥ "1.11.473" % "provided",
    libraryDependencies += "com.amazonaws" % "aws-java-sdk-kinesis" %
➥ "1.11.473" % "compile",
    libraryDependencies += "com.fasterxml.jackson.module" %
➥ "jackson-module-scala_2.12" % "2.8.4",
    libraryDependencies += "org.json4s" %% "json4s-jackson" % "3.6.2",
    libraryDependencies += "org.json4s" %% "json4s-ext" % "3.6.2",
    libraryDependencies += "com.github.seratch" %% "awscala" % "0.8.+"
)

mergeStrategy in assembly := {
    case PathList("META-INF", xs @ _*) => MergeStrategy.discard
    case x => MergeStrategy.first
}

jarName in assembly := { s"${name.value}-${version.value}" }
```

Lambda 函数需要在基于 Java 8 的 Scala 2.12.7 上编译

处理打包 fat 时的依赖合并冲突

provided 依赖范围的类库在 Lambda 平台上会提供，因此不需要打包在 fat jar 中；compile 依赖范围的类库会打包在 fat jar 中

接着需要创建一个包含 plugins.sbt 文件的子文件夹，命令如下：

```
$ mkdir project
$ echo 'addSbtPlugin("com.eed3si9n" % "sbt-assembly" % "0.14.9")' > \
  project/plugins.sbt
```

如果是在本书提供的 Vagrant 虚拟机中运行示例，那么 Java 8、Scala 与 SBT 这些工具已经安装完毕，可通过运行构建命令检查配置是否正确：

```
$ sbt assembly
...
[info] Packaging /vagrant/ch11/11.2/aow-lambda/target/scala-2.12/
➥ aow-lambda-0.1.0 ...
[info] Done packaging.
[success] Total time: 860 s, completed 20-Dec-2018 18:33:57
```

现在可以开始编写事件处理代码了。如果回顾一下 11.1.3 节中提及的写入时分析算法，就会发现算法的大部分逻辑是由当前处理的 OOPS 的事件类型所决定的。因此需要先将输入的事件反序列化为对应的 Scala case class。创建如下文件：

```
src/main/scala/aowlambda/events.scala
```

将代码清单 11.2 的内容复制到该文件。

代码清单 11.2　events.scala

```scala
package aowlambda

import java.util.UUID, org.joda.time.DateTime
import org.json4s._, org.json4s.jackson.JsonMethods._

case class EventSniffer(event: String)          只需要包含事件类型，用于确定使
                                                用哪种 case class 进行反序列化
case class Employee(id: UUID, jobRole: String)
case class Vehicle(vin: String, mileage: Int)
case class Location(latitude: Double, longitude: Double, elevation: Int)
case class Package(id: UUID)
case class Customer(id: UUID, isVip: Boolean)    使用代数类型 (ADT)
                                                 表示事件
sealed trait Event
case class TruckArrives(timestamp: DateTime, vehicle: Vehicle,
  location: Location) extends Event
case class TruckDeparts(timestamp: DateTime, vehicle: Vehicle,
  location: Location) extends Event
case class MechanicChangesOil(timestamp: DateTime, employee: Employee,
  vehicle: Vehicle) extends Event
case class DriverDeliversPackage(timestamp: DateTime, employee: Employee,
  `package`: Package, customer: Customer, location: Location) extends Event
case class DriverMissesCustomer(timestamp: DateTime, employee: Employee,
  `package`: Package, customer: Customer, location: Location) extends Event

object Event {

  def fromBytes(byteArray: Array[Byte]): Event = {
    implicit val formats = DefaultFormats ++ ext.JodaTimeSerializers.all ++
      ext.JavaTypesSerializers.all
    val raw = parse(new String(byteArray, "UTF-8"))
    raw.extract[EventSniffer].event match {            使用模式匹配通过事件
      case "TRUCK_ARRIVES" => raw.extract[TruckArrives]  类型构建 Event 对象
      case "TRUCK_DEPARTS" => raw.extract[TruckDeparts]
      case "MECHANIC_CHANGES_OIL" => raw.extract[MechanicChangesOil]
      case "DRIVER_DELIVERS_PACKAGE" => raw.extract[DriverDeliversPackage]
      case "DRIVER_MISSES_CUSTOMER" => raw.extract[DriverMissesCustomer]
      case e => throw new RuntimeException("Didn't expect " + e)
    }                                                  处理不支持的事件类型
  }
}
```

使用 Scala 控制台或 REPL 检查代码是否工作正常：

```
$ sbt console
```

```
scala> val bytes = """{"event":"TRUCK_ARRIVES", "location": {"elevation":7,
  "latitude":51.522834, "longitude":-0.081813},
  "timestamp": "2018-01-12T12:42:00Z", "vehicle": {"mileage":33207,
  "vin":"1HGCM82633A004352"}}""".getBytes("UTF-8")
bytes: Array[Byte] = Array(123, ...
scala> aowlambda.Event.fromBytes(bytes)
res0: aowlambda.Event = TruckArrivesEvent(2018-01-12T12:42:00.000Z,
 Vehicle(1HGCM82633A004352,33207),Location(51.522834,-0.081813,7))
```

可以看到 JSON 格式的货车到达事件从字节数组成功地反序列化为一个 TruckArrivesEvent case class。现在可以继续实现写入时分析算法了。

11.2.4　重温写入时分析算法

在 11.3 节中我们使用伪代码展示了 OOPS 的写入时分析算法。在伪代码中每次会处理一个单独事件，但我们也知道 Lambda 每次会通过微型批处理，每次最多能够处理 100 个事件。当然，也可以在微型批处理中应用算法，每次都只处理一个事件，如图 11.8 所示。

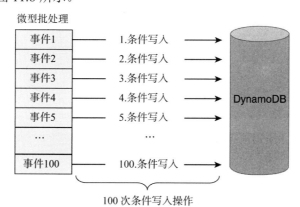

图 11.8　在一个简陋的解决方案中，每个微型批处理更新 DynamoDB 表时，
会对每个事件执行一次条件写入操作

然而当微型批处理中包含了关联到同一辆 OOPS 货车的多个事件时，这种解决方式就有些浪费资源了。还记得我们是如何更新 DynamoDB 表中货车的最新(最高)里程数据吗？如果微型批处理中包含了货车 123 的 10 条事件，那么实现图 11.8 所示算法最直接的方式就是执行 10 次"条件写入"，更新 DynamoDB 中货车 123 的相关数据。对于远程数据库的读写操作是较为耗时与消耗资源的，因此我们应尽量缩短 Lambda 函数的运行时间，通常情况下 Lambda 函数应在 60 秒内完成运行(最多 15 分钟)。

相应的解决方案就是对 Lambda 函数中微型批处理的事件预先进行聚合。对于微型批处理中货车 123 的 10 条事件，需要做的第一步就是找出这 10 个事件中里程数最高的那个事件。而这个具有最高里程数的事件表明了只有一个事件需要写入 DynamoDB，而其他九个事件没必要写入 DynamoDB。图 11.9 展示了预先聚合的技术。

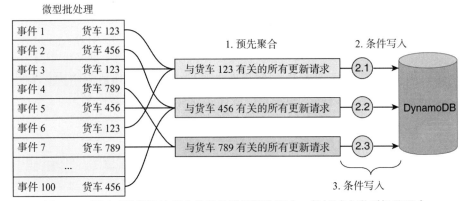

图 11.9 通过对微型批处理中的事件进行预先聚合，能够减少微型批处理中每辆货车执行条件写入的操作次数

当然预先聚合的技术并不是每次都行之有效。假设微型批处理中的 100 个事件属于不同的 OOPS 货车，就没有什么可以合并处理的了。预先聚合是一种较为节省计算资源的内存处理技术，因此大部分情况下都值得尝试，即使只为了减少一些不必要的 DynamoDB 操作。

那么预先聚合阶段的输出格式又是什么样的呢？它应该与 DynamoDB 中存储的数据格式一致！预先聚合与 Dynamo 内部的聚合在处理事件的范围（"100 个事件"对比"历史全量事件"）以及存储机制（"本地内存"对比"远程数据库"）上有所不同，但它们都使用了相同的分析算法，而使用不同的中间格式只会让 OOPS 的同事们感到迷惑。表 11.5 展示了 Lambda 函数所需的数据格式。

表 11.5 DynamoDB 行布局展示了 Lambda 函数中预先聚合行的格式

货车 VIN	纬度	经度	位置时间戳	行驶里程	更换机油后的行驶里程
1HGCM8...	51.5...	−0.15...	2018-08-02T21:5049Z	12453	12418

现在可以开始在 AWS Lambda 上创建我们的第一个写入时分析的代码了，先创建如下文件：

src/main/scala/aowlambda/aggregator.scala

该文件的具体内容如代码清单 11.3 所示。

代码清单 11.3 aggregator.scala

```
package aowlambda

import org.joda.time.DateTime, aowlambda.{TruckArrives => TA},
```

```
    aowlambda.{TruckDeparts => TD}, aowlambda.{MechanicChangesOil => MCO}

case class Row(vin: String, mileage: Int, mileageAtOilChange: Option[Int],
    locationTs: Option[(Location, DateTime)])

object Aggregator {                    货车检测指标的中间格式          将一个事件转
                                                                化为中间格式
    def map(event: Event): Option[Row] = event match {
      case TA(ts, v, loc) => Some(Row(v.vin, v.mileage, None, Some(loc, ts)))
      case TD(ts, v, loc) => Some(Row(v.vin, v.mileage, None, Some(loc, ts)))
      case MCO(ts, _, v) => Some(Row(v.vin, v.mileage, Some(v.mileage), None))
      case _ => None
    }
                                                                将所有事件归并为每辆
                                                                货车对应一行数据
    def reduce(events: List[Option[Row]]): List[Row] =
      events
        .collect { case Some(r) => r }
        .groupBy(_.vin)
        .values
        .toList                                                  将两行数据合并为一个
        .map(_.reduceLeft(merge))                                包含最新/最高值的元组
    private val merge: (Row, Row) => Row = (a, b) => {

      val m = math.max(a.mileage, b.mileage)
      val maoc = (a.mileageAtOilChange, b.mileageAtOilChange) match {
        case (l @ Some(_), None) => l
        case (l @ Some(lMaoc), Some(rMaoc)) if lMaoc > rMaoc => l
        case (_, r) => r
      }
      val locTs = (a.locationTs, b.locationTs) match {
        case (l @ Some(_), None) => l
        case (l @ Some((_, lTs)), Some((_, rTs))) if lTs.isAfter(rTs) => l
        case (_, r) => r
      }
      Row(a.vin, m, maoc, locTs)
    }
}
```

在 aggregator.scala 中有许多值得讨论的地方。应确保自己明白这些代码的作用再继续之后的工作。首先导入了代码所需的依赖，并对各种事件类型定义了别名，使之后的代码更紧凑。接着引入一个名为 Row 的 case class，它的数据结构与表 11.5 的结构非常类似。图 11.10 展示了表 11.5 与 Row case class 之间的关系。我们将使用 Row case class 的实例更新 DynamoDB。

接着看一下 Aggregator 对象，我们遇到的第一个函数是 map。这个函数会按照事件类型将输入的 OOPS 事件转换为 Some(Row)或 None 对象。我们基于事件类型，使用 Scala 的模式匹配来决定如何转换事件：

- 当事件是分析师所需的 3 种类型时，将数据读取之后放入 Row 的一个新实例。

● 其他类型的事件则返回一个 None 对象，并在之后被筛除。

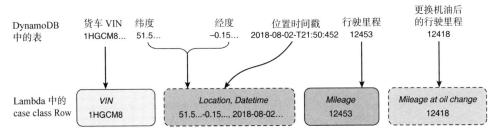

图 11.10　Lambda 函数中的 Row case clase 所包含的数据项与 DynamoDB 表中的列一一对
　　　　　应。虚线矩形框表示当前 Row 实例不包含的数据项，因为对应的事件类型并没
　　　　　有出现在这个微型批处理中

如果对使用 Option 包装 Row 对象的做法不是那么熟悉，可以在第 8 章中找
到这种技术的更多介绍。

Aggregator 中的第二个公共函数是 reduce。它会将一个由 Option 包装的 Row
所组成的列表，压缩为一个更小的、由 Row 对象组成的列表，具体过程如下：

● 从列表中过滤掉那些 None 对象。

● 按照 Row 对象中 VIN 字段进行分组。

● 将每组中的多个 Row 对象压缩为一个单独的 Row 对象，作为之后微型批
　处理更新操作的数据。

这看上去相当复杂，之所以如此，是因为我们在 Lambda 中自己实现了
map-reduce 算法。在习惯了那些由 Apache Hive、Amazon Redshift 与 Apache Spark
提供的便捷查询语言后，很容易忘记如何实现一个 map-reduce 算法，因为不久之
前使用 Java 在 Hadoop 上编写 map-reduce 算法还是最先进的技术。可以说，在
Lambda 中我们将重新开始编写最基础的 map-reduce 算法。

我们如何将关联到同一辆货车的 Row 列表压缩为单一的 Row 呢？reduceLeft
函数会承担这部分工作，它会接收一对 Row 对象作为输入参数，并对每一对 Row
对象迭代执行 merge 函数，直到只剩下一个 Row 对象。merge 函数接收两个 Row
对象作为输入参数，依照数据更新时间进行合并，最终返回最新的 Row 对象。请
牢记，预先聚合的目的在于将写入 DynamoDB 的操作数量最小化。图 11.11 展示
了端对端的 map-reduce 流程。

微型批处理中对事件的预先聚合代码已经完成了。下一节将完成写入
DynamoDB 的代码。

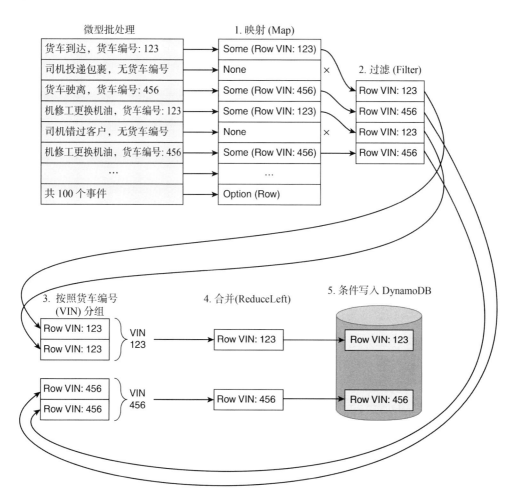

图 11.11   首先将微型批处理内的事件映射为 Row 对象的实例，并过滤掉那些 None 实例。
然后将这些 Row 对象按照货车编号(VIN)分组后合并为一个 Row 对象实例。最
后对每个 Row 的实例执行条件写入，更新到 DynamoDB 的表中

11.2.5 条件写入 DynamoDB

得益于 merge 函数，我们知道经过聚合的 Row 列表中包含了当前微型批处理
中最新的事件数据。但有可能在另一个微型批处理中已经将同一辆货车的最新事
件数据处理完了。事件的转换和收集并不都是一直可靠的，而微型批处理中也有
可能因为延迟等原因包含了过期事件——有可能是因为货车驶进了隧道，或者
OOPS 车库的网络服务宕机了。图 11.12 展示了微型批处理可能会处理过期事件的
风险。

因此我们不能简单使用 Lambda 函数产生的数据覆盖 DynamoDB 中已经存在

的记录。这样会很容易使用一个老旧的行驶里程或位置数据覆盖 DynamoDB 中最新的那条记录。这个问题的解决方案在之前的章节中曾简单介绍过。这次将使用 DynamoDB 的条件写入特性解决这一问题。

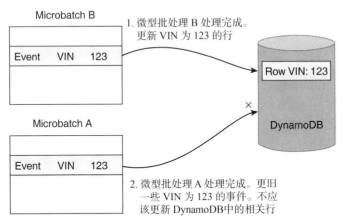

图 11.12　当 Lambda 函数处理 OOPS 货车 123 时，如果发生了时间顺序的错乱，
最重要的就是不能让过期的数据覆盖 DynamoDB 中的最新数据

　　在本章开头谈到条件写入时，我建议在使用 Lambda 写入 DynamoDB 的场景中使用"读取-检查-写入"循环来保证写入数据的正确性。但实际情况会更简单些：我们在 Lambda 中发送一个写入请求给 DynamoDB 时，需要附带一个条件，DynamoDB 会依照这个条件检查当前数据库的状态，只有符合这个条件时才会执行写入操作。图 11.13 展示了每次 Lambda 尝试写入数据时附带的条件。

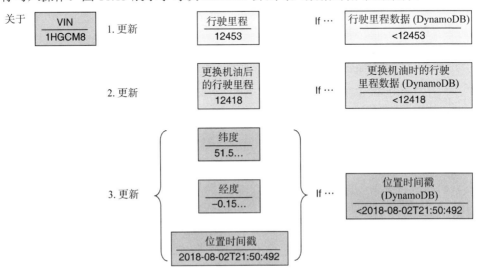

图 11.13　对于每个 Row 对象我们会尝试执行 3 个写入操作，而每个写入操作
都需要通过 DynamoDB 的条件进行检查

我们将参照图 11.13 所示的逻辑，并使用 Scala 来实现，因此也需要使用包含了 DynamoDB 客户端的 AWS Java SDK。为了能让代码尽量简洁，将使用 AWS Scala 项目，它提供了更多应用于 DynamoDB 的 Scala 领域语言(DSL，Domain Specific Language)。

先创建一个 Scala 文件：

src/main/scala/aowlambda/Writer.scala

文件内容如代码清单 11.4 所示。

代码清单 11.4   Writer.scala

```scala
package aowlambda

import awscala._, dynamodbv2.{AttributeValue => AttrVal, _}
import com.amazonaws.services.dynamodbv2.model._
import scala.collection.JavaConverters._

object Writer {
  private val ddb = DynamoDB.at(Region.US_EAST_1)          使用传入的参数
                                                            执行条件写入
  private def updateIf(key: AttributeValue, updExpr: String,
    condExpr: String, values: Map[String, AttributeValue],
    names: Map[String, String]) {
    val updateRequest = new UpdateItemRequest()
      .withTableName("oops-trucks")
      .addKeyEntry("vin", key)             如果没有通过条件检查，则会抛出一个异
      .withUpdateExpression(updExpr)       常，捕获这个异常后不会进行后续处理
      .withConditionExpression(condExpr)
      .withExpressionAttributeValues(values.asJava)
      .withExpressionAttributeNames(names.asJava)

    try {
      ddb.updateItem(updateRequest)
    } catch { case ccfe: ConditionalCheckFailedException => }
  }

  def conditionalWrite(row: Row) {
    val vin = AttrVal.toJavaValue(row.vin)               如果货车当前的行驶里程
                                                          数缺失或小于新值，则更新
    updateIf(vin, "SET #m = :m",                          货车的行驶里程数
      "attribute_not_exists(#m) OR #m < :m",
      Map(":m" -> AttrVal.toJavaValue(row.mileage)),
      Map("#m" -> "mileage"))

    for (maoc <- row.mileageAtOilChange) {               如果 DynamoDB 中更换
      updateIf(vin, "SET #maoc = :maoc",                 机油后的行驶里程数小
        "attribute_not_exists(#maoc) OR #maoc < :maoc",  于当前传入函数的值，
        Map(":maoc" -> AttrVal.toJavaValue(maoc)),       则更新 DynamoDB 中的
        Map("#maoc" -> "mileage-at-oil-change"))         数据
    }
```

```
for ((loc, ts) <- row.locationTs) {
  updateIf(vin, "SET #ts = :ts, #lat = :lat, #long = :long",
    "attribute_not_exists(#ts) OR #ts < :ts",
    Map(":ts" -> AttrVal.toJavaValue(ts.toString),
        ":lat" -> AttrVal.toJavaValue(loc.latitude),
        ":long" -> AttrVal.toJavaValue(loc.longitude)),
    Map("#ts" -> "location-timestamp", "#lat" -> "latitude",
        "#long" -> "longitude"))
  }
}
}
```

如果 DynamoDB 中的时间戳小于当前传入的值，则更新 DynamoDB 中的位置数据

代码中与 DynamoDB 交互的部分看上去有些繁杂，但是如果仔细查看这部分代码你很容易就能发现它遵循了图 11.13 的处理流程。Writer 模块提供了单独的 conditionalWrite 函数，它接收一个 Row 对象作为参数，但是没有返回值。它的作用就是执行某些存在副作用的操作，即将 Row 中的数据写入 DynamoDB 中。这些条件写入会调用私有的 updateIf 方法，updateIf 方法中会构造 UpdateItemRequest 对象，对应了 DynamoDB 中一条记录。

代码中还有以下几点值得注意：

- updateIf 函数的参数包括货车的 VIN 编号、更新语句、更新条件(必须提供，以便执行 update 操作)、需要更新的值以及要更新的属性别名。
- 更新语句与更新条件使用 DynamoDB 自定义表达语言编写[1]，它使用:some-value 表示属性的值，#some-value 表示属性的别名。
- 更换机油后行驶里程数与货车位置更新的写入条件依赖于自身事件的数据。
- 代码中没有包含日志与异常处理的部分，在生产环境中这两部分都不能缺少。

这样就完成了 DynamoDB 部分的代码。

11.2.6　最后的 Lambda 代码

现在我们已经准备好将整体逻辑整合到 Lambda 函数，创建第四个也是最后一个 Scala 文件：

```
src/main/scala/aowlambda/LambdaFunction.scala
```

文件内容如代码清单 11.5 所示。

代码清单 11.5　LambdaFunction.scala

```
package aowlambda

import com.amazonaws.services.lambda.runtime.events.KinesisEvent
import scala.collection.JavaConverters._
```

---

1. 有关 Dynamo DB 表达语言的更多信息可访问 https://docs.aws.amazon.com/amazondynamodb/latest/developerguide/Expressions.html。

```
class LambdaFunction {

  def recordHandler(microBatch: KinesisEvent) {

    val allRows = for {
      recs <- microBatch.getRecords.asScala.toList
      bytes = recs.getKinesis.getData.array
      event = Event.fromBytes(bytes)
      row = Aggregator.map(event)
    } yield row

    val reducedRows = Aggregator.reduce(allRows)

    for (row <- reducedRows) {
      Writer.conditionalWrite(row)
    }
  }
}
```

将微型批处理中的事件转化为包含 row 对象的 List,以用于后续的 reduce 操作

将 row 对象规约为更新 DynamoDB 操作的最小集合

循环每个 row 对象,执行 DynamoDB 的条件写入

AWS Lambda 在每次执行 Kinesis 事件的微型批处理时都会调用 aowlambda. LambdaFuntion.recordHandler 函数。这部分代码相当简单:

(1) 将微型批处理中的 Kinesis 事件转化为 Row 实例。

(2) 调用 reduce 函数对 Row 进行预先聚合,尽可能减少 DynamoDB 的操作次数(参阅 11.3 节)。

(3) 循环剩余的 Row 对象,对 DynamoDB 执行条件写入操作。

编码结束! 让我们快速检查一下代码能否编译:

```
guest$ sbt compile
...
[info] Compiling 2 Scala sources to /vagrant/ch11/11.2/aow-
    lambda/target/scala-2.11/classes...
[success] Total time: 19 s, completed 20-Dec-2018 21:00:45
```

现在可将 Lambda 函数所需的相关依赖打包成 fat jar。在 SBT 中使用 sbt-assembly 插件可做到这点:

```
guest$ sbt assembly
...
[info] Packaging /vagrant/ch11/11.2/aow-lambda/target/scala-2.11/
➡  aow-lambda-0.1.0 ...
[info] Done packaging.
[success] Total time: 516 s, completed 20-Dec-2018 21:10:04
```

很好,构建成功! 到目前为止,所有代码编写的工作已经完成了。下一节将完成部署工作,并一步步地运行它。

11.3　运行 Lambda 函数

许多类似 AWS Lambda 的系统都鼓吹“无服务器”的特性。诚然 Lambda 还

是运行在服务器上，但是对于我们是不可见的，由 AWS 来负责这些函数运行时的可靠性。而我们只需要完成部分配置工作，接下来将依次完成整个配置流程。

11.3.1 部署 Lambda 函数

在前面，我们配置了 Kinesis stream 与 DynamoDB 的表。现在要做的就是将 Lambda 函数与 stream、DynamoDB 的表集成起来。所有工作都会通过 AWS CLI 完成，让我们现在就开始吧。

1. 上传文件至 S3

首先需要让 AWS Lambda 服务能够访问本地的 fat jar 文件。使用 AWS CLI 将 fat jar 文件上传至 Amazon S3 就可做到这一点。先创建 S3 的 bucket：

```
$ s3_bucket=ulp-ch11-fatjar-${your_first_pets_name}
$ jar=aow-lambda-0.1.0
$ aws s3 mb s3://${s3_bucket} --profile=ulp --region=us-east-1 make_bucket:
  s3://ulp-ch11-fatjar-little-torty/
```

然后将 jar 文件上传至 S3：

```
$ aws s3 cp ./target/scala-2.12/${jar} s3://${s3_bucket}/ --profile=ulp
upload: target/scala-2.12/aow-lambda-0.1.0 to
 s3://ulp-ch11-fatjar-little-torty/aow-lambda-0.1.0
```

不巧的是 AWS 命令行存在一个 bug，上传大尺寸的文件至一个新创建的 bucket 时可能导致程序被卡死。如果发生这种情况，可以终止上传程序，过一个小时再尝试；同时可以继续后面的配置工作。接下来需要配置 Lambda 函数的权限。

2. 配置权限

运行 Lambda 函数的权限相当复杂，可使用预先准备好的 CloudFormation 模板快速完成配置工作。AWS CloudFormation 是一种使用 JSON 格式快速配置各种 AWS 资源的服务；可以认为 CloudFormation 模板是能够按照需求配置一系列 AWS 服务的声明式 JSON 文件。用 Amazon 的话来说就是使用这个模板创建一组相关的 AWS 资源——在我们的场景中就是运行 Lambda 函数的 IAM 角色。

准备好的 CloudFormation 模板存放在 S3 的 ulp-assets bucket 下：

```
$ template=https://ulp-assets.s3.amazonaws.com/ch11/cf/aow-lambda.template
```

创建整组资源的命令如下：

```
$ aws cloudformation create-stack --stack-name AowLambda \
  --template-url ${template} --capabilities CAPABILITY_IAM \
  --profile=ulp --region=us-east-1
{
    "StackId": "arn:aws:cloudformation:us-east-1:719197435995:
➥  stack/AowLambda/392e05e0-5963-11e5-aa74-5001ba48c2d2" }
```

可以使用下面的命令监控创建资源的进度:

```
$ aws cloudformation describe-stacks --stack-name AowLambda \
  --profile=ulp --region=us-east-1
```

当返回 JSON 数据中的 StackStauts 字段值为 CREATE_COMPLETE 时就可以
继续下一步的工作了。输出中 OutputValue 的值还将在下一节中被用来指定
ExecutionRole，这个值由 arn:aws:iam::开头。可创建一个新的环境变量来定义这
个值:

```
$ role_arn="arn:aws:iam::719197435995:role/AowLambda-LambdaExecRole
➡ -1CNLT4WVY6PN4"
```

确保创建环境变量时代码中不要包含任何换行符。

3. 创建 Lambda 函数

下一步就是使用 AWS CLI 命令注册 AWS Lambda 函数。

```
$ aws lambda create-function --function-name AowLambda \
  --role ${role_arn} --code S3Bucket=${s3_bucket},S3Key=${jar} \
  --handler aowlambda.LambdaFunction::recordHandler \
  --runtime java8 --timeout 60 --memory-size 1024 \
  --profile=ulp --region=us-east-1
  {
    "FunctionName": "AowLambda",
    "FunctionArn": "arn:aws:lambda:us-east-1:089010284850:function:
➡ AowLambda",
    "Runtime": "java8",
    "Role": "arn:aws:iam::089010284850:role/AowLambda-LambdaExecRole
➡ -FUVSBSEC1Y6R",
    "Handler": "aowlambda.LambdaFunction::recordHandler",
    "CodeSize": 27765196,
    "Description": "",
    "Timeout": 60,
    "MemorySize": 1024,
    "LastModified": "2018-12-21T07:44:31.073+0000",
    "CodeSha256": "jRpr4E60rP4hznB1Q/ApO6+fOAnLHMwfyhhT3rU5KWM=",
    "Version": "$LATEST",
    "TracingConfig": {
      "Mode": "PassThrough"
    },
    "RevisionId": "0609f559-fd1f-45c9-aee2-11ee159183b5"
  }
```

上述命令定义了一个名为 AowLambda 的函数，它使用了之前定义的 IAM 角
色以及我们上传至 S3 的 fat jar 文件。--handler 参数定义了 AWS Lambda 将调用
fat jar 文件中的哪个具体函数。接下来的 3 个参数定义了函数具体的运行方式:
函数将运行在 Java 8 平台(而非 Node.js)之上，函数的超时时间为 60 秒，而且运行
的内存应为 1GB。

4. 关联函数与 Kinesis

还差一点就能完成整个工作了。需要指定之前创建的 Kinesis stream 作为 Lambda 函数的事件源。可使用 AWS 命令行工具在 Kinesis stream 与函数之间创建一个事件源映射来做到这一点。

```
$ aws lambda create-event-source-mapping \
  --event-source-arn ${stream_arn} \
  --function-name AowLambda --enabled --batch-size 100 \
  --starting-position TRIM_HORIZON --profile=ulp --region=us-east-1
{
    "UUID": "bdf15c0b-a565-4a15-b790-6c2247d9aba3",
    "StateTransitionReason": "User action",
    "LastModified": 1545378677.527,
    "BatchSize": 100,
    "EventSourceArn": "arn:aws:kinesis:us-east-1:719197435995:stream/
➥ oops-events",
    "FunctionArn": "arn:aws:lambda:us-east-
     1:719197435995:function:AowLambda",
    "State": "Creating",
    "LastProcessingResult": "No records processed"
}
```

从返回的 JSON 数据来看，Lambda 函数已经成功连接到 OOPS 事件流。数据同样显示现在还没有开始处理记录。下一节中我们将重新启用事件生成器，并检验对应的结果。

11.3.2　测试 Lambda 函数

在 GitHub 上找到生成事件的脚本。

`ch11/11.1/generate.py`

运行这个脚本，生成事件：

```
$ /vagrant/ch11/11.1/generate.py
Wrote DriverDeliversPackage with timestamp 2018-01-01 02:31:00
Wrote DriverMissesCustomer with timestamp 2018-01-01 05:53:00
Wrote TruckDepartsEvent with timestamp 2018-01-01 08:21:00
```

可以看到已经有事件发送到 Kinesis stream。看一下 DynamoDB 表中的数据。在 AWS 数据仪表盘页面上执行如下操作：

- 确认你的 region 是 N. Virginia(查看右上侧下拉菜单)。
- 单击 DynamoDB。
- 单击 oops-truck 表，然后单击 Explore Table 按钮。

你应该看到 3 条记录，如图 11.14 所示。

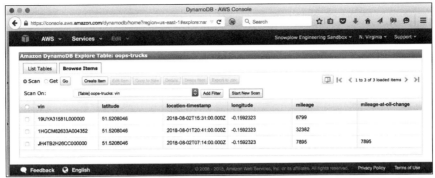

图 11.14　DynamoDB 中的 oops-trucks 表包含了 OOPS 商业智能团队所需的 6 个字段。
至今 Lambda 只观察到一辆货车发生了更换机油的事件

让事件生成器运行一段时间后，再刷新 DynamoDB 的表，应该看到如下信息：

- 我们已经有了所需的 3 辆货车事件的所有数据。事实上生成器生成的事件都与这 3 辆货车有关。
- 货车位置的时间戳与生成器在终端窗口输出的时间戳大致吻合，意味着 Lambda 函数一直在运行。
- 货车的经纬度会一直发生变化。期间应该会看到重复出现的经纬度，因为生成器只会生成 5 组固定的经纬度数据。
- 货车更换机油后行驶里程数的变化会比总体里程数稍稍滞后。

图 11.15 展示了更新之后在 DynamoDB 中看到的数据。

图 11.15　我们现在已经有了 3 辆货车生成的所有数据。AWS Lambda 函数
会通过响应新生成的事件持续更新这些数据

到目前为止一切都很顺利，Lambda 函数会从事件流中读取最新事件并将数据更新到 DynamoDB 的表。

最后需要检查的是条件写入是否工作正常，防止写入延迟到达的过期事件数据。我们不希望因为晚到的过期事件而使旧数据覆盖 DynamoDB 中已存在的最新数据。

为测试这一点，我们先刷新 DynamoDB 的表，获取最新数据。然后切换到事件生成器的终端窗口，按下 Ctrl+C 快捷键终止程序。

```
Wrote TruckArrivesEvent with timestamp 2018-03-06 00:39:00
^CTraceback (most recent call last):
  File "./generate.py", line 168, in <module>
    time.sleep(1)
KeyboardInterrupt
```

然后重新启动生成器程序，添加一个额外的命令行参数，backwards：

```
$ ./generate.py backwards
Wrote DriverDeliversPackage with timestamp 2017-12-31 20:15:00
Wrote TruckArrivesEvent with timestamp 2017-12-31 18:40:00
Wrote MechanicChangesOil with timestamp 2017-12-31 15:45:00
```

你会看到生成器会生成一些更旧的事件。在程序运行一段时间后，返回 DynamoDB 的界面并刷新表。你会看到所有数据并没有发生变化：旧的事件数据并没有影响 DynamoDB 中那些最新的事件数据。

接着是最终测试，重新打开一个终端窗口，运行正常的事件生成器程序：

```
$ ./generate.py
Wrote DriverDeliversPackage with timestamp 2018-01-01 00:38:00
Wrote TruckArrivesEvent with timestamp 2018-01-01 05:03:00
Wrote MechanicChangesOil with timestamp 2018-01-01 08:41:00
```

在程序运行一段时间后，新生成事件的时间戳将超过 DynamoDB 中数据的时间戳，此时再刷新 DynamoDB 中的表就会看到货车数据被更新了。

整个测试都已经完成了！希望 OOPS 的同事们对工作结果感到满意：一个写入时分析系统能够准实时地从 Kinesis stream 中将 OOPS 的货车事件数据更新到数据仪表盘上。继续完善这个项目的话，一种较好的方式是使用类似 D3.js 的类库在 DynamoDB 上添加一个可视化层。

11.4 本章小结

- 写入时分析意味着我们事先已经决定对于事件需要使用何种分析算法，并将这种算法实时地应用在事件流之上。
- 写入时分析适用于低延迟的运营报表与数据仪表盘，并能支持上千个用户同时访问。写入时分析是对读取时分析的补充，而不是竞争。
- 为了支持低延迟的访问需求，写入时分析通常都依赖于类似 Amazon DynamoDB 的支持水平扩展的键值存储。
- 实现一个支持追溯的写入时分析算法是非常困难的，因此在实现算法之前收集需求，并达成一致就变得尤为重要。

- 我们使用 AWS Lambda 作为流式处理框架，从 Amazon Kinesis 中读取 OOPS 的货车状态事件，最终展示为数据仪表盘。
- 为了减少 DynamoDB 的调用次数，我们对 Lambda 收到的微批处理事件 实现了一个本地的 map-reduce 程序，将批处理中的 100 个事件的更新次 数减到最小。
- AWS Lambda 的核心是无状态，因此需要使用条件写入来确保写入 DynamoDB 的数据是每辆货车的最新数据。
- OOPS 所需要的数据仪表盘关联非常紧密，DynamoDB 中表的结构与 Scala 中代表每一行的数据结构都在 Lambda 本地的 map-reduce 中被使用。

附录

AWS入门

本附录提供了 Amazon Web Services 的简短入门，帮助你快速了解 AWS 的环境与服务。

请注意，因为 Amazon Kinesis 数据流服务不提供免费试用，而本书的示例程序中需要在你的 Amazon Web Services 账户下创建一些可用的资源，由此会产生一定的费用[1]。但是不必担心，我们会告诉你如何安全地删除某项资源。此外我们还会告诉你如何设定警报，在费用超过某个阈值时通知你。[2]

Amazon Kinesis 是个完全托管的服务，只对 Amazon Web Services 平台的用户开放。不必担心你之前从未用过 AWS。本附录包含了关键内容，将帮助你快速了解这个平台。

A.1 设置 AWS 账户

为了最大限度地理解本书内容，你需要一个 AWS 账户。如果你还没有，可以单击 AWS 主页上的 Get Started for Free 或 Create a Free Account 按钮注册一个免费账户，AWS 的主页如下：

```
https://aws.amazon.com/
```

如果你想使用自己公司的 AWS 账户运行本书中的示例代码，我们强烈建议你要求公司为此创建一个名为 Developer's Sandbox 或类似的全新账户，同时使用 Consolidated Billing 关联到公司的主账户[3]。通过这种方式你可在一个隔离的环境中进行各种实验性的操作，且不会影响(例如意外删除)任何已经存在的资源。

成功注册，登录 AWS 之后，你应该看到类似图 A.1 的数据仪表盘。AWS 的

---

1. 有关AWS Kinesis Data Streams service的详细费用，可参见https://aws.amazon.com/ kinesis/streams/pricing/。

2. 有关设置AWS使用费用警报的详情，可参见https://docs.aws.amazon.com/awsaccountbilling/latest/aboutv2/billing-getting-started.html#d0e1069。

3. Consolidated Billing 的具体做法详见 https://docs.aws.amazon.com/awsaccountbilling/latest/aboutv2/consolidated-billing.html。

各项服务看上去有点像动物园,当你读到本书的时候,可能又增加了一些新服务。我们在图 A.1 框出了本节会使用的服务。表 A.1 简单介绍了每一项被框出的服务。

表 A.1　本书中用到的 AWS 服务

服　　　务	缩　写	描　　　述
Identity & Access Management	iam	用于用户对 AWS 服务与资源访问的安全管理
Kinesis	kinesis	完全托管的统一日志服务

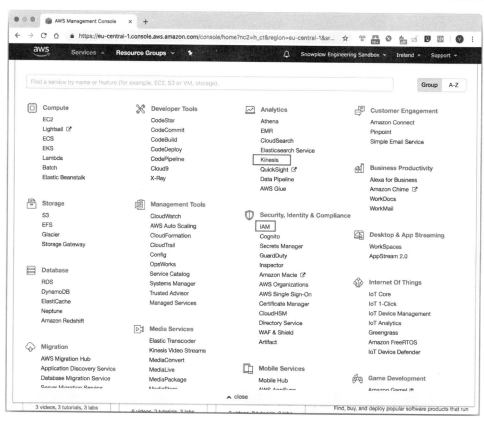

图 A.1　本书中我们会使用数种 AWS 服务,包括 Kinesis 与 Identity & Access Management。这些已经在 AWS 的数据仪表盘中框出。我们还会用到其他服务,例如 Redshift、S3 和 Elastic MapReduce,这些会直接在相关的章节中介绍

A.2　创建用户

第一步我们需要使用 Identity & Access Management(IAM)创建一个具有使用本书所需资源权限的用户。从 AWS 的数据仪表盘开始,按照以下步骤操作。

(1) 单击 Identity & Access Management 图标。

(2) 单击左侧导航栏中的 Users。

(3) 单击 Add user 按钮。

紧接着是一个创建用户的向导页面，共有 4 个步骤。直接创建一个名为 ulp 的用户，用于统一日志的处理。确保选中了 Programmatic access 复选框，如图 A.2 所示。然后单击 Next:Permissions 按钮。

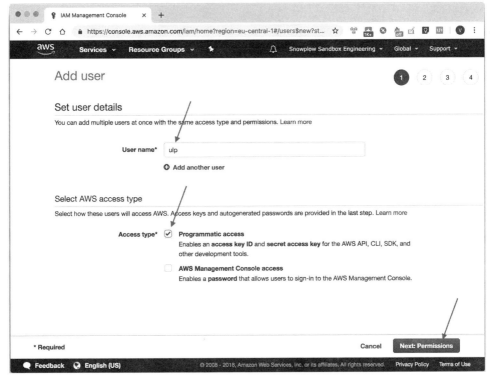

图 A.2 我们通过 AWS 的用户界面创建了一个名为 ulp 的 IAM 用户，
确保选中了 Programmatic access 复选框

下一个页面如图 A.3 所示，用于设置 ulp 用户的权限。你需要给用户关联一个 AWS 称之为 managed policy 的配置，这样 ulp 用户才能创建新的 Kinesis stream，然后向这些 stream 执行写入、读取操作。请按照顺序执行以下操作：

(1) 单击 Attach existing policies directly 按钮。

(2) 在搜索框中输入 AmazonKinesisFullAccess。

(3) 选择 AmazonKinesisFullAccess 策略。

(4) 单击 Next:Review 按钮。

图 A.3　为我们的 IAM 用户添加完整的 Kinesis 访问权限

这些权限比我们实际要使用的内容多一些，但是可以让我们在使用 Kinesis 时省很多麻烦。当你对 AWS 更加熟悉之后应该尽量把这些权限的范围缩小。

在下个页面可在真正创建用户之前回顾所有详细信息，如图 A.4 所示。

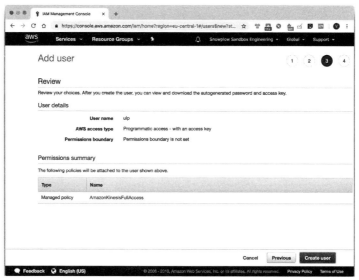

图 A.4　回顾新 IAM 用户的详细信息

如果一切正常，就可以单击 Create user 按钮了。这会把我们带到一个新的页面，如图 A.5 所示。页面上会显示一系列由 Access key ID、Secret access key 组成的用户安全凭据(user security credentials)，你可以把它们看作访问 AWS API 所需的用户名与密码。

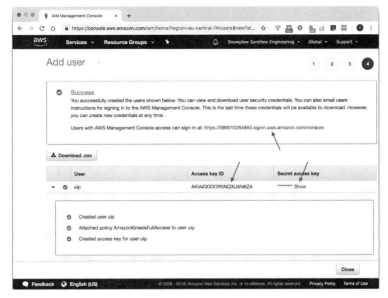

图 A.5　新 IAM 用户的安全凭据由 Access key ID 与 Secret access key 组成

　　记得下载这些凭据，之后要用它们配置 AWS CLI。注意 Secret access key 是隐藏的，需要单击 Show 链接才可以看到具体内容。同样注意页面中展现的链接，这是之后 ulp 用户访问 AWS 管理控制台的链接。

　　现在可以单击 Close 按钮，并再次单击左方导航栏。然后单击新增的 ulp 用户，会显示图 A.6 所示的页面。

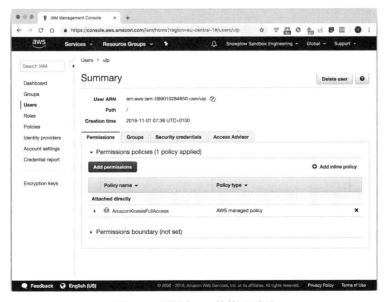

图 A.6　新用户 ulp 的管理页面

下一步需要给 ulp 用户设置一个密码，这样就可以使用 ulp 用户登录 AWS 数据仪表盘而不是拥有全部权限(这非常危险)的root管理员。单击 Security credentials 页签，在 reads console password 这一行上单击 Manage 链接，会弹出一个如图 A.7 所示的窗口。将 Console access 设置为 Enable，Autogenerated password 选项为选中状态，然后单击 Apply 按钮。

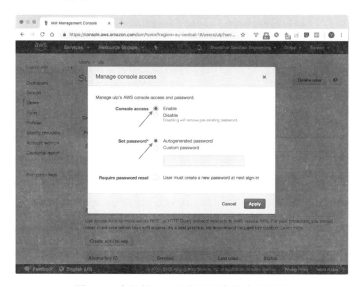

图 A.7　为新的 ulp 用户设置自动生成密码

这时会出现一个新的弹出窗口显示新生成的密码。单击 Show 链接会显示密码的具体内容，确保已记好了具体密码内容，如图 A.8 所示。然后单击关闭弹窗。

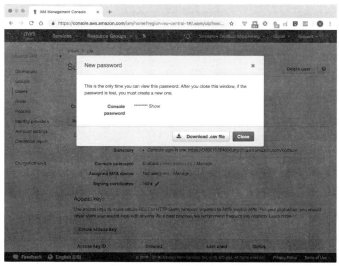

图 A.8　ulp 用户的密码

最后一步就是使用右上方下拉框中的 Sign Out 选项登出 AWS，然后使用新创建的 ulp 用户重新登录，不要忘了上一步记下来的密码。现在可在数据仪表盘页面单击 Kinesis 服务，你会看到图 A.9 所示的页面。页面中会有一个很显眼的 Create Kinesis stream 按钮，这意味着我们已经有了使用 Kinesis 需要的所有权限。

在配置了安全凭据与 Kinesis 权限后，下一步就是配置 AWS CLI 了。

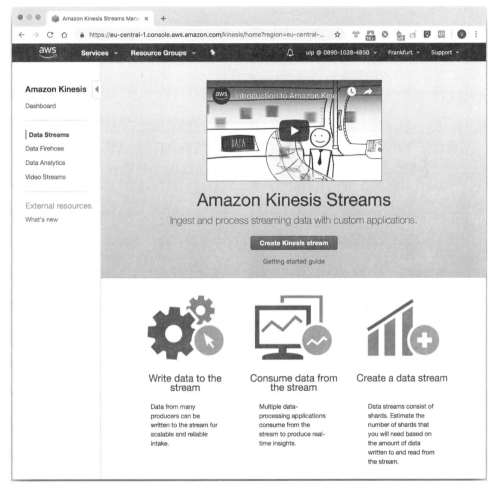

图 A.9　当你还没有 Kinesis stream 时，可在 AWS 数据仪表盘页面单击 Kinesis 图标，进入 Amazon Kinesis Streams 页面，你会看到一个显眼的 Create Kinesis streams 按钮

A.3　设置 AWS CLI

尽管 AWS 的网页界面非常易于使用，但在本书中我们仍然需要使用 AWS 命令行接口(CLI)程序管理 AWS 资源。虽然 AWS CLI 看上去有些其貌不扬，但是它

的语法非常直观，且总是先于网页界面获得新功能。AWS CLI 团队很好地维护着工具的向后兼容性，因此当你读到本书时示例应该仍然能够正常工作。

首先你需要获得 CLI 的应用程序。如果你使用本书提供的 Vagrant 开发环境，AWS CLI 的环境就已经安装完毕。你可以使用下面的命令检查是否安装正确，是否工作正常：

```
host$ vagrant up && vagrant ssh
guest$ aws
usage: aws [options] <command><subcommand> [parameters]
aws: error: too few arguments
```

如果你没有使用预先打包的 Vagrant 环境，以下页面包含了在计算机上安装 AWS CLI 需要的所有信息：

```
https://docs.aws.amazon.com/cli/latest/userguide/installing.html
```

成功安装后需要配置一个 AWS CLI 所使用的 profile。默认情况下，AWS CLI 会使用一个隐式的全局 profile，但使用一个显式的、有名称的 profile 更安全。输入以下命令：

```
$ aws configure --profile=ulp
```

在显示提示信息后输入你之前记下的 Access key ID 与 Secret access key：

```
AWS Access key ID [None]: AKIAIWSMFSNA2ZH6W4UQ
AWS Secret access key [None]: uOGIOXssDw/ZtzXxxXxXXxpQvgB3Dus0zFnywWr9
Default region name [eu-west-1]: us-east-1
Default output format [None]:
```

本附录的示例中，我们假设你选择了 us-east-1 作为默认的 AWS region，你也可根据自己的爱好选择其他 region。但记得修改代码中对应的 region 名称。现在你已经可以开始使用 AWS CLI 试验 Kinesis 的各种功能了。